"十四五"职业教育国家规划教材

"一流应用技术大学"建设系列教材

自动控制原理

Principle of Automatic Control

主　编　郭　卉　郑　宁

副主编　邢国麟　陈　力

参　编　商志伟

西安电子科技大学出版社

内容简介

本书属于天津中德应用技术大学2017年"一流应用技术大学"建设应用项目，是电气自动化技术(国际化专业)等相关专业教学资源开发成果，包括教学用书、课件、习题等数字化教学资源。全书共5个学习单元，其中，学习单元1主要介绍自动控制基础理论，学习单元2主要介绍控典型元部件的数学模型及时域响应，学习单元3主要介绍LED光强控制系统时域性能分析及PID控制，学习单元4主要介绍直流电动机控制系统性能分析及PID控制器参数整定，学习单元5主要介绍直流伺服电动机控制系统性能分析及校正。

本书适用于应用型本科、高职院校的电气自动化技术、智能控制及机电一体化等相关专业。

图书在版编目(CIP)数据

自动控制原理/郭卉，郑宁主编. —西安：西安电子科技大学出版社，2018.12(2025.8重印)

ISBN 978-7-5606-5179-8

Ⅰ. ① 自…　Ⅱ. ① 郭…　② 郑…　Ⅲ. ① 自动控制理论　Ⅳ. ① TP13

中国版本图书馆CIP数据核字(2018)第276332号

策　　划　毛红兵　明政珠
责任编辑　张　玮
出版发行　西安电子科技大学出版社(西安市太白南路2号)
电　　话　(029)88202421　88201467　　邮　　编　710071
网　　址　www.xduph.com　　电子邮箱　xdupfxb001@163.com
经　　销　新华书店
印刷单位　陕西天意印务有限责任公司
版　　次　2018年12月第1版　2025年8月第6次印刷
开　　本　787毫米×1092毫米　1/16　印张　13.25
字　　数　307千字
定　　价　35.00元
ISBN 978-7-5606-5179-8
XDUP　5481001-6

天津中德应用技术大学

“一流应用技术大学”建设系列教材

前　　言

党的二十大报告中明确指出以中国式现代化全面推进中华民族伟大复兴，高质量发展是全面建设社会主义现代化国家的首要任务。我们要坚持以推动高质量发展为主题，加快建设现代化产业体系，坚持把发展经济的着力点放在实体经济上，推进新型工业化，加快建设制造强国、质量强国、航天强国、交通强国、网络强国、数字中国。自动控制技术作为制造业、航空航天、农业、交通等众多产业发展的基础，是在制造领域取得创新发展的一项关键基础技术。

“自动控制原理”是高职院校电气自动化技术等相关专业的专业必修课程之一，该课程理论性很强，涉及的专业基础知识广泛，需要学习者具有较好的数学、物理、电路原理等理论基础，同时还需要具备一定的抽象及逻辑分析能力。高职院校的学生普遍感觉“自动控制原理”课程晦涩难懂，缺乏学习兴趣和动力。

目前，关于《自动控制原理》的高职教材多借鉴本科教材编写内容及逻辑。内容上，多数偏重理论推导、分析及研究，实验内容多以仿真为主；逻辑上，多以理论先行，实验验证为辅。针对以上问题，编者做了以下三项工作，确保教材的实用性、思想性及有效性。

（1）为确保教材的实用性，更好的适应高职院校学生未来就业需求，编者先后走访了德国的联邦职业教育研究所 BiBB、WSTNETZ、博世力士乐等企业的培训中心等 10 余家国外职业教育机构，大量调研了自动化相关企业人才需求，结合自身企业工作实践经验以及多年的教学经验，遵循高职学生特点及认知规律，借鉴德国行动导向教学法，以理论学习为基础，强调知识的实用性，将《自动控制原理》基本知识点进行筛选、整理并分解到各项任务中，由易到难，由简入繁，以任务驱动激发学生兴趣，引导学生在实践中讨论、思考、总结。

（2）为确保教材的思想性，编者主要从“家国情怀、专业素养、是非真理”三个层次，全程融入思政教育内容，将党的二十大精神与专业课程有机结合，化盐入水，润物无声。“家国情怀”层次，引导学生了解科技发展、人才培养对社会发展、人民生活的重要性，激发学生的爱国情怀，增强学生对党的政治认同、思想认同和情感认同。“专业素养”层次，深入挖掘课程本身的“方法论”基因，将马克思主义的立场观点与课程中的科学知识联系起来，提高学生正确认识问题、分析问题和解决问题的能力，强化学生的工程伦理，培养学生精益求精的大国工匠精神。“是非真理”层次，引导学生从系统的角度，客观的看待问题、认识自我，从而改造、发展自我。

（3）为确保教材使用的有效性，编者根据布鲁姆的教育目标分类学，用可衡量、可评价的动词描述细化每个学习单元的教学目标，并对教学目标从知识维度以及认知过程维度进行分解，教师可根据目标分解表进行教学活动及评价设计。同时，为每个学习任务制定了供读者参考的评价指标，从任务准备、实施、自查及评价四个阶段设置观测点，对学生理解基本概念、工程思维形成、交流反思以及科学态度等方面进行评价。

全书共5个学习单元，在内容上，侧重于基本概念、公式的物理意义以及工程实践中常用分析与调节整定方法的应用，选取了三个典型控制系统，分别以建立数学模型、时域及频域性能分析、PID调节及校正为主线，由简入繁、由易到难逐步深入；在结构上，采用任务驱动，以基本概念作为任务准备，实验模块作为学生任务实施内容，知识拓展作为任务实施后理论知识的总结、深化及扩展。各单元建议学时分配如下表所示。

学习单元学时分配(共64学时)	
学习单元	学时
自动控制基础理论	6
典型元部件的数学模型及时域响应	20
LED光强控制系统时域性能分析及PID控制	16
直流电动机控制系统性能分析及PID控制器参数整定	12
直流伺服电动机控制系统性能分析及校正	10

天津中德应用技术大学郭卉、郑宁老师担任本书主编，中德应用技术大学邢国麟老师和天津现代职业技术学院陈力老师担任副主编，参加编写的还有丹佛斯(天津)有限公司研发部的高级工程师商志伟。本书中，学习单元1及附录部分由陈力老师编写，学习单元3中的3.2.1节和学习单元4中的4.3.1节由商志伟编写，学习单元2、5及学习单元3、4的其他部分由郭卉老师编写，全书由郭卉老师统稿，郑宁及邢国麟老师审稿。本书在编写的过程中，得到了天津中德应用技术大学各级领导以及编委会的大力支持，在此表示感谢。此外，还要感谢范其明老师、李长滨老师、宫秀军老师、周围老师、邴志刚老师、白淑贤老师以及徐慧老师为本书的编写提出了宝贵意见。另外，张桂英、彭娟、田广军等也为本书资料的搜集和整理做了很多工作，在此一并表示感谢。

由于编者水平及经验有限，书中难免存在不妥之处，敬请广大读者批评指正。

郭　卉

2018年8月

目　　录

学习单元 1　自动控制基础理论

“课程思政”经典教学案例 1　　“课程思政”经典教学案例 2

1. 单元任务说明

本单元任务 1.1 介绍了自动控制理论的发展历史，使学生能够从历史发展的角度了解本门课程主要研究、解决的问题以及学习本门课程的必要性和重要性。任务 1.2、1.3 介绍了自动控制系统的基本概念、组成、控制方式及分类，包括反馈控制、开环控制和复合控制等，使学生对自动控制系统及本门课程的研究对象有一个初步的认知。任务 1.4 介绍了自动控制系统性能的基本要求，为学生后续进行系统性能分析奠定基础。

2. 教学目标及教学目标分解

教学目标

一般目标 Goals	具体目标 Objectives
知识：掌握自动控制相关概念、控制方式、分类以及自动控制系统的基本结构及工作原理。 能力：会分析自动控制系统的工作原理，定性评价控制系统性能。 素养：厚植家国情怀，增强民族自信，树立科技报国的决心	目标 1：描述自动控制、自动控制系统的概念，并举例说明。 目标 2：分析常见控制系统工作原理，并能绘制系统方框图。 目标 3：列举控制系统的三种控制方式及分类方式，并能加以区别。 目标 4：列举控制系统典型输入信号，并说出其各自的意义及作用。 目标 5：描述稳定性、准确性和快速性的概念，并能定性地评价控制系统的性能。 目标 6：小组合作、讨论并进行展示，评估其他同学的陈述是否正确。 目标 7：能够说出在控制领域做出突出贡献的科学家的名字及爱国事迹，并对其贡献及事迹进行正确评价

教学目标分解表

知识维度	认知过程维度					
	记忆/回忆 (Remenber)	理解 (Understand)	应用 (Apply)	分析 (Analyze)	评价 (Evaluate)	创造 (Create)
事实性知识 (Factual Knowledge)	目标3 目标4	目标4		目标3		
概念性知识 (Conceptual Knowledge)	目标1 目标5	目标1			目标5	
程序性知识 (Procedural Knowledge)			目标2 目标6	目标2	目标6	
元认知知识 (Metacognitive Knowledge)	目标7				目标7	

任务1.1 自动控制理论发展历史

从很久以前的漏壶计时，到公元前的水利枢纽工程，自动控制技术的发展历史渊源甚久；从中世纪的钟摆、天文望远镜，到工业革命时期的蒸汽机；从百年前的电话、汽车和飞机，到电子放大器、模拟计算机；从二战期间的雷达、火炮防空网，到冷战时代的卫星、导弹和数字计算机；从20世纪60年代的飞船登月，到现代的航天飞机、宇宙探测器。这些举世瞩目的科技发明，都离不开自动控制技术，同时也推动了自动控制技术的发展。俗话讲，理论创新源于实践，服务于实践，并需要在实践中升华。经过千百年的提炼，尤其近半个世纪，随着工业实践的广泛应用，自动控制技术已经成为人类科技文明中不可分割的重要组成部分，在日常生活中也是不可缺少的。

自动控制技术的发展过程分成早期控制、经典控制、现代控制三个阶段。在这些时期里，陆陆续续诞生了自动控制技术的伟大控制理论、控制方法、控制装置与控制学家。

1.1.1 早期控制阶段

早在两千多年前，古代就出现了自动控制技术的萌芽，劳动人民凭借着在生产实践中积累的丰富经验，发明了许多闪烁着控制理论智慧火花的杰作。例如公元前1400年至公元前1100年，中国、埃及和巴比伦相继出现的可自动计时的漏壶；公元前256年至公元前251年左右，李冰父子在都江堰水利工程中充分体现出了自动控制系统的观念，是自动控制原理应用于实践的典型代表。

18世纪后期，自动控制技术进入发展阶段，逐渐被应用到现代工业生产中。英国发明家瓦特发明的离心调速器，使得蒸汽机的转速稳定可控，从而推动了第一次工业革命的快速发展。图1-1所示为离心调速器的工作原理图。

到了19世纪后半叶，许多科学家开始将数学应用到自动控制理论的研究中，这对控制系统性能的改善作出了贡献。1868年，英国物理学家麦克斯韦(J. C. Maxwell)建立了离心调速系统的线性常微分方程，并在对微分方程进行分析的基础上，解释了瓦特蒸汽机速度控制系统中出现剧烈振荡的原因，并提出了二阶和三阶控制系统的稳定性代数判据，从而

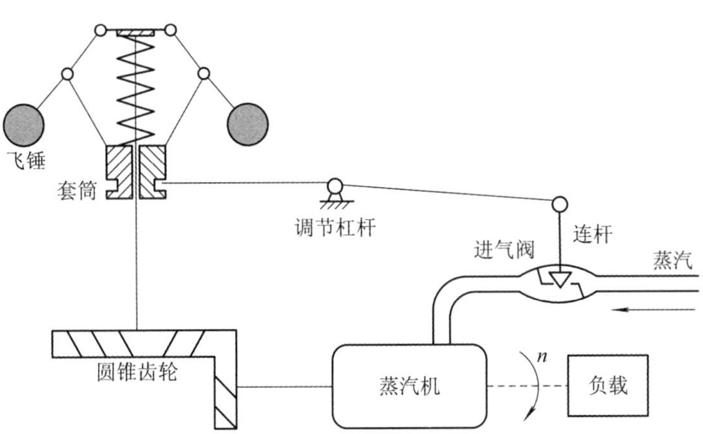

图 1-1 离心调速器的工作原理图

将自动控制技术上升到理论的高度。在此基础上，英国的数学家劳斯(Routh)与德国的数学家赫尔维茨(Hurwitz)把麦克斯韦的稳定性判据推广到了更为复杂的高阶系统中，分别提出了两个著名的稳定性判据——劳斯判据和赫尔维茨判据，这些方法为自动控制理论时域分析法奠定了基础。

1.1.2 经典控制阶段

从 20 世纪初，工农业生产、国防科技等各个领域都开始广泛采用自动控制技术，经典控制理论对科技的发展开始产生巨大的影响。二战期间，飞机的自动驾驶仪、雷达的天线控制系统、火炮的定位系统以及其他很多军用系统都开始广泛应用反馈控制。这些控制系统结构复杂，对系统的快速性和准确性要求高，因此，控制技术必须不断向前发展，才能满足这些高性能的要求。同时，这些需求也促进了科学家对非线性系统、采样系统以及随机控制系统的研究。自动控制技术的发展也促进了生产模式的变革，大大提高了工业生产力。1913 年，美国的福特汽车公司建成了世界上最早的汽车装配流水线，很大程度上提高了汽车的产量。

1932 年，物理学家奈奎斯特(H. Nyquist)提出了频率响应法，建立了以频率特性为基础的稳定性判据，为具有高质量的动态性能和稳态精度的军用控制系统提供了有力的分析工具。在此基础上，伯德(H. W. Bode)系统研究了频率响应法，形成了经典控制理论的频域分析法。维纳(N. Wiener)于 1942 年完成了著作《控制论》(Cybernetics)，标志着控制论学科的诞生。该书给出了控制论的定义，简而言之控制论就是研究动物(包括人类)、自动机器和有机体的控制和通信的理论。

1948 年，美国科学家伊万斯(W. R. Evans)创立了根轨迹分析方法(Root Locus Method)，用于分析系统参数变化对控制系统性能的影响，被广泛应用于反馈控制系统的分析与设计当中。建立在奈奎斯特频率响应法和伊万斯根轨迹法基础上的理论，称为经典控制理论。在自动控制理论发展的过程中，我国著名科学家钱学森院士作出了卓越的贡献，出版了著名的《工程控制论》，将控制理论应用于工程实践。中华人民共和国成立以后，钱学森排除万难，毅然回国效力，使我国导弹和原子弹的发射向前推进了至少 20 年。他一生默默治学，以国为重，以科学为重。作为中国航天事业的先行者和奠基人，他不仅是知识的宝藏、科学的旗帜，更是民族的脊梁、全球华人的典范，他向世界展示了中国人的风采。

1.1.3 现代控制阶段

20 世纪 50 年代中期后，随着科学技术的发展，特别是空间技术的发展，迫切要求解决更为复杂的多变量系统、非线性系统的最优控制问题，实践的需求推动了控制理论的进步，同时，计算机技术的发展也从计算手段上为控制理论的发展提供了良好条件。20 世纪 60 年代产生的现代控制理论是以状态变量概念为基础，利用现代数学方法和计算机来分析、综合复杂控制系统的新理论，适用于多输入、多输出、时变、非线性系统。

1957 年，苏联成功发射了世界上第一颗人造地球卫星 Sputnik，标志着人类航天时代的来临。1969 年，美国宇航员登陆月球，迈出了“人类的一大步”。

1996 年，第一台火星探测器 Sojourner 在火星表面成功软着陆。2003 年，中国神舟 5 号宇宙飞船成功发射，实现了中国首次载人航天，标志着中国已经成为世界上独立自主地完整掌握载人航天技术的国家之一。

虽然现代控制理论能解决更多、更复杂的控制问题，但是对于单输入单输出线性定常系统而言，用经典控制理论进行分析与设计，仍然是最实用、最方便的。本书所要介绍的就是控制理论中最基本也最重要的内容——经典控制理论。

完成任务 1 后，老师可参考表 1-1 所示的评价量表对学生完成学习任务情况进行评价。

表 1-1 评 价 量 表

评价内容	评价要点	核心素养水平评价指标	自评	组评	师评
准备：理解基本概念	说出早期控制阶段、经典控制阶段、现代控制阶段的标志性人物及事件	水平 1：能较为完整地陈述自动控制理论的发展过程，能够说出不同阶段标志性的人物及事件			
		水平 2：能完整、准确地陈述自动控制理论的发展过程，能够准确说出不同阶段标志性的人物及事件			
		水平 3：能用自己的语言完整、准确地陈述自动控制理论的发展过程，能够准确、完整地说出不同阶段标志性的人物及事件			
实施：形成工程思维	能分析自动控制技术不断发展的历史背景、意义，评价科学家的贡献	水平 1：能较为准确地说出自动控制技术不断发展的背景、意义，较为客观地评价科学家的贡献			
		水平 2：能准确说出自动控制技术不断发展的背景、意义，指出不同阶段技术发展的历史必然性，并客观的评价科学家对技术发展的卓越贡献			
		水平 3：能准确分析自动控制技术不断发展的背景、意义，指出不同阶段技术发展的历史必然性，并客观的评价科学家对技术发展的卓越贡献，并有自己独到的见解			
	提出问题：能提出不同阶段自动控制技术面临的挑战等有关问题	水平 1：具有问题意识，能提出问题			
		水平 2：能分析相关原理，提出可探究的问题			
		水平 3：能针对具体系统，从不同角度提出并准确表述可探究的问题			

续表

评价内容	评价要点	核心素养水平评价指标	自评	组评	师评
自查：交流与反思	与其他同学交流合作并反思，虚心听取老师及其他同学的发言，积极交流讨论	水平 1：具有与他人交流、讨论问题的意识			
		水平 2：能聆听其他同学的问题，并较为完整的表述自己的观点及问题			
		水平 3：能用专业术语准确描述问题，提出解决问题的思路，并能虚心听取老师、同学的发言，与老师同学进行交流与反思			
评价：民族自信、科技报国	体会自动控制技术历史发展过程中勤劳智慧的中国人做出的卓越贡献，体会科技发展对国家发展的重要性	水平 1：知道勤劳智慧的中国人在自动控制技术历史发展过程中做出了卓越贡献，懂得科技发展对国家发展很重要			
		水平 2：懂得勤劳智慧的中国人在自动控制技术历史发展过程中做出了卓越贡献，并为此而感到自豪，懂得科技发展对国家发展很重要，并希望为祖国的科技发展做出自己的贡献			
		水平 3：能正确评价勤劳智慧的中国人在自动控制技术历史发展过程中做出的卓越贡献，并深深为此而感到自豪，深刻体会到科技发展对国家发展的重要性，并愿意为祖国的科技发展做出自己的贡献			
学生总结	在本次任务中，我做得最出色的是 在本次任务中，我所做的努力是 在本次任务中，我所遇到的困难是				
教师评语					

任务 1.2　自动控制基本原理及方式

1.2.1　自动控制及自动控制系统

自动控制就是在没有人直接参与的条件下，利用控制器使被控对象(如机器、设备或生产过程)的某些物理量(或工作状态)能自动地按照预定的规律变化(或运行)。例如，智能物流中使用的 AGV(Automated Guided Vehicle)按照预设的轨道运输仓库货物，智能家居中的照明控制可以根据外部光线强弱自动控制照明系统等，这些都属于自动控制的范畴。

所谓的自动控制系统，是指为了实现各种复杂的控制任务，将被控对象和控制装置按照一定的方式连接起来而组成的一个有机总体。如图 1-2 所示为某直流调速控制系统的工作原理图。

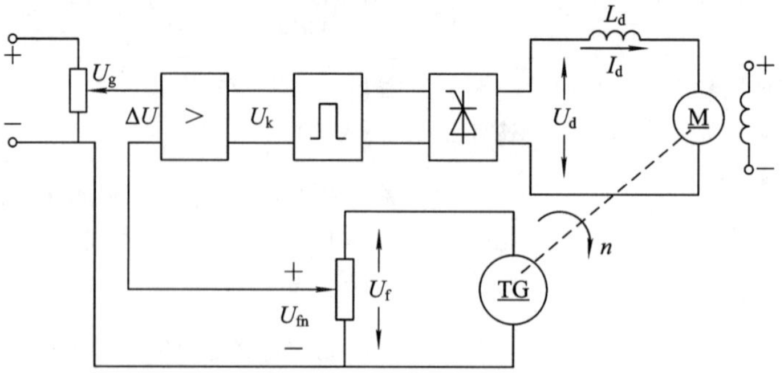

图 1-2　直流调速控制系统工作原理图

系统通过调节电位器滑动输出端电压 u_g 控制电动机转速 n。当电动机的负载发生变化或受到其他干扰，如负载转矩 T_L 增加或电枢端电压 U_- 下降，导致流经电动机电枢中的电流 I_d 增大时，电枢回路电阻上的压降也随之增大，使电动机的转速 n 降低，此时，测速发电机的输出电压 U_{fn} 将减小，运算放大器端的偏差电压 ΔU 将增大，经放大器放大后，使得控制信号 U_k 增加，触发脉冲前移，晶闸管整流装置的输出电压 U_d 增大，使得电动机的转速 n 增加，从而补偿了由于负载转矩 T_L 或电枢端电压 U_- 变化造成的电动机转速的改变，使转速近似保持不变。上述调节过程也可用图 1-3 的顺序图来表示。

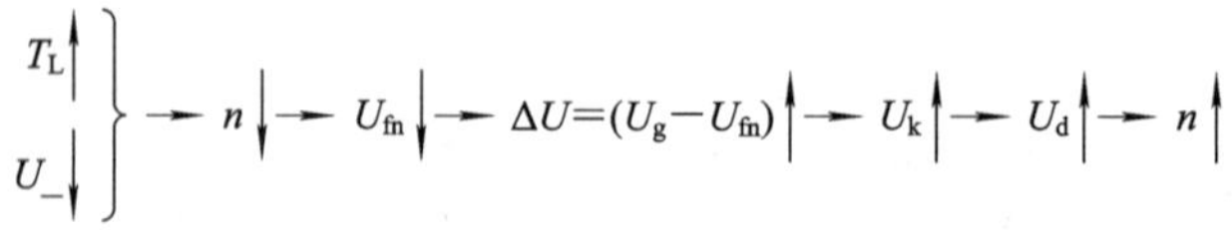

图 1-3　直流调速控制系统控制顺序图

将直流调速控制系统表示为方框图，如图 1-4 所示。

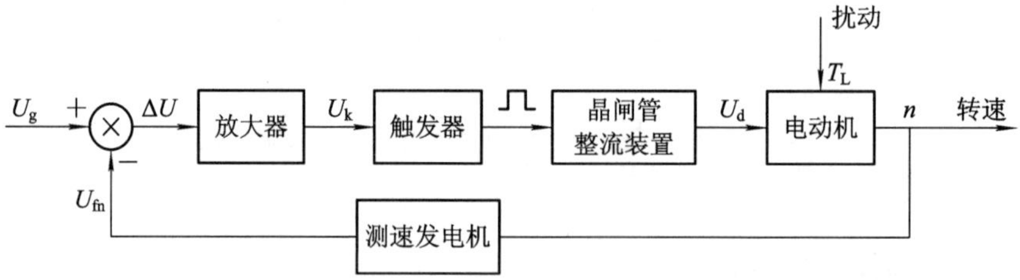

图 1-4　直流调速控制系统方框图

除此之外，人体的各种功能以及自然界中的各种生物学系统，也都可视为控制系统。数字计算机的发展使得自动控制技术的应用越来越广泛，不仅被大量应用于空间技术、工业生产、交通管理、环境卫生等领域，自动控制的概念及分析方法也被应用在其他领域，如政治、经济、管理等领域中的各种体系。

随着自动控制技术的应用越来越广泛，人们生活生产中的各种设备或过程很大程度上实现了自动化，极大地改善了人们的生活及生产条件，同时也提高了人类面对大自然的各种灾难及挑战时的能力。为了适应现代科学技术与生产的飞速发展，自动控制不仅在理论上不断地创新，而且在方法上不断地完善与多样化，推动了各国科技的不断进步。

1.2.2　自动控制系统基本组成

由于控制任务不同、系统应用场所不同以及组成控制系统的元部件多种多样等，生产实践中存在各种不同的自动控制系统。虽然控制系统在形式上千差万别，但其基本结构都是相似的。在执行控制任务的过程中，一般都是将人工直接参与的部分，应用机械、电气、液压、气动等相关技术取而代之，从而实现控制过程的自动化。图 1－5 所示为某手动液位控制系统，人在该系统的控制过程中起哪些作用呢？

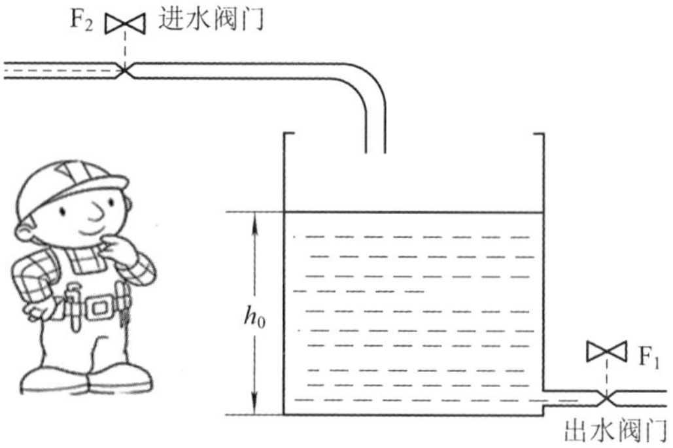

图 1－5　手动液位控制系统

该液位控制系统的任务是通过调节进水阀门 F_2 的开度使水箱内的液位保持在一定的高度 h_0。F_1 为出水阀门，假设其开度一直不变。当人工进行控制时，首先人眼需要不断观察水箱内的实际液位高度，并将此信息传递给大脑，这个此过程称为反馈。然后大脑不断地将实际液面的高度与希望液面的高度进行比较，根据比较的结果，也就是偏差信号，发出控制手动作的命令，称为控制量或操纵量；手根据控制命令不断转动进水阀门 F_2，使开度增大或者减小，逐渐使水箱实际液位高度与希望的液位高度之间的偏差变小。在这个过程中，只要偏差存在，上述的调节过程就要不断进行，直到最后偏差消失，即此时实际液位高度与希望高度一致，且进水阀门进水流量与出水阀门出水流量一致。由此可见，手动调节液位高度是根据偏差信号产生控制作用，从而不断减小偏差的过程。将此过程用一个系统控制的方框图表示，如图 1－6 所示。

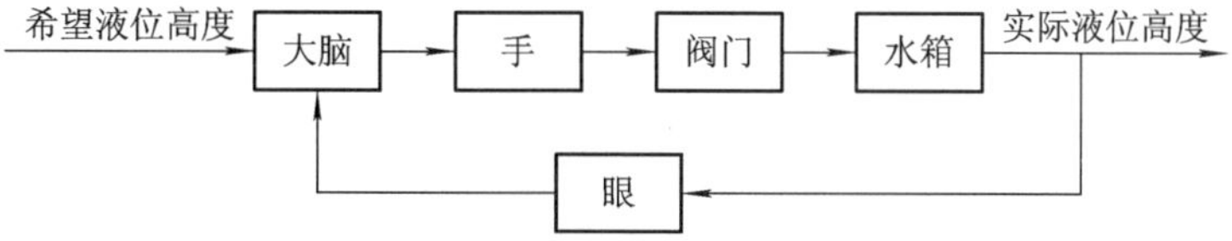

图 1－6　手动液位控制系统方框图

在该系统中，人眼的功能为测量实际液位高度，人脑的功能为比较实际液位与目标液位并发出控制人手的命令，人手的功能为直接改变进水阀门。显然，用人工控制该液位系统既无法保证系统的控制精度，也无法有效提高控制的速度。如果将上述人工参与控制的部分用某些具有相同功能的机械或电气机构代替，则可实现液位的自动控制。图 1－7 所示为某液位自动控制系统原理图。

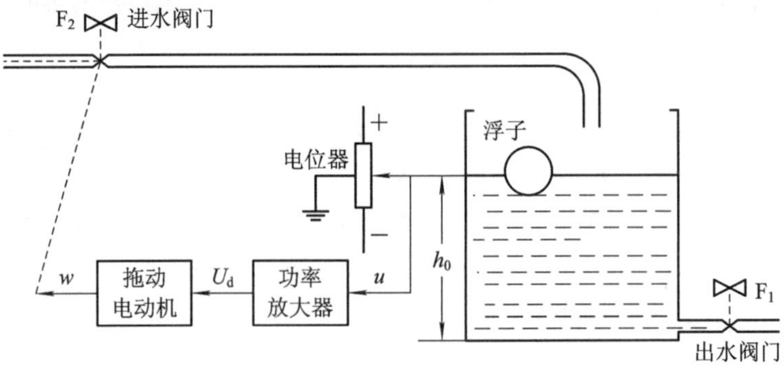

图 1－7　液位自动控制系统原理图

该自动控制系统中，浮子及其连杆代替了人眼用以检测实际液位高度，功率放大器部分代替了人脑完成比较并放大的功能，拖动电动机代替人手直接控制进水阀门的开度。如果将图 1－5 改为图 1－7 所示的液位自动控制系统，就可以实现自动地维持液面高度的功能，并使其维持在允许的偏(误)差范围之内。假设某时刻 F_1 阀门开度的增大或减小，导致水箱液位的高度稍有降低或升高，则此时在功率放大器输入端会产生一个误差电压 u，该电压经放大后带动拖动电动机转动，使进水阀门 F_2 的开度相应地增大或减小，从而使水箱内液位恢复到期望液位高度值。

通过对以上液位控制系统的分析，可总结出自动控制系统的基本结构主要包括两部分：控制装置(Control Device)和被控对象(Controlled Object)。此外，当控制系统的动态及稳态性能不满足设计要求时，需要在系统中引入某种形式的补偿校正装置，如图 1－8 所示。

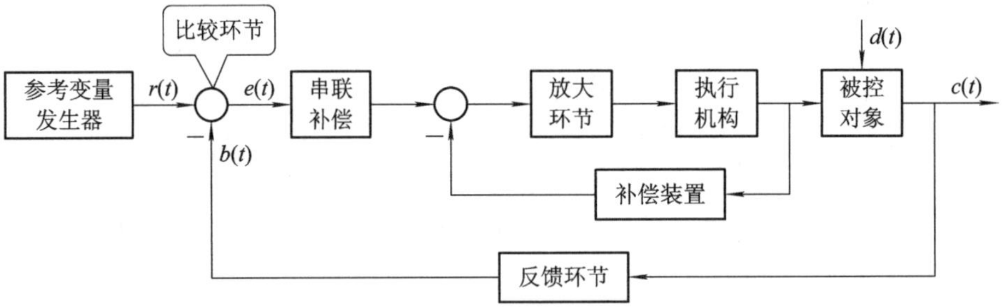

图 1－8　自动控制系统基本组成

系统中的各组成部分都有其各自的输入量和输出量，前一级的输出量作为后一级的输入量。其中，系统中几个关键的物理量有：

(1) $c(t)$称为输出量(Output Variable)，也称被控量，即系统的实际值，一般为被控对象的输出量，是整个系统被控制的某个量或状态，如水箱的液位高度、电机的转速或转动角度、温室大棚的温度和湿度等。

(2) $r(t)$称为输入量(Input Variable)，也称给定量，是由外部(参考变量发生器)加入到系统中的变量，不受系统中其他变量的影响和控制。其大小反映了对系统被控量的期望值，因此也称为参考输入量或期望值(理想值)，一般为参考变量发生器的输出量。例如，图1-2所示的直流调速控制系统中电位器滑动端的电压即为给定量。

(3) $b(t)$称为反馈量(Feedback Variable)，其大小反映了系统的实际输出量，具有与输入量相同的量纲，接入比较环节的负输入端，与输入量进行比较。

(4) $e(t)$称为偏差量(error)，为输入量与反馈量的差值，也称误差量，其大小反映了实际值与理想值之差。

(5) $d(t)$称为干扰量(Disturbance Variable)，是指除去控制作用以外，施加到控制系统的输入量。其作用点不一定在被控对象，也可能在系统中的任何部分，一般指对控制系统的输出量产生不利影响的信号或因素。扰动一般分为外部扰动和内部扰动。外部扰动来自于系统外部，如环境温度、湿度、振动等对系统的影响；内部扰动来自于系统本身，如系统电源谐波扰动等。

图1-8中各部分的功能如下：

(1) 参考变量发生器(Reference Variable Generator)。参考变量发生器的功能是设定与被控量相对应的给定量，并要求给定量与测量变送装置输出的信号在种类和量纲上相同。

(2) 比较环节(Comparison Element)。比较环节的功能是将给定量与测量值进行比较，得到它们之间的偏差量，常用的比较元件有差动放大器、电桥电路等，有些系统中比较环节在控制器中完成。

(3) 放大环节(Magnifying Element)。放大环节的作用是将比较元件给出的偏差量放大到足以推动下一级工作的程度。常用的放大器有由运算放大器组成的电压放大器和由晶闸管等电力电子器件组成的功率放大器等。

(4) 执行机构(Actuating Element)。执行机构的功能是根据前面环节的输出信号，直接对被控对象作用，以改变被控量的值，从而减小偏差或者消除偏差。

(5) 反馈环节(Feedback Element)。反馈环节的功能是检测被控量，并将检测值转换为与输入量同一量纲的便于处理的信号，如电压、电流等信号，然后将该信号输入比较装置。

(6) 补偿装置(Compensation Device)。当自控系统由于自身结构及参数问题而导致控制结果不符合工艺要求时，必须在系统中添加一些装置以改善系统的控制性能，这些装置就称为校正装置，一般用串联、并联或反馈的方式接入系统。常用的校正装置是由电阻、电容、运算放大器等元件组成的有源或无源电路。

(7) 被控对象(Controlled Object)。被控对象是指被控系统中所要控制的对象，一般指工作机构或生产设备等。

1.2.3　自动控制系统控制方式

自动控制系统的基本控制方式有反馈控制、开环控制和复合控制，它们各自有不同的特点及应用场合。其中，反馈控制方式是自动控制系统中最基本也是应用最广泛的一种控制方式。

1. 反馈控制方式

反馈控制(Feedback Control)方式是按照偏差进行控制的一种控制方式。在这种控制方式中，无论是由于外界干扰造成的还是由自身结构参数的变化引起的被控量与给定量之间的偏差，系统都能够自行减小或消除，因此这种控制方式也称为按偏差调节。

采用反馈控制方式组成的系统称为反馈控制系统(Feedback Control System)，也称为闭环控制系统。图 1-9 所示为反馈控制系统的基本结构。

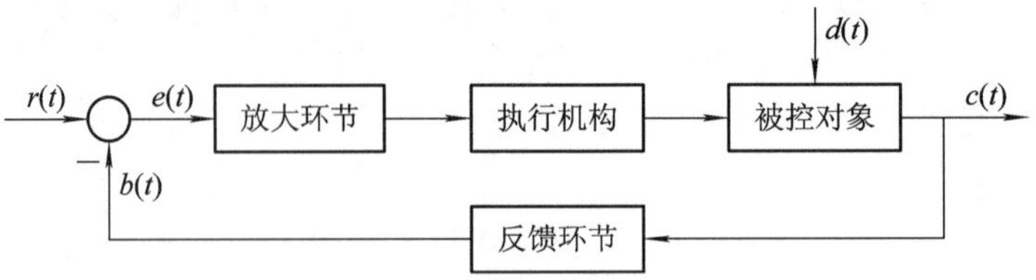

图 1-9 反馈控制系统的基本结构

图 1-10 所示为某温度反馈控制系统的工作原理图。该系统中，电位器为给定变量发生器，其滑动端输出电压的U_r为整个系统的输入量，当热处理炉中的实际温度 T 下降时，热电偶输出的电位差下降，变送器将电位差转换为与给定值对应的电压量后反馈给电压放大器，与输入量比较后的偏差量 ΔU 增加，偏差量经电压放大和功率放大后带动电动机转动，加大转角，经减速器使调压器输出电压增大，作用在电炉丝上的电压增大，从而使得电加热丝的加热功率增大，热处理炉中温度上升。经过不断的反复调节，温度最终保持在一个恒定值上。

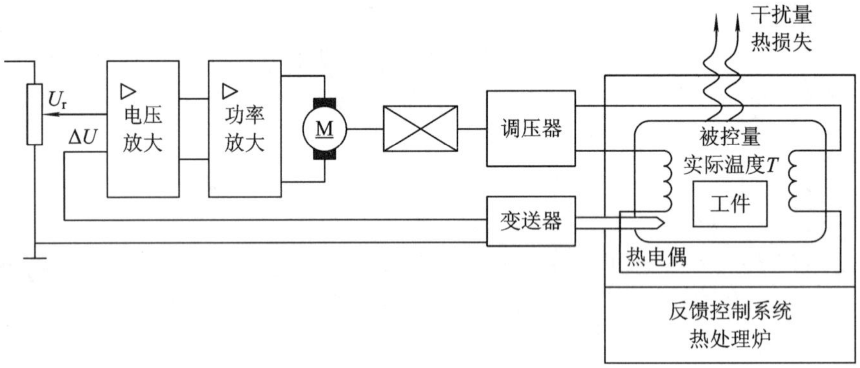

图 1-10 某温度反馈控制系统的工作原理图

该系统的方框图如图 1-11 所示。

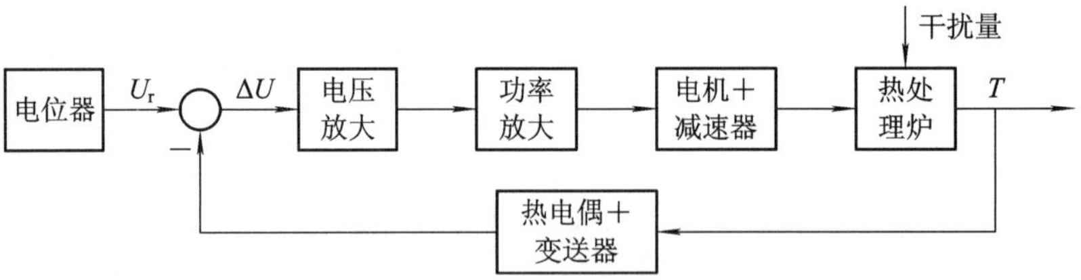

图 1-11 某温度反馈控制系统方框图

反馈控制系统的特点如下：

(1) 按照偏差进行控制。系统中的反馈环节不断地检测系统的输出量，并将其转换为与输入量同量纲的物理量(反馈量)，在比较环节反馈量与系统的输入量作减法运算，得到系统的误差信号，经放大环节的放大后，驱动执行机构动作，从而改变被控对象的输出状态按照输入量变化。

(2) 良好的抗干扰能力。当系统受到来自系统内部和外部干扰信号的作用，直接导致系统输出量偏离理想值时，由于系统反馈控制的作用(反馈环节实时检测)，能自动地消除或削弱干扰信号对被控制量的影响。

闭环控制系统由于具有良好的抗干扰功能，因而在控制工程中得到了广泛的应用。

2. 开环控制方式

开环控制(Open Loop Control)系统是指无被控量反馈的系统，即在系统中控制信息的流动没有形成闭合回路。其系统方框图如图 1-12 所示。

图 1-12　开环控制系统方框图

图 1-13 所示为某温度开环控制系统的工作原理图。滑动变阻器输出电压U_r为给定的参考输入，该电压经电压放大和功率放大后带动电炉丝加热，热处理炉中温度上升。如果环境温度发生变化使得该热处理炉热损失增大或减小，则实际温度 T 偏离期望温度。

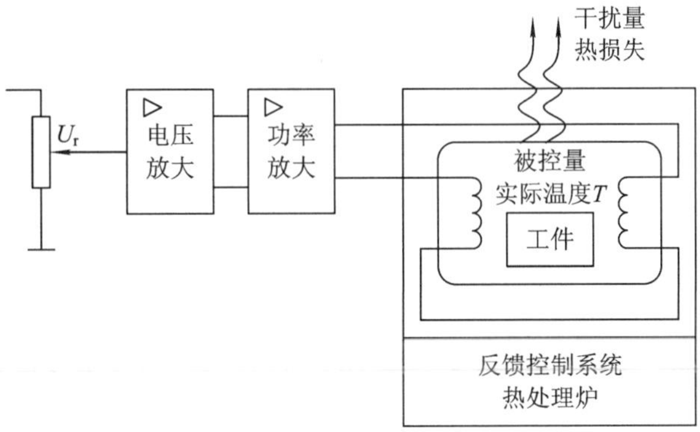

图 1-13　温度开环控制系统的工作原理图

该系统的方框图如图 1-14 所示。

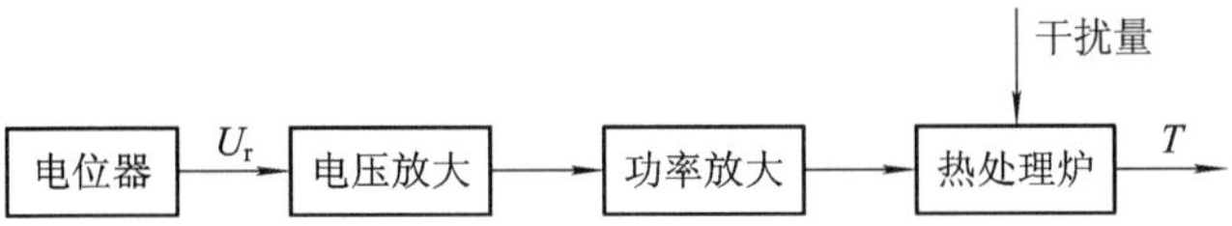

图 1-14　温度开环控制系统方框图

开环控制系统中，控制信号从系统输入量 $r(t)$开始经各种控制装置单向传递至被控对象的输出量 $c(t)$。与反馈控制系统相比，显然这种系统结构比较简单，所需的元器件比较少，因此设计及生产成本相对比较低。但是，这种系统的缺陷是当系统因受到干扰影响或某些特性参数发生变化而使得输出量偏离期望值时，系统无法实现自动补偿(Automatic Compensation)，因此，难以保证系统的控制精度。因此，开环控制方式适用于系统结构参数相对稳定、内外干扰较小或对输出量准确性要求不高的场合。目前，开环控制系统依然被广泛应用，如家用洗衣机的转速控制、电风扇的转速控制，甚至某些数控机床的位移控制等。

在某些控制系统中，如果其所受的干扰量存在一定规律或可以实时检测到，并且其作用较强，则除采用反馈控制方式外，也可采用按扰动控制的开环控制方式。图 1-15 所示为按扰动控制的控制系统方框图。

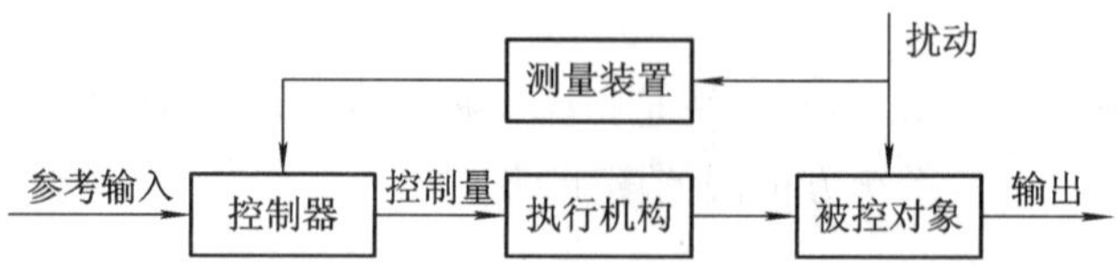

图 1-15 按扰动控制的控制系统方框图

系统中的测量装置实时检测扰动信号的变化，并将其转换为与输入量同量纲的信号后输入到控制器，经过控制器特定算法处理后输出控制量，对由于扰动引起的输出量变化进行补偿。但是，当系统干扰不可预测或是由于系统内部参数变化引起的输出量改变时，这种控制方式无法实现完全抵消，还是要结合反馈控制方式来进行补偿。需要注意的是，该系统也是一种开环控制，因为扰动输入的信号的传递同样是单方向的。

开环控制和反馈控制两种方式各有其优缺点，如表 1-2 所示。

表 1-2 开环控制方式与反馈控制方式比较

开环控制	反馈控制
无反馈	有反馈
结构简单，成本低	结构复杂，成本高
参考输入量控制	系统偏差量控制
无法补偿扰动产生的影响	自动补偿扰动产生的影响
稳定性好	稳定性可能变差

3. 复合控制方式

复合控制(Compound Control)系统是由两个及两个以上简单控制系统组合起来控制一个或同时控制多个参数的控制系统。开环控制方式对于一些扰动起不到补偿作用，而反馈控制方式本身具有一定的滞后性，对于一些滞后效应较大的被控对象，反馈作用不能及时地改变系统的输出量，常会引起系统的不稳定。因此为了得到较好的控制效果，一般采用将反馈控制和开环控制结合的复合控制方式。

一般将复合控制分为按扰动补偿(Disturbance Compensation)的复合控制和按输入补偿(Input Compensation)的复合控制。

1) 按扰动补偿的复合控制

在反馈控制的基础上，加入按扰动补偿的前馈控制，即为按扰动补偿的复合控制。图 1-16 所示为按扰动补偿的复合控制系统方框图。

按照扰动补偿的复合控制系统是在原有的反馈通道的基础上增加了一个通过扰动补偿的装置，旨在补偿扰动对系统产生的影响。

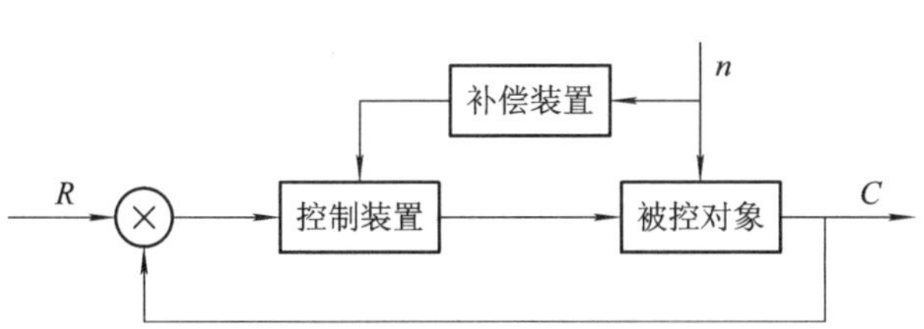

图 1-16 按扰动补偿的复合控制系统方框图

2. 按输入补偿的复合控制

按照输入补偿的复合控制，即应用顺馈消除系统响应控制信号误差的复合控制。图1-17所示为按输入补偿的复合控制系统方框图。

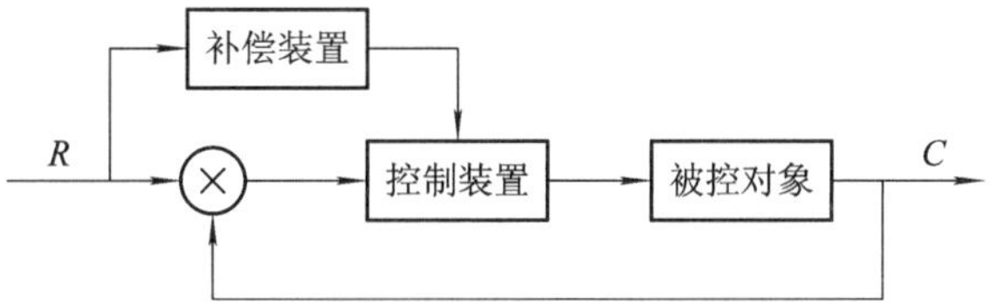

图 1-17 按输入补偿的复合控制系统方框图

按照输入补偿的复合控制系统是在原有的反馈通道的基础上增加了一个通过输入量进行补偿的顺向通道。

复合控制结合了反馈控制和开环控制的优点。按照输入补偿或按照扰动补偿，往往会因为系统内部各元器件特性的变化而造成过补偿或欠补偿。与反馈控制结合后，则可弥补这些不足，从而提高系统的控制精度，同时，系统也会由于两种补偿方式的加入，及时对系统中主要的可测干扰进行补偿，弥补了反馈控制的滞后效应，从而使得系统具有较高的稳定性。但是按扰动补偿的复合控制必须是扰动信号已知或可测的，同时这种控制方式对补偿装置的精度要求比较高。

完成任务 1.2 后，教师可参考表 1-3 所示的评价量表对学生完成学习任务情况进行评价。

表 1-3 评 价 量 表

评价内容	评价要点	核心素养水平评价指标	自评	组评	师评
准备：理解基本概念	理解自动控制、自动控制系统的概念；理解开环控制、闭环控制的概念	水平 1：能较为完整地陈述自动控制、自动控制系统的概念；能较为完整地陈述开环控制、闭环控制的概念			
		水平 2：能完整、准确地描述自动控制、自动控制系统；能说出开环控制、闭环控制方式的不同以及各自的优缺点			
		水平 3：能用自己的语言描述自动控制、自动控制系统，并通过举例等方式加以说明；能正确区分某些自动控制系统属于开环控制还是闭环控制			

续表

<table>
<tr><th>评价内容</th><th>评价要点</th><th>核心素养水平评价指标</th><th>自评</th><th>组评</th><th>师评</th></tr>
<tr><td rowspan="6">实施：形成工程思维</td><td rowspan="3">能分析某些自动控制系统的工作原理、基本组成；建立反馈的思想</td><td>水平 1：能较为准确地描述简单控制系统的工作过程，说出控制系统的基本组成部分；能较为准确地说出反馈在控制系统中的作用</td><td></td><td></td><td></td></tr>
<tr><td>水平 2：能准确描述简单控制系统的工作过程，指出不同的控制系统各部分的功能，并较准确地绘制出其方框图；能举例说明反馈在控制系统中的作用</td><td></td><td></td><td></td></tr>
<tr><td>水平 3：能结合控制系统基本结构图，准确分析控制系统工作原理，指出控制系统关键物理参数，按照绘图规范准确绘制出系统方框图；能将反馈的思想迁移到控制系统外的其他方面，例如：平时生活、工作</td><td></td><td></td><td></td></tr>
<tr><td rowspan="3">提出问题：能提出系统中关键参数之间的联系等有关问题</td><td>水平 1：具有问题意识，能提出问题</td><td></td><td></td><td></td></tr>
<tr><td>水平 2：能分析相关原理，提出可探究的问题</td><td></td><td></td><td></td></tr>
<tr><td>水平 3：能针对具体系统，从不同角度提出并准确表述可探究的问题</td><td></td><td></td><td></td></tr>
<tr><td rowspan="3">自查：交流与反思</td><td rowspan="3">与其他同学交流合作并反思，虚心听取老师及其他同学的发言，积极交流讨论</td><td>水平 1：具有与他人交流、讨论问题的意识</td><td></td><td></td><td></td></tr>
<tr><td>水平 2：能聆听其他同学的问题，并较为完整地表述自己的观点及问题</td><td></td><td></td><td></td></tr>
<tr><td>水平 3：能用专业术语准确描述问题，提出解决问题的思路，并能虚心听取老师、同学的发言，与老师同学进行交流与反思</td><td></td><td></td><td></td></tr>
<tr><td rowspan="3">评价：民族自信、科技报国</td><td rowspan="3">体会学习、交流过程中的科学严谨性以及实事求是的态度，客观地对自我及他人进行评价，培养合作精神、团队意识</td><td>水平 1：知道学习需要有实事求是的态度，知道需要客观地认识自我及他人，有与他人合作的意愿</td><td></td><td></td><td></td></tr>
<tr><td>水平 2：有学习和研究工程问题的兴趣，有实事求是的科学态度，能与他人合作，并能较为客观地对自己和他人进行评价</td><td></td><td></td><td></td></tr>
<tr><td>水平 3：有较强的学习和研究工程问题的内在动机，既能客观评价自己及他人，又能通过别人的评价反思并不断提高自己，坚持实事求是的态度，合作中能坚持观点又能修正错误</td><td></td><td></td><td></td></tr>
<tr><td>学生总结</td><td colspan="5">在本次任务中，我做得最出色的是
在本次任务中，我所做的努力是
在本次任务中，我所遇到的困难是</td></tr>
<tr><td>教师评语</td><td colspan="5"></td></tr>
</table>

任务 1.3 自动控制系统的分类

自动控制系统的分类方式多种多样，按照系统输入量与输出量是否满足线性定理，可分为线性控制系统(Linear Control System)和非线性控制系统(Nonlinear Control System)；按照系统数学模型中参数是否随时间变化，可分为时变控制系统(Time-varying Control System)和非时变控制系统(Non-time-varying Control system)；按照系统参考输入信号的变化规律，可分为恒值控制系统(Constant Value Control System)和随动控制系统(Follow Up Control System)；按照系统内部传输信号的性质，又可分为连续控制系统(Continuous Control System)和离散控制系统(Discrete Control System)。此外，如果自动控制系统按照组成系统元件的种类来划分，则可分为机电控制系统、液压控制系统、气动控制系统和生物控制系统等；若按照被控制量的名称来分类，则可分为温度控制系统、转速控制系统和张力控制系统等。这里只介绍 3 种常用的分类方法。

1.3.1 线性控制系统和非线性控制系统

如果组成控制系统的元件都具有线性特性，则称这种系统为线性控制系统。线性控制系统的主要特点是具有齐次性，适用叠加原理。如果线性控制系统中的参数不随时间而变化，则称为线性定常系统或线性时不变系统；反之，则称为线性时变系统。

在控制系统中，若有一个以上的元件具有非线性特性，则称该系统为非线性控制系统。非线性控制系统一般不具有齐次性，也不适用叠加原理，而且它的输出响应和稳定性与其初始状态有很大关系。

工程应用中，不存在绝对的线性控制系统及线性控制元件，所有的物理系统和元件都具有非线性特性。在对系统进行设计和分析时，为了简化过程，在一定的条件下或某段区域内，可以将某些非线性元件视为线性元件或作线性化处理，从而可以用分析线性控制系统的理论和方法对该系统进行研究。

1.3.2 恒值控制系统和随动控制系统

恒值控制系统的参考输入为常量，要求它的被控制量在任何扰动的作用下都能尽快地恢复到原有的稳态值。图 1-7 所示的液位自动控制系统和图 1-10 所示的温度反馈控制系统均属于恒值控制系统。恒值控制系统的特征是给定量一经设定完成，不再随着时间发生变化，或很长一段时间内保持不变。这类系统有恒速(直流电动机调速系统)、恒温(炉温自动控制系统)、恒压、恒流、恒定液位等控制系统。

随动控制系统也称作伺服系统，它的给定量是变化的，而且其变化规律是未知的。系统的主要任务是使被控量快速、准确地随给定量的变化而变化。随动控制系统的给定量是一个变化的量，一般是随机的，因此要求系统的被控量能快速、准确地跟随参考输入信号的变化而变化。图 1-18 所示的就是一个位置随动控制系统。

该位置随动控制系统的控制任务是拖动负载随着手柄转动，系统中手柄连接的发送电位器以及与拖动负载连接的接收电位器将手柄和拖动负载位置信息转换为与之成比例的电

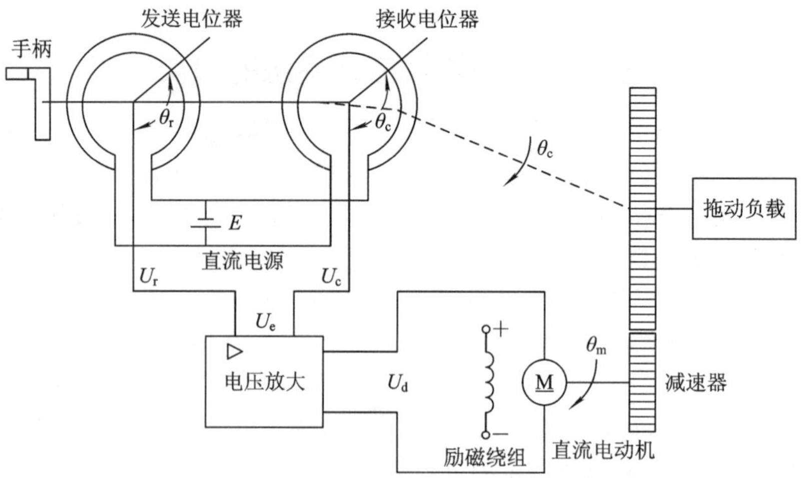

图 1-18 位置随动控制系统原理图

压信号，其大小分别反映了输入量和输出量。两个电压信号在电压放大电路输入端进行比较，当发送电位器和接收电位器的转角相等时，即 $U_r=U_c$，则 $U_e=U_r-U_c=0$，则电压放大元件输出电压 U_d 等于 0，此时电动机处于静止状态。若转动手柄，使发送电位器的滑动端逆时针或顺时针转动一个角度，此时 U_r 不再等于 U_c，误差电压 U_e 不等于 0，经电压放大后驱动直流电动机转动，经减速器拖动负载和接收电位器的滑动端一起旋转，直到接收电位器角度 θ_c 与发送电位器滑动端角度 θ_r 相等为止。其系统方框图如图 1-19 所示。

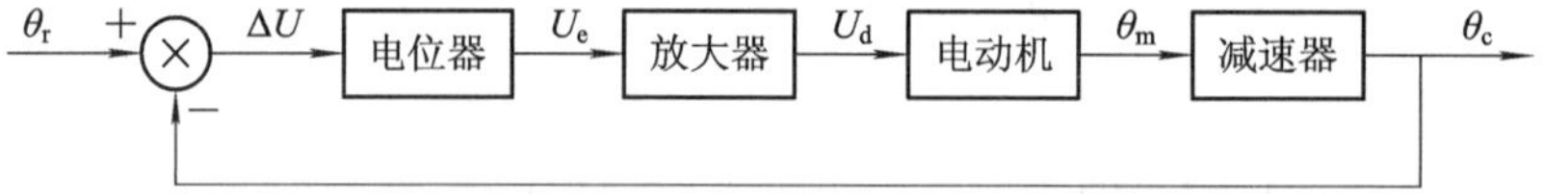

图 1-19 位置随动控制系统方框图

1.3.3 连续控制系统和离散控制系统

控制系统中各部分的信号若都是时间 t 的函数，则称这类系统为连续控制系统，前面所列举的液面控制系统和随动控制系统都属于这类控制系统。

控制系统各部分的信号中只要有一个是时间 t 的离散信号，则称这种系统为离散控制系统。图 1-20 所示的计算机控制系统就是一种常见的离散控制系统。

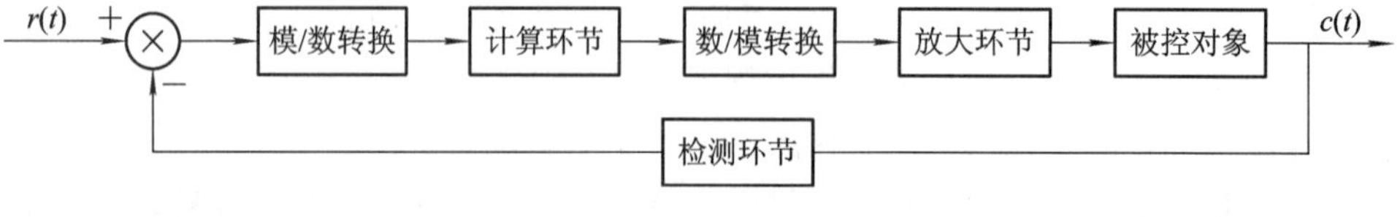

图 1-20 计算机控制系统方框图

完成任务 1.3 后，教师可参考表 1-4 所示的评价量表对学生完成学习任务情况进行评价。

表1-4 评价量表

评价内容	评价要点	核心素养水平评价指标	自评	组评	师评
准备：理解基本概念	理解自动控制系统得分类方式	水平1：能较为完整地列举出至少1种方式的自动控制系统的分类内容			
		水平2：能完整、准确地列举出至少2种方式的自动控制系统的分类内容			
		水平3：能完整、准确地列举出3种方式的自动控制系统的分类内容			
实施：形成工程思维	能根据其特点，判断出某些自动控制系统的类型	水平1：能较为准确地判断出某些简单的自动控制系统的类型			
		水平2：能准确地判断出某些简单的自动控制系统的类型，并较为准确地陈述其判断依据			
		水平3：能准确地判断出某些较为复杂的自动控制系统的类型，并准确陈述其判断依据			
	提出问题：能提出系统中关键参数之间的联系等有关问题	水平1：具有问题意识，能提出问题			
		水平2：能分析相关原理，提出可探究的问题			
		水平3：能针对具体系统，从不同角度提出并准确表述可探究的问题			
自查：交流与反思	与其他同学交流合作并反思，虚心听取老师及其他同学的发言，积极交流讨论	水平1：具有与他人交流、讨论问题的意识			
		水平2：能聆听其他同学的问题，并较为完整地表述自己的观点及问题			
		水平3：能用专业术语准确描述问题，提出解决问题的思路，并能虚心听取老师、同学的发言，与老师同学进行交流与反思			
评价：科学态度	体会学习、交流过程中的科学严谨性以及实事求是的态度，客观地对自我及他人进行评价，培养合作精神、团队意识	水平1：知道学习需要有实事求是的态度，知道需要客观地认识自我及他人，有与他人合作的意愿			
		水平2：有学习和研究工程问题的兴趣，有实事求是的科学态度，能与他人合作，并能较为客观地对自己和他人进行评价			
		水平3：有较强的学习和研究工程问题的内在动机，既能客观评价自己及他人，又能通过别人的评价反思并不断提高自己，坚持实事求是的态度，合作中能坚持观点又能修正错误			
学生总结	在本次任务中，我做得最出色的是 在本次任务中，我所做的努力是 在本次任务中，我所遇到的困难是				
教师评语					

任务 1.4　自动控制系统性能基本要求

在实际应用中，工程师根据客户的具体功能及性能需求设计自动控制系统。当控制系统的应用场所不同时，对系统性能的具体要求也就不尽相同，但是，无论哪种控制系统，其控制任务都是相同的，即在理想情况下，希望自动控制系统的输出量 $c(t)$ 能够稳定、准确并快速地跟随输入量 $r(t)$ 变化，且不受外界干扰影响。然而，实际的控制系统，由于各种原因，都会在一定程度上受到来自内部或外部的干扰的影响，从而使得系统的输出量偏离输入量，稳定的系统经过一段时间的动态调整后，最终会恢复到期望值。因此，一个控制系统的优劣可以通过分析其动态过程进行定性。

对于自动控制系统，衡量其性能优劣一般从稳定性、快速性及准确性三个方面进行定性分析。在对控制系统进行设计及分析时，根据系统实际应用的不同，需要通过系统对不同输入信号的输出响应来考察系统的各项性能。例如，常见的恒温控制系统、液位控制系统等，其输入信号为期望的温度值和液位高度，一般情况下，这种输入信号设定后短时间内不再改变，在数学中可用阶跃函数模拟。但是大多数情况下，输入信号随时间可能发生改变。例如，太阳能逐日系统中，为保持太阳能电池板随时正对太阳，需要采用太阳能自动跟踪系统，系统输入信号为太阳的位置，该信号一天之内随着时间不断发生变化，在数学中可以近似用斜坡函数来模拟；而在防空火炮控制系统中，系统输入信号为敌机的位置及速度信号，但是这类信号无法预料，具有随机性。

1.4.1　典型输入信号

为了便于对系统进行分析及设计，我们需要假定一些基本的输入信号函数形式。控制系统中，常用的典型输入信号有：阶跃信号(Step Signal)、斜坡信号(Slope Signal)、加速度信号(Acceleration Signal)、脉冲信号(Pulse Signal)及正弦信号(Sinusoidal Signal)。

1. 阶跃信号

实际的控制系统中，室温控制系统和水位控制系统，以及一些工作状态突然改变或突然受到恒定输入作用的控制系统，都可以采用阶跃信号作为典型输入信号。阶跃信号的函数特点为在某一时刻其值从初始值突变为另一个常值，随后幅值保持不变，或在很长一段时间内保持不变。

如图 1-21 所示，阶跃信号的数学表达式为

$$x_r(t)=\begin{cases}0 & t<0\\ A & t\geqslant 0\end{cases} \tag{1-1}$$

式中，A 为阶跃函数的幅值，若 $A=1$，则 $x_r(t)$ 为单位阶跃函数，即

$$x_r(t)=\begin{cases}0 & t<0\\ 1 & t\geqslant 0\end{cases} \tag{1-2}$$

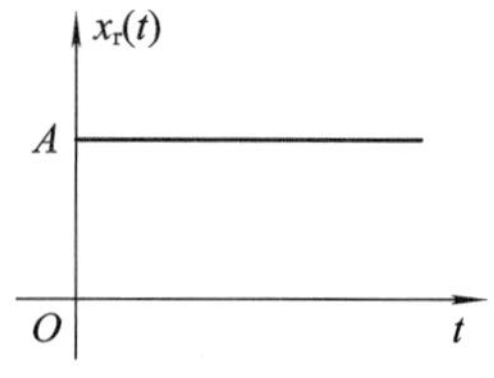

图 1-21　阶跃信号

记作

$$x_r(t)=1(t) \tag{1-3}$$

初始条件为 0，阶跃函数的拉氏变换(拉氏变换参见附录 A)为

$$\mathscr{L}[x_r(t)] = \frac{A}{s} \tag{1-4}$$

2. 斜坡信号(速度函数)

对于跟踪通信卫星的天线控制系统、数控机床加工斜面的进给控制系统、机械手的等速移动控制系统等输入信号随时间逐渐变化的控制系统，斜坡信号是比较合适的典型输入。其特点是从某一时刻起其值从初始值开始随时间逐渐线性增加或减小。

如图1-22所示，斜坡信号的数学表达式为

$$x_r(t) = \begin{cases} 0 & t < 0 \\ Bt & t \geqslant 0 \end{cases} \tag{1-5}$$

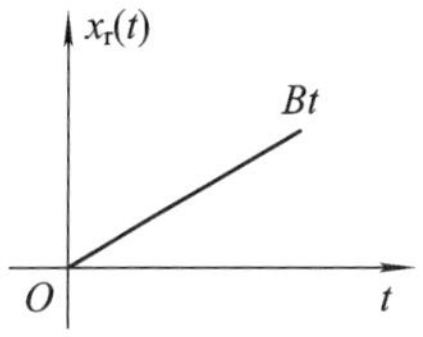

图1-22　斜坡信号

式中，B 为斜坡信号的速度值，若 $B=1$，则 $x_r(t)$ 为单位斜坡(或单位速度)信号，即

$$x_r(t) = \begin{cases} 0 & t < 0 \\ t & t \geqslant 0 \end{cases} \tag{1-6}$$

记作：$x_r(t)=t$。

初始条件为0，斜坡信号的拉氏变换为

$$\mathscr{L}[x_r(t)] = \frac{B}{s^2} \tag{1-7}$$

3. 加速度信号(抛物线函数)

如图1-23所示，加速度信号的数学表达式为

$$x_r(t) = \begin{cases} 0 & t < 0 \\ \frac{1}{2}Ct^2 & t \geqslant 0 \end{cases} \tag{1-8}$$

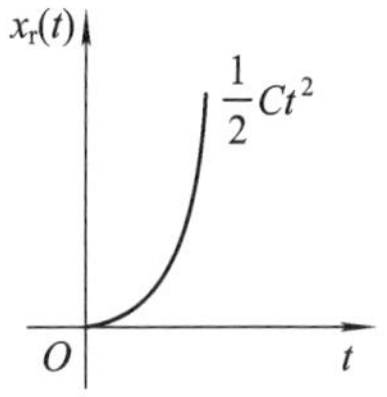

图1-23　抛物线信号

式中，C 为加速度信号的加速度值，若 $C=1$，则该信号为单位加速度信号，即

$$x_r(t) = \begin{cases} 0 & t < 0 \\ \frac{1}{2}t^2 & t \geqslant 0 \end{cases} \tag{1-9}$$

初始条件为0，加速度信号的拉氏变换为

$$\mathscr{L}[x_r(t)] = \frac{C}{s^3}$$

4. 脉冲信号

当控制系统的输入信号为冲击输入(如脉冲电信号、撞击力、武器弹射的爆发力等)时，均可视为理想脉冲信号。

脉冲信号的数学表达式为

$$x_r(t) = A\delta(t) \tag{1-10}$$

式中，A 为脉冲信号的冲量值，若 $A=1$，则 $x_r(t)$ 为单位脉冲函数，即

$$\delta(t) = \begin{cases} 0 & t \neq 0 \\ \infty & t = 0 \end{cases} \tag{1-11}$$

记作：

$$x_r(t)=\delta(t) \tag{1-12}$$

式中，$\delta(t)$为一种理想的脉冲信号，实际系统中是不存在的，它只是某些物理现象经过数学抽象化处理的结果。实际的单位脉冲信号如图 1-24 所示，其数学表达式为

$$\delta_{\Delta}=\begin{cases}0 & t<0 \text{ 或 } t>\Delta \\ \dfrac{1}{\Delta} & 0\leqslant t\leqslant \Delta\end{cases} \tag{1-13}$$

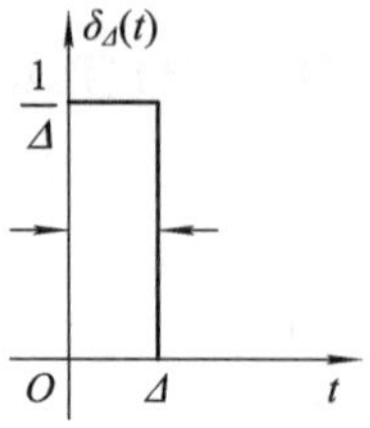

图 1-24　实际的单位脉冲信号

式中，Δ为脉冲宽度或脉冲持续时间，$\dfrac{1}{\Delta}$为脉冲高度。

初始条件为 0，脉冲信号的拉氏变换为

$$\mathscr{L}[\delta(t)]=1 \tag{1-14}$$

5. 正弦信号

实际的控制系统中，如果输入信号为周期性变化的信号，一般都可对其进行傅里叶变换使其变为多个正弦信号的叠加，这种情况下，可用正弦函数作为系统的输入对系统进行性能分析。一般由电源或振动引起的噪声以及海浪对船体的扰动都可以视为正弦信号。

如图 1-25 所示，正弦信号的数学表达式为

$$x_r(t)=\begin{cases}0 & t<0 \\ A\sin\omega t & t\geqslant 0\end{cases} \tag{1-15}$$

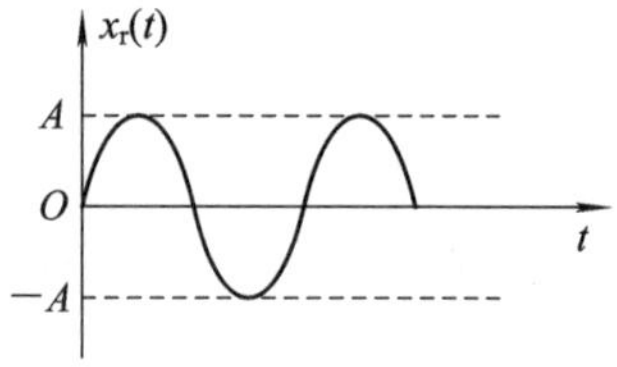

图 1-25　正弦信号

式中，A为幅值，ω为角频率，若A为 1，则称为单位正弦信号，记作

$$x_r(t)=\begin{cases}0 & t<0 \\ \sin\omega t & t\geqslant 0\end{cases} \tag{1-16}$$

初始条件为 0，正弦信号的拉氏变换为

$$\mathscr{L}[x_r(t)]=\frac{A\omega}{s^2+\omega^2} \tag{1-17}$$

在同一系统中，不同形式的输入信号所对应的输出响应是不同的，但对于现行控制系统来说，它们所表征的系统性能是一致的。通常阶跃函数作为典型输入作用时，对系统性能要求是最高的，因此，一般以系统的单位阶跃响应作为系统性能分析的对象，这样可以在一个统一的基础上对各种控制系统的特性进行比较和研究。

1.4.2 稳定性

稳定性(Stability)是指当系统受到某一扰动作用后，使被控制量偏离了原来的平衡状态，一旦扰动消失，经过一定的时间，如果系统仍能回到原有的平衡状态，则称系统是稳定的。稳定性是系统能正常运行的必要条件，也是最重要、最基本的条件。

例如，如图 1-26 所示的单摆示意图，位置a为其平衡位置，当受到外力干扰时，单摆向b或c位置偏离，外力干扰消失后，由于重力作用，单摆经过一段时间调整后，又重新回到平衡位置a，则称a点为稳定的平衡点。

图 1-27 为倒立摆示意图，位置d为其平衡位置，当受到外力F的干扰后，倒立摆无法通过自身调节重新回到平衡位置d，则称d点为不稳定的平衡点。

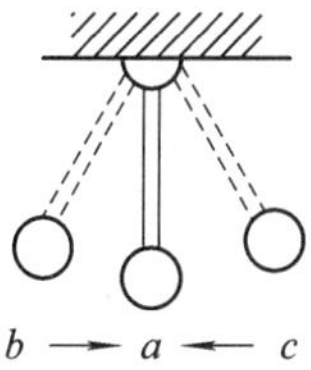

图 1-26 单摆示意图

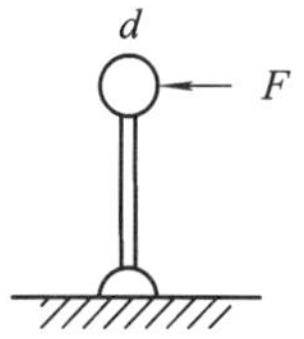

图 1-27 倒立摆示意图

系统受到的外界干扰可以用脉冲函数模拟，因此当自动控制系统受到外加扰动 $x(t)$作用时，波形及框图如图 1-28 所示。

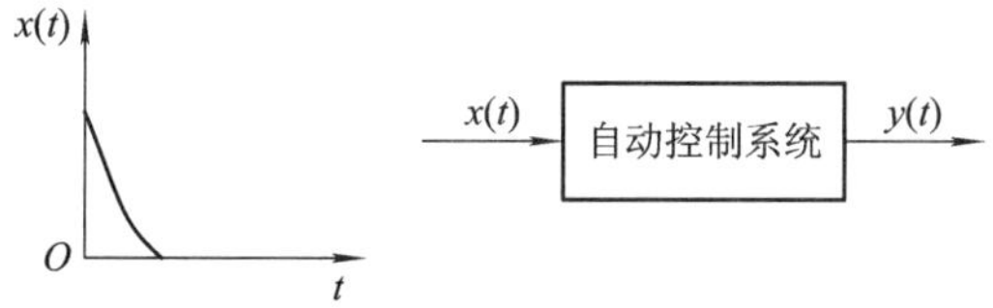

图 1-28 自动控制系统外加扰动

若系统输出量 $y(t)$经过一段时间调整后可以恢复到原平衡状态值，则系统为稳定系统(如图 1-29(a)所示)；若系统输出量偏离原平衡状态值越来越大或呈等幅振荡状态，则系统为不稳定系统(如图 1-29(b)所示)。

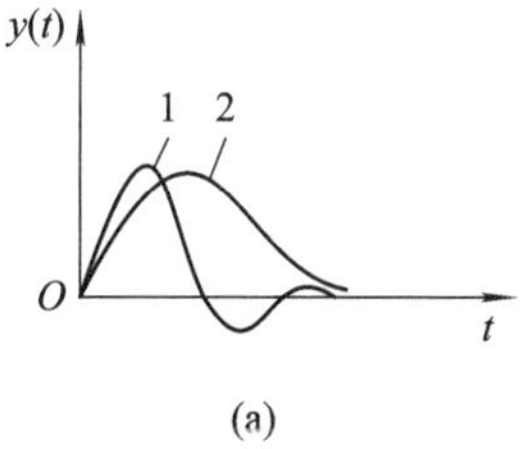

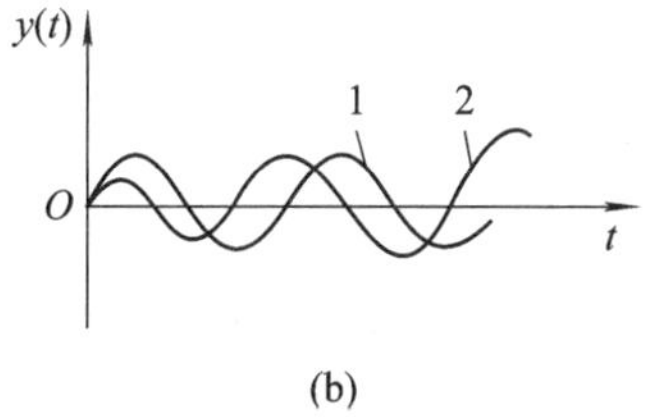

图 1-29 稳定系统与不稳定系统扰动输出

一个稳定的系统，通常希望当其内部参数稍有变化或初始条件稍有改变时，仍能正常地进行工作。考虑到系统在工作过程中的环境和参数的变化，实际系统不仅要求能稳定，还要求留有一定的稳定裕量。

1.4.3 快速性

快速性(Rapidity)是指控制系统过渡过程的时间长短，是评价稳定系统暂态性能的指标。控制系统不仅要求稳定，而且要求其瞬态响应具有一定的快速性。如图 1-30 所示的某控制系统的动态过程曲线①，该系统表现虽然很稳定，但是过渡过程的时间过长，即当输入发生变化后，系统长时间地处在大偏差状态中，这就说明系统响应比较迟钝，因此该系统就很难复现、跟踪一些快速变化的输入信号。在实际控制系统中，人们总是希望在满足稳定性要求的前提下，系统的过渡过程越短越好，如图 1-30 所示的控制系统的动态过程曲线②。

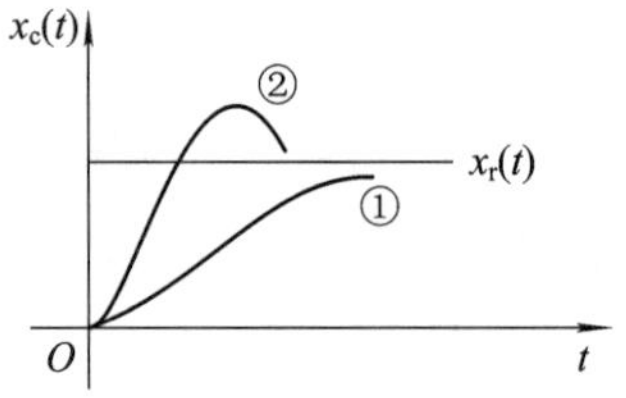

图 1-30 某控制系统动态过程曲线

1.4.4 准确性

准确性(Accuracy)是指控制系统过渡过程结束后，或系统受干扰重新恢复平衡状态时最终保持的精度，是反映过渡过程后期性能的指标。控制系统的准确性一般用稳态误差来衡量。稳态误差又称稳态精度，是指系统通过动态调整过程后进入新的平衡状态(稳态)后的误差，该稳态误差越小，说明系统的准确性越高。

对不同的被控对象，根据其实际应用需求不同，对其稳定性、准确性和快速性的要求不尽相同。例如，随动系统在稳定的前提下对快速性要求最高，而调速系统最为关心的则是系统的稳定性。同一个系统的以上三个性能往往是相互制约的，无法使得所有的性能都发挥到极致。例如，若要改善系统的准确性或提高系统的快速性，通常是以牺牲系统的相对稳定性为代价的，甚至会使系统出现振荡；而若要确保系统的稳定性，则又会延长控制系统的过渡过程，影响系统的快速反应。因此如何在具体实践中分析并解决这些矛盾，调节、校正和优化控制系统，是本学科研究的重点内容。

1.4.5 控制系统的相关问题

对于一个通过闭环控制或反馈控制精确控制的实际系统或过程，输出量(也称为系统响应)是根据误差信号来进行调节的。该误差信号是由代表了系统期望值的参考信号与传感器测量得到的系统响应信号之间的差值决定的。通常，为了满足某些控制标准或要求，需要增加控制器或校正装置来对系统进行滤波。这些标准一般包括以下几点：

(1) 干扰抑制(Disturbance Rejection)；

(2) 稳态误差(Steady-tate Error)；

(3) 瞬态响应特性(Transient Response Characteristics)；

(4) 对设备参数变化的敏感性(Sensitivity to Parameters Changings)。

如果需要解决以上控制中遇到的问题，一般步骤如下：

(1) 选择合适的传感器测量系统的输出；

(2) 选择执行器驱动被控对象；

(3) 建立被控对象、执行机构以及传感器的方程(即数学模型)；

(4) 基于数学模型和控制标准设计控制器；

(5) 首先通过仿真对系统的设计进行分析评估，最后通过测试实际系统来验证；

(6) 如果实际系统的测试结果令人不满意，则需要重复上述步骤，或对系统进行校正。

由于模型的不确定性，第一次对实际控制系统进行测试的结果通常是令人不满意的。所以，控制工程师必须尽可能使用现有的工具对设计进行迭代，以改进系统性能。通常情况下，控制工程师在对实际系统进行实验时所积累的经验，对设计过程也起着非常重要的作用。

数学分析和设计与物理系统设计过程的关系如图 1-31 所示。

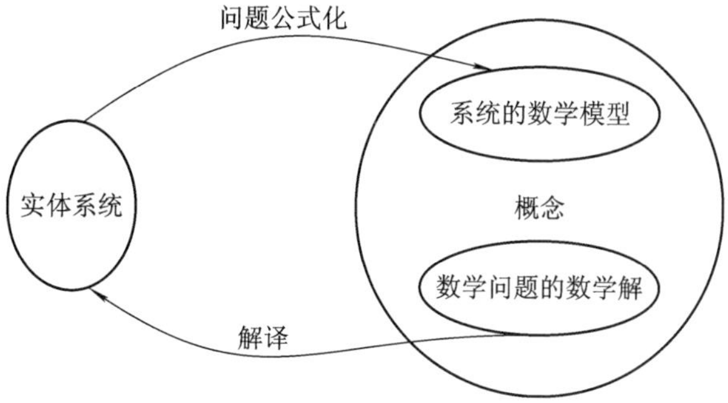

图 1-31 物理模型问题的数学解

本书中，编者对图中所示过程的每个部分都进行了讨论，但是重点还是放在通过数学模型分析系统性能从而对系统进行校正的方法上。

完成任务 1.4 后，教师可参考表 1-5 所示的评价量表对学生完成学习任务情况进行评价。

表 1-5 评 价 量 表

评价内容	评价要点	核心素养水平评价指标	自评	组评	师评
准备：理解基本概念	理解典型的输入信号的意义，理解稳定性、快速性及准确性的概念	水平 1：能较为完整地说出典型的输入信号的意义以及稳定性、快速性及准确性的概念			
		水平 2：能完整、准确地描述典型的输入信号的意义以及稳定性、快速性及准确性的概念，并能举例说明			
		水平 3：能自己的语言完整、准确地描述典型的输入信号的意义以及稳定性、快速性及准确性的概念，能举例说明，并将其概念迁移到控制系统以外的系统中			
实施：形成工程思维	能根据控制系统输出特点，定性的分析系统稳定性、快速性及准确性	水平 1：能根据控制系统输出特点，较为准确地分析简单控制系统稳定性、快速性及准确性			
		水平 2：能根据控制系统输出特点，准确地分析简单控制系统稳定性、快速性及准确性，并陈述其依据			
		水平 3：能根据控制系统输出特点，准确地分析复杂控制系统稳定性、快速性及准确性，并陈述其依据			
	提出问题：能提出系统中性能分析与输入信号之间的关系等问题	水平 1：具有问题意识，能提出问题			
		水平 2：能分析相关原理，提出可探究的问题			
		水平 3：能针对具体系统，从不同角度提出并准确表述可探究的问题			

续表

评价内容	评价要点	核心素养水平评价指标	自评	组评	师评
自查：交流与反思	与其他同学交流合作并反思，虚心听取老师及其他同学的发言，积极交流讨论	水平1：具有与他人交流、讨论问题的意识			
		水平2：能聆听其他同学的问题，并较为完整地表述自己的观点及问题			
		水平3：能用专业术语准确描述问题，提出解决问题的思路，并能虚心听取老师、同学的发言，与老师同学进行交流与反思			
评价：科学态度	体会学习、交流过程中的科学严谨性以及实事求是的态度，客观地对自我及他人进行评价，培养合作精神、团队意识	水平1：知道学习需要有实事求是的态度，知道需要客观地认识自我及他人，有与他人合作的意愿			
		水平2：有学习和研究工程问题的兴趣，有实事求是的科学态度，能与他人合作，并能较为客观地对自己和他人进行评价			
		水平3：有较强的学习和研究工程问题的内在动机，既能客观评价自己及他人，又能通过别人的评价反思并不断提高自己，坚持实事求是的态度，合作中能坚持观点又能修正错误			
学生总结	在本次任务中，我做得最出色的是 在本次任务中，我所做的努力是 在本次任务中，我所遇到的困难是				
教师评语					

小　结

（1）自动控制就是在没有人直接参与的条件下，利用控制器使被控对象（如机器、设备或生产过程）的某些物理量（或工作状态）能自动地按照预定的规律变化（或运行）。

（2）自动控制系统一般包含给定环节、比较环节、放大器、执行元件、反馈环节、校正装置、被控对象等，主要作用量有输入量（给定量）、控制量、反馈量、干扰量、输出量等各中间变量。

（3）反馈控制系统又称闭环控制系统，是依靠反馈环节，利用偏差信号产生控制作用，从而实现自动调节的。反馈控制极大地提高了系统的精度，但是会使得系统的稳定性变差。开环控制系统结构简单，稳定性好，但是不能自动补偿外界干扰对被控量造成的影响。当系统的扰动已知或可以测量时，可采用按扰动控制的开环控制方式进行补偿。但是当扰动不可预测时，系统的控制精度将无法达到预期的效果。开环控制及反馈控制示意图如表 1-6 所示。

表 1-6　开环控制与反馈控制

示意图：

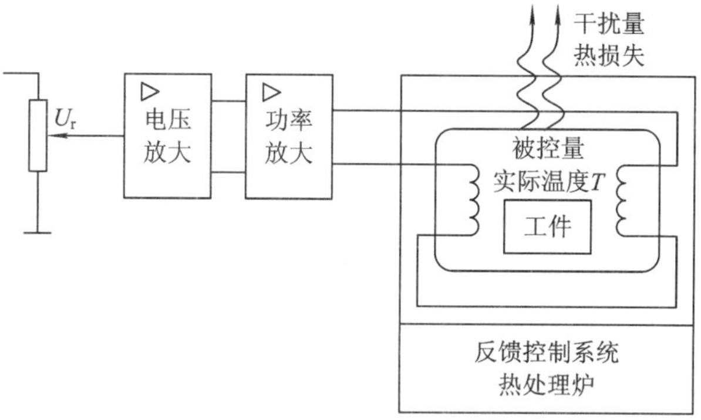

示意图：

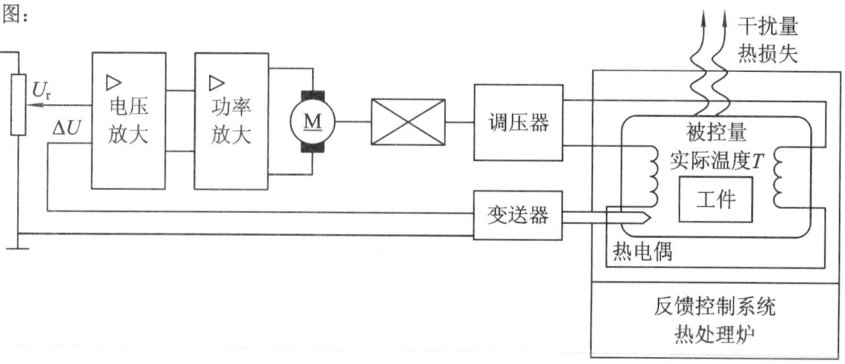

开环控制系统方框图：

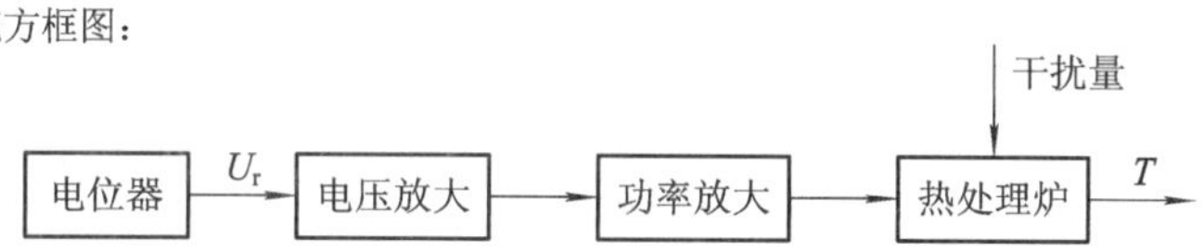

反馈控制系统方框图：

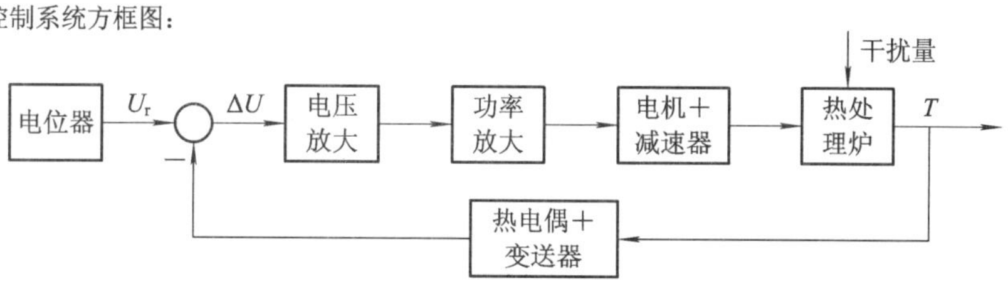

（4）分析各环节或系统的时域性能时，根据系统实际应用不同，需要加入不同输入信号。常用的典型输入信号有单位阶跃信号、单位斜坡信号、单位加速度信号、单位脉冲信号及正弦信号，如表 1-7 所示。

表 1-7　典型输入信号

名　称	时域表达式	复域表达式
单位阶跃函数	$1(t)$，$t\geqslant 0$	$\frac{1}{s}$
单位斜坡函数	t，$t\geqslant 0$	$\frac{1}{s^2}$
单位加速度函数	$\frac{1}{2}t^2$，$t\geqslant 0$	$\frac{1}{s^3}$
单位脉冲函数	$\delta(t)$，$t=0$	1
正弦函数	$A\sin\omega t$	$\frac{A\omega}{s^2+\omega^2}$

(5) 对自动控制系统的性能要求主要有：

稳定性：系统正常工作的首要条件。

快速性：用系统在动态过程中的响应速度来衡量。

准确性：用稳态误差来衡量。

复习思考题

复习思考题答案

(1) 试列举开环控制和反馈控制的例子，并说明其工作原理。

(2) 请说明开环系统和反馈系统的主要特点，并比较两者的优缺点。

(3) 闭环控制系统由哪些主要环节构成？各环节在系统中的职能是什么？

(4) 直流电动机转速控制系统的工作原理如图 1-32 所示，试分析系统自动稳速的控制原理，并画出原理方框图。

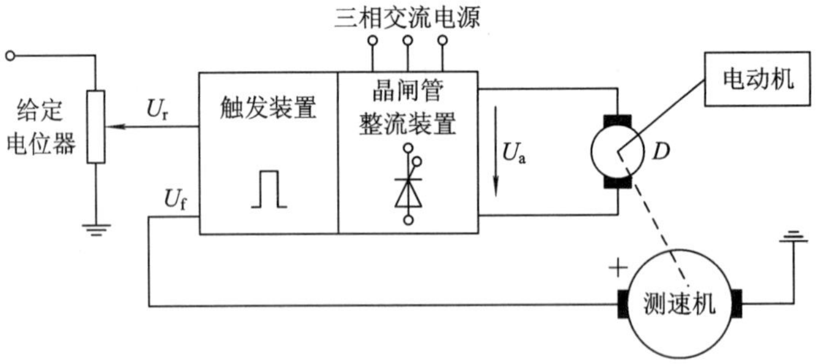

图 1-32　直流电动机转速控制系统的工作原理图

(5) 温度自动记录仪的工作原理如图 1-33 所示，记录笔所记录的是被测温度的变化，该温度由热电偶采自工作现场。试说明其控制原理并画出原理方框图。本系统是恒值系统还是随动系统？

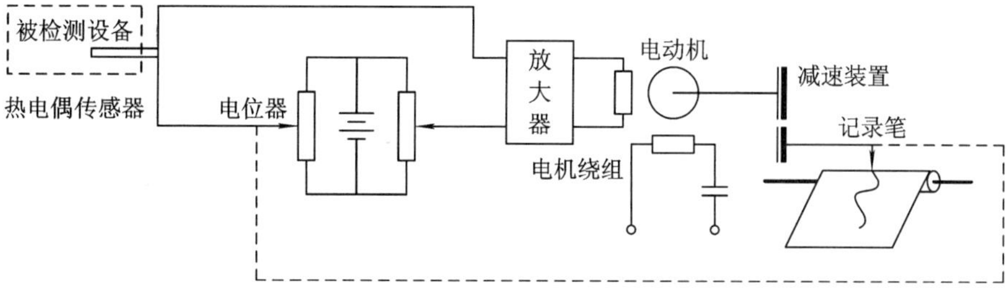

图 1-33　温度自动记录仪的工作原理图

学习单元 2　典型元部件的数学模型及时域响应

“课程思政”经典教学案例 3

1. 单元任务说明

组成自动控制系统的元部件很多，不论其物理性质，还是其结构用途方面都有着很大的差异。不同物理结构的元部件可以有形式上完全相同的数学模型，对于不同结构的系统亦然，这样的系统我们称为“相似系统”。由此受到启发，对于性质不同、数量众多的自动控制元部件，我们按形式相同的数学模型来分类，总结出一些典型环节。

在本单元的各个任务中，学生通过实施五个任务，归纳总结比例、积分、微分、惯性、延迟五种典型环节的阶跃响应、斜坡响应和脉冲响应的特点。通过知识拓展的学习，建立起五种典型环节数学模型及实际环节特性之间的联系，理解各环节中重要参数对输出响应的影响。

2. 教学目标及教学目标分解

教学目标

一般目标 Goals	具体目标 Objectives
知识：掌握数学模型的概念、分类以及相互之间的关系；掌握典型环节数学模型一般形式及其时域响应特点；了解典型环节的模拟电路。 能力：会使用 Matlab 建立典型环节的仿真模型，能区分典型环节，归纳总结出参数对其输出响应的影响。 素养：科学思维，团队精神	目标 1：描述数学模型的概念，并举例说明。 目标 2：描述微分方程、传递函数、系统框图的概念，并能对三者加以联系及区别。 目标 3：用 Matlab 绘制比例、积分、微分、惯性及纯延迟环节的时域响应曲线，并能分析比例系数、积分时间常数、微分时间常数、惯性时间常数及延迟时间对各个环节输出响应的影响。 目标 4：能够根据电路结构、数学模型及时域响应特点，判断典型环节类型。 目标 5：小组合作完成实验、讨论并进行展示，评估其他同学的陈述是否正确。 目标 6：能够联系、发展的眼光看待问题，客观的分析问题

教学目标分解表

知识维度	认知过程维度					
	记忆/回忆 (Remenber)	理解 (Understand)	应用 (Apply)	分析 (Analyze)	评价 (Evaluate)	创造 (Create)
事实性知识 (Factual Knowledge)	目标 1 目标 1					
概念性知识 (Conceptual Knowledge)	目标 2 目标 2	目标 2				
程序性知识 (Procedural Knowledge)		目标 4	目标 3 目标 5	目标 3 目标 4	目标 5	
元认知知识 (Metacognitive Knowledge)	目标 7				目标 6	

任务 2.1 齿轮减速器的数学模型及时域响应

◇ 任务内容及要求

推导齿轮减速器数学模型(Mathematical Model)并进行仿真(Simulate)，通过记录并观察齿轮减速器的单位阶跃、单位脉冲及单位斜坡函数的响应曲线，总结其时域响应特点，掌握比例系数(Gain)对其时域响应的影响以及物理意义。搭建齿轮减速器，即比例环节(Proportional Element)的模拟电路，掌握比例环节有源及无源电路的特点。

◇ 任务准备

在任务准备部分，所需掌握的基本概念及理论知识主要包括：数学模型的概念、数学模型的分类、常用的三种数学模型(微分方程、传递函数和系统框图)以及齿轮减速器的数学模型。

2.1.1 控制系统的数学模型

1. 数学模型的概念

为了从理论上对控制系统进行定性和定量的分析，进而对系统进行调节、校正，首先需要建立起该系统的数学模型。模型是人类认识复杂事物过程中，为了简化研究难度，缩小研究范围，高度抽象出来的一种模型。通过建立某些事物的模型，进而研究该模型来揭示原型的某些形态、特征和本质。模型一般可分为概念模型、物理模型和数学模型。

(1) 概念模型一般指以图示、文字、符号等组成的流程图形式对事物的规律和机理进行描述、阐明。

(2) 物理模型即根据相似原理，把真实事物按比例放大或缩小制成的模型，其状态变化和原事物基本相同，可以模拟客观事物的某些功能和性质。如图 2-1 所示即为某民航飞机的物理模型。该物理模型不具备真实原型的飞行功能，但是模拟了其外形特征。

图 2-1 物理模型(民航飞机)

由以上可以得出，只要能够描述原型中的某种或某些特征，无论是用文字、实物还是符号，都可以称为模型。模型与原型之间既有共同点也有区别，模型只是对原型的部分描述。

(3) 数学模型是描述系统输入、输出变量以及与内部其他变量之间关系的数学表达式。最简单的一个数学模型的例子就是欧姆定律(Ohm's Law)，如图 2-2 所示的电阻 R 组成的电路。

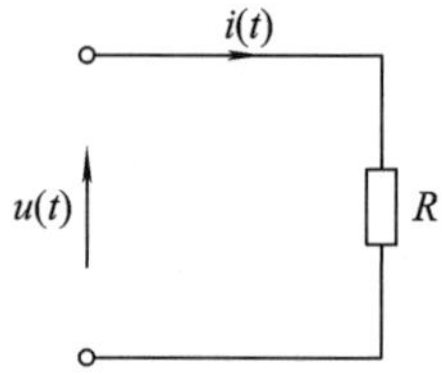

图 2-2 电阻电路

当我们选定电阻两端的电压 $u(t)$ 为输入量，流过电阻的电流 $i(t)$ 为输出量时，则由欧姆定律可知：

$$u(t) = i(t) \cdot R \tag{2-1}$$

式中，$u(t)$ 的单位为伏(V)，$i(t)$ 的单位为安培(A)，R 的单位为欧姆(Ω)。此方程即为电阻的数学模型，不同阻值的电阻数学模型亦不同，但是形式上是一致的。

假设某一电阻阻值为 10 Ω，额定功率为 5 W，在电阻两端加入 1 V 电压，根据电阻的数学模型可知，流过该电阻的电流为 0.1 A，由电阻功率及电压之间的关系式：

$$p(t) = \frac{u^2(t)}{R} \tag{2-2}$$

可得，此时电阻产生的功率为 0.1 W。假设在电阻两端加入 10 V 电压，由数学模型可知，此时流过电阻的电流理论上应为 1 A。功率为 10 W。由于电阻实际可以承受的功率为 5 W，因此实际上，若电阻两端连接 10 V 电压，电阻将会被烧毁，该电阻最大能够加的输入电压为 $\sqrt{5}$ V。因此，在实际应用中，系统的数学模型取决于输入信号的范围。除此之外，根据研究对象在实际系统中的功能不同，数学模型也可以是关于温度、高度、速度等参数的函数。

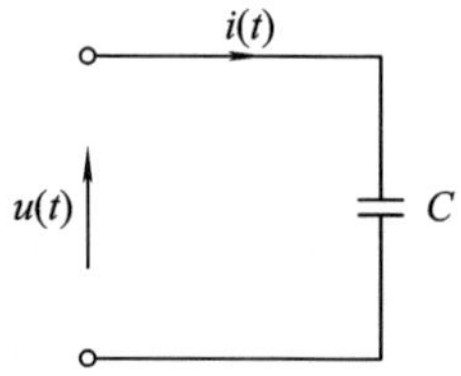

图 2-3 电容电路图

除电阻以外，电路中常见的元器件还有电容和电感，如图 2-3 所示为电容的电路图。

选定电阻两端的电压 $u(t)$ 为输入量，流过电阻的电流 $i(t)$ 为输出量时，其数学模型为

$$u(t)=\frac{1}{C}\int i(t)\mathrm{d}t+u(0) \tag{2-3}$$

如图 2-4 所示为电感的电路图。

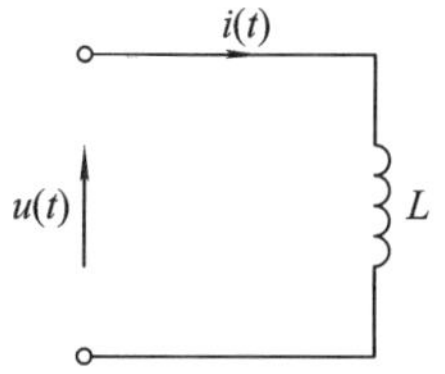

图 2-4　电感电路图

选定电阻两端的电压 $u(t)$ 为输入量，流过电阻的电流 $i(t)$ 为输出量时，其数学模型为

$$u(t)=L\frac{\mathrm{d}i(t)}{\mathrm{d}t} \tag{2-4}$$

2. 数学模型的分类

数学模型通常有两种描述方法：一种是输入-输出描述，也称端部描述，它只描述系统输入量与输出量之间的关系，无法描述系统内部特征，适用于单变量的控制系统；另一种是状态变量描述，又称内部描述，它不仅描述了系统的输入量与输出量的关系，而且也描述了系统的内部特性，特别适用于多变量控制系统。自动控制系统的数学模型分为微分方程(Differential Equation)、传递函数(Transfer Function)、系统框图(Block Diagram)、频率特性(Frequency Characteristic)和状态方程(State Equation)。其中，微分方程是端部描述的数学模型中最基本的形式，传递函数、系统框图等其他形式的数学模型均由微分方程推导得出；状态方程为多输入多输出系统(Multi-input Multi-output System)的数学模型，将在“现代控制理论”课程中学习。在“自动控制原理”课程中，微分方程属于时域的数学模型，频率特性属于频域的数学模型，传递函数和方框图属于复数域的数学模型。

同一系统，不同域的数学模型之间可以相互转换，如图 2-5 所示。可以将微分方程通过傅里叶变换(Fourier Transform)得到系统的频率特性，通过拉普拉斯变换(Laplace Transform)得到传递函数。拉普拉斯变换简称拉氏变换，具体定义及定理参见附录 A。

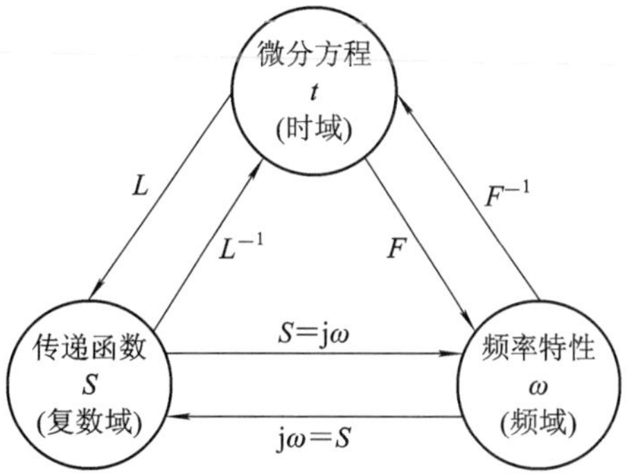

图 2-5　不同域的数学模型之间转换关系

一个控制系统的数学模型虽然可以表示为不同的形式，但选用哪种形式的数学模型对系统进行分析和研究，需要根据具体的系统特征而定。例如，对于多变量控制系统和最优控制系统，宜采用状态变量描述；而对于单输入单输出(Single-input Single-output)系统的瞬态响应或频率响应的分析，应采用传递函数描述更为方便。

1) *微分方程*

微分方程(Differential Equation)是以由牛顿(Newton，1642—1727)和莱布尼兹

(Leibniz，1646—1716)所创立的微积分学(Calculus)为基础，用以描述线性系统运动的基本形式的一种数学模型。微积分产生的动力源于人类不断探求物质世界运动规律的需求。物理世界的运动规律只靠实验观测通常很难认识清楚，由于技术和时间的限制，人们不太可能将运动的全过程观察完全。但是，运动物体及其瞬时变化率之间，在运动过程中通常按照某种已知定律存在着联系，人们在长期的观察和实践过程中捕捉到这种联系，用数学语言将这种联系表达出来，将运动物体抽象为变量，将其瞬态变化率抽象为该变量的导数，从而形成一个微分方程(Differential Equation)。如果能够求出这个方程的解，就可得到其运动规律。

图 2-6 为 RLC 电路，其输入电压为u_r，输出电压为u_C。

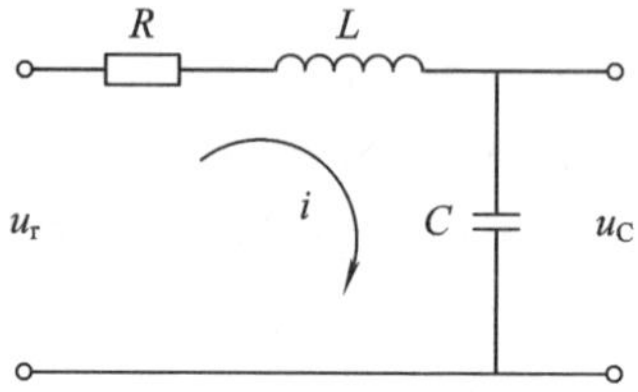

图 2-6 RLC 电路

由基尔霍夫电压定律(Kirchhoff's voltage law)得

$$i(t)R+L\frac{\mathrm{d}i(t)}{\mathrm{d}t}+u_C(t)=u_r(t) \tag{2-5}$$

$$u_C(t)=\frac{1}{C}\int i(t)\mathrm{d}t \tag{2-6}$$

消去中间变量 $i(t)$，则有

$$LC\frac{\mathrm{d}^2u_C(t)}{\mathrm{d}t^2}+RC\frac{\mathrm{d}u_C(t)}{\mathrm{d}t}+u_C(t)=u_r(t) \tag{2-7}$$

式(2-7)即为图 2-6 所示电路的数学模型，它描述了该电路在$u_r(t)$作用下电容两端电压$u_C(t)$的变化规律。系统的微分方程一般形式如下：

$$\begin{aligned}&a_0\frac{\mathrm{d}^n}{\mathrm{d}t^n}c(t)+a_1\frac{\mathrm{d}^{n-1}}{\mathrm{d}t^{n-1}}c(t)+\cdots+a_{n-1}\frac{\mathrm{d}}{\mathrm{d}t}c(t)+a_nc(t)\\&=b_0\frac{\mathrm{d}^m}{\mathrm{d}t^m}r(t)+b_1\frac{\mathrm{d}^{m-1}}{\mathrm{d}t^{m-1}}r(t)+\cdots+a_{m-1}\frac{\mathrm{d}}{\mathrm{d}t}r(t)+b_mr(t)\end{aligned} \tag{2-8}$$

式中，$c(t)$为系统的输出量，$r(t)$为系统的输入量，$a_0\sim a_n$和 $b_0\sim b_m$为实系数。

建立系统微分方程式的一般步骤如下：

(1) 根据基本的物理、化学等定律，列出系统中每一部分或元件的输入量与输出量的微分方程式。在列方程式时，要注意与相邻部分或元件间的关联影响。

(2) 确定整个系统的输入、输出量，消去其余的中间变量，得到系统输入与输出间的微分方程式。

(3) 对所求的微分方程进行标准化处理，把与输入量有关的项写在方程等号的右方，与输出量有关的项写在方程等号的左方。

建立起系统的微分方程式后，在已知输入信号形式的情况下，通过对微分方程式求解，就可以得到系统在该给定输入信号作用下的输出响应表达式，工程师可通过分析该表达式

(通常为一个关于时间 t 的函数)即可得到系统的在时域上的特性。然而，用微分方程表示系统的数学模型在实际应用中一般会遇到如下的困难：

(1) 微分方程式的阶次越高，求解难度越大，计算的工作量也随之大大增加，这就使得微分方程在实际中的应用范围受到了一定限制。

(2) 对于控制系统的分析，不仅要了解它在给定信号作用下的输出响应，同样也要重视系统的结构、参数与其性能间的关系。显然对于后者的要求，微分方程作为一种端部描述的数学模型，是无法实现的。

2) 传递函数

传递函数(Transfer Function)定义如下：在零初始条件下，线性定常系统(或元件)输出量的拉氏变换与其输入量的拉氏变换之比，即为线性定常系统的传递函数，记为 $G(s)$，即

$$\text{传递函数}=\left.\frac{\text{输出量的拉氏变换}}{\text{输入量的拉氏变换}}\right|_{\text{零初始条件}}$$

$$G(s)=\frac{C(s)}{R(s)} \tag{2-9}$$

式中，$C(s)$为输出量 $c(t)$的拉氏变换，$R(s)$为输入量 $r(t)$的拉氏变换。式(2-9)表示了系统的输入与输出间的因果关系，即系统的输出 $C(s)$是由其输入 $R(s)$经过 $G(s)$的传递而产生的，因而 $G(s)$被称为传递函数。

将微分方程的一般形式进行拉氏变换，得到系统传递函数的一般形式为

$$G(s)=\frac{C(s)}{R(s)}=\frac{b_0 s^m+b_1 s^{m-1}+\cdots+b_{m-1}s+b_m}{a_0 s^n+a_1 s^{n-1}+\cdots+a_{n-1}s+a_m} \tag{2-10}$$

传递函数性质如下：

(1) 传递函数只取决于系统（或元部件)的内部结构和参数，与系统的输入、输出等外部信号的大小和形式无关。

(2) 传递函数只适用于线性定常系统，因为它是由微分方程经拉氏变换得到的，而拉氏变换是一种线性变换。

(3) 传递函数一般为复变量 s 的有理分式，它的分母多项式 s 的最高阶次 n 总是大于或等于其分子多项式 s 的最高阶次 m，即 $n\geqslant m$。

(4) 由于传递函数是在零初始条件下定义的，因而它不能反映在非零初始条件下系统(或元部件)的运动情况。

(5) 由于传递函数也属于端部描述的数学模型，因此一个传递函数只能表示一个输入与一个输出之间的关系，而不能反映系统内部的特性。

3) 系统框图

在求取系统的传递函数时，需要消去系统中所有的中间变量，这是一项较为繁琐的工作。在进行消元后，由于仅剩下系统的输入(或扰动)和输出两个变量，因而无法反映系统中信息的传递过程。若采用系统框图(Block Diagram)表示控制系统，则不仅能简明地表示系统中各环节间的关系和信号的传递过程，而且不需要消元就能方便地求得系统的传递函数。系统框图既适用于线性控制系统，也适用于非线性控制系统。因此，它在控制工程中得到了广泛的应用。

(1) 系统框图的组成。

系统框的组成如图 2-7 所示。

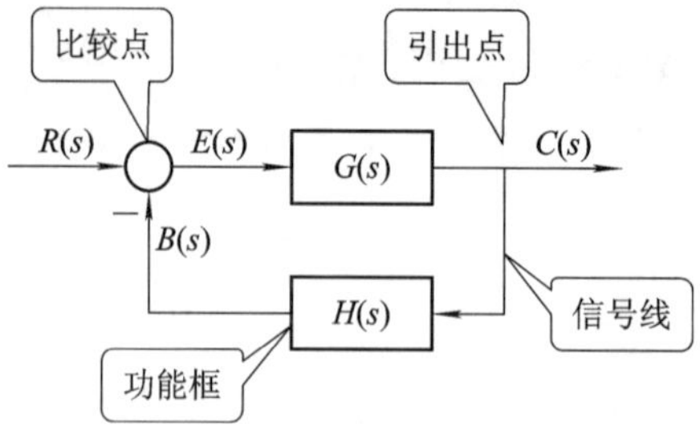

图 2-7　系统框图组成

信号线：箭头表示信号的流向，字母表示变量(包括输入变量、输出变量、中间变量)。

功能框：方框中字母表示该部分(环节)的传递函数。

比较点：信号输入要注明极性(正或负，默认为正)，从该点输出的值大小为输入值的代数和。

引出点：表示同一信号从该点引出。从该点引出的变量大小、性质相同，与引出条数无关。

前向通道：由信号线和功能框串联组成，且信号线箭头指向由输入端指向输出端。

反馈支路：由信号线和功能框串联组成，且信号线箭头指向与前向通道中的信号线箭头指向相反。

(2) 绘制系统框图的一般步骤。

① 确定系统输入量与输出量，建立系统中各元件的微分方程，并对微分方程进行拉氏变换，得到各元件的传递函数。

② 绘制出各个元件的功能框，按照实际系统各元件之间的连接关系，用信号线连接各功能框，并在信号线上标注各输入量与输出量。

③ 整理框图，系统的输入量在系统框图的左方，输出量在系统框图的右方。

系统框图绘制完成后，在对系统进行性能分析时，往往需要得到系统的开环或闭环的传递函数，因此需要对系统框图进行等效变换，具体变换规则参见附录 B。

3. 齿轮减速器数学模型

减速器是一种相对精密的机械，其目的是降低转速，从而增加转矩，在生产中的应用十分广泛。齿轮减速器输入轴上的轮齿与输出轴上的轮齿合在一起，输入轴的轮齿数少于输出轴的轮齿数，如图 2-8 所示。

主动轮的转速 $n_1(t)$为输入量，从动轮的转速 $n_2(t)$为输出量；Z_1 为主动轮齿数，Z_2 为从动轮齿数。其微分方程为

$$n_2(t)=\frac{z_1}{z_2}n_1(t) \tag{2-11}$$

式中，设 Z_1/Z_2 为常数 K，进行拉氏变换后，得到其传递函数为

$$G(s)=\frac{N_2(s)}{N_1(s)}=\frac{z_1}{z_2}=K \tag{2-12}$$

由以上齿轮减速器实例的数学模型可知，其输出量与输入量成正比关系。我们将数学

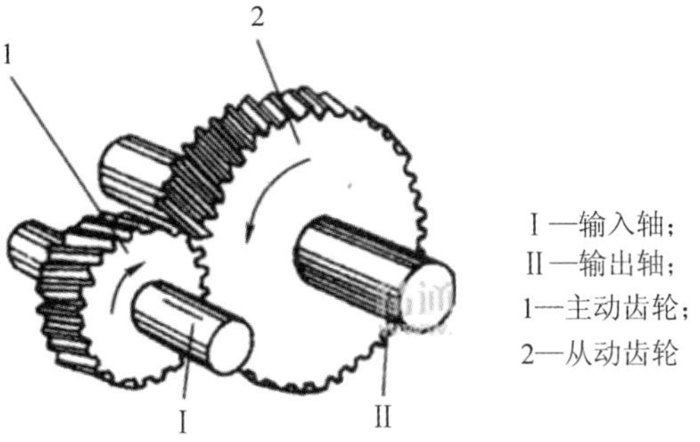

图 2-8　齿轮减速器的基本原理

模型具有该特点的元件统称为比例环节(Proportional Element)。

比例环节的特点是输出不失真、不延迟、成比例地复现输入信号的变化。它的微分方程可总结为

$$c(t)=Kr(t) \tag{2-13}$$

式中，$c(t)$是环节的输出量；$r(t)$是环节的输入量；K 为常数，称为比例系数或增益。式(2-13)对应的传递函数为

$$G(s)=\frac{C(s)}{R(s)}=K \tag{2-14}$$

比例环节系统框图如图 2-9 所示。

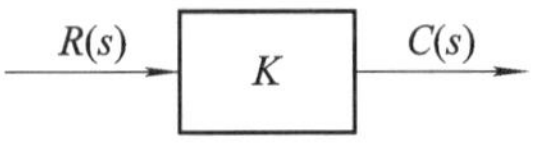

图 2-9　比例环节系统框图

常见的比例环节还有杠杆和质量块为 m 的小车等，如图 2-10 所示。

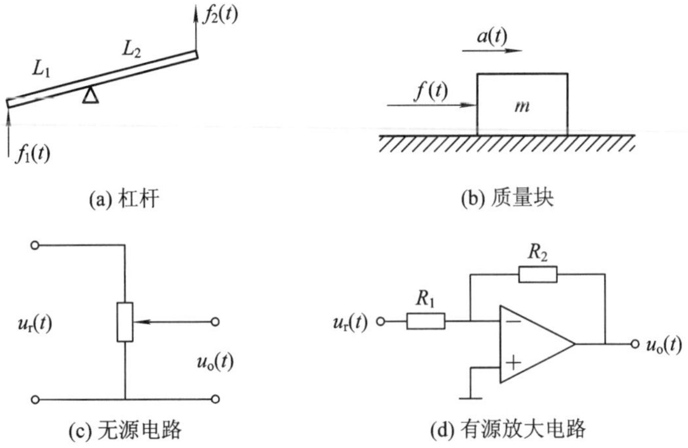

图 2-10　比例环节实例

◇ 任务实施

在任务实施部分，学生需要根据任务准备中推导出的齿轮减速器的数学模型，完成实验模块一和实验模块二的内容，并在对实验结果分析的基础上，进一步理解知识拓展中比例环节时域响应及比例环节模拟电路内容。

2.1.2 实验模块一 齿轮减速器时域响应仿真实验

1. 实验目的

(1) 学习使用 MATLAB 中的 Simulink 进行仿真；

(2) 掌握比例环节单位阶跃响应(Unit Step Response)、单位脉冲响应(Unit Pulse Response)及单位斜坡响应(Unit Ramp Response)的特点；

(3) 理解比例系数(Gain)对比例环节时域响应的影响。

2. 实验准备

1) 认识 MATLAB 软件及 Simulink 软件包

对大型、复杂的控制系统进行直接实验不仅成本十分巨大，而且往往会有很大的危险性，因此一般在进行直接实验之前，往往先使用仿真技术对系统进行实验，不仅降低了成本，提高了安全性，还可以在对仿真结果进行分析的基础上，对系统设计进行优化。MATLAB 自问世以来，应用越来越广泛，其控制系统工具箱及 Simulink 的开发，给控制系统的分析与设计带来了极大的方便。

Simulink 是 MATLAB 中实现建模和仿真的一个软件包，是一种图形化的编程语言，易学易用，功能强大，被广泛应用于通信与卫星系统、航空航天系统、生物系统及控制系统等。Simulink 根据功能不同提供了一些基本的封装好的模块库，用户只需要知道该模块的功能以及输入、输出即可，而不必考虑模块功能在内部是如何实现的。用户通过调用这些模块，再将各模块连接起来构成系统的模型，从而进行仿真及分析。

2) Simulink 仿真概述

Simulink 有两种启动方式，一种是启动 MATLAB 后，单击主窗口中的快捷按钮打开 Simulink Library Browser 界面，如图 2-11 所示。

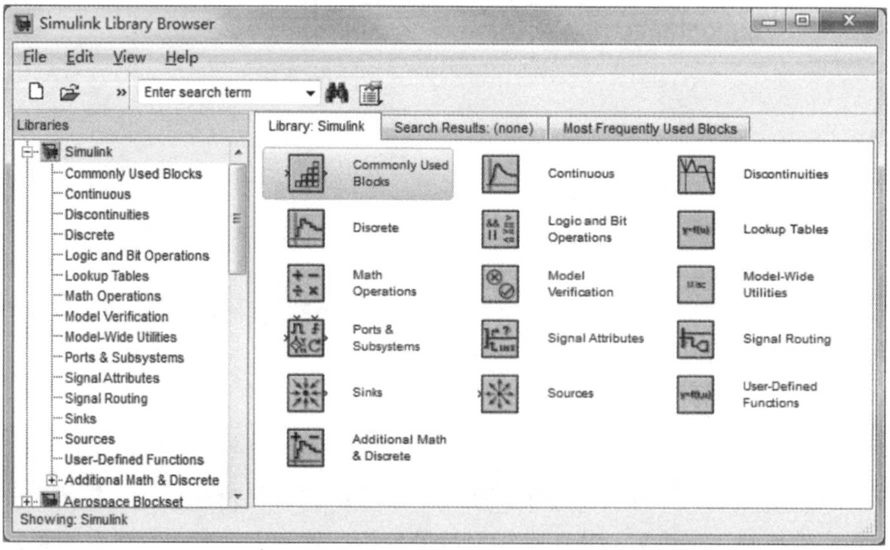

图 2-11 Simulink Library Browser 界面

另一种方式为在 MATLAB 左下的“Start”菜单中点击“Simulink”-“Library Browser”，如图 2-12 所示。

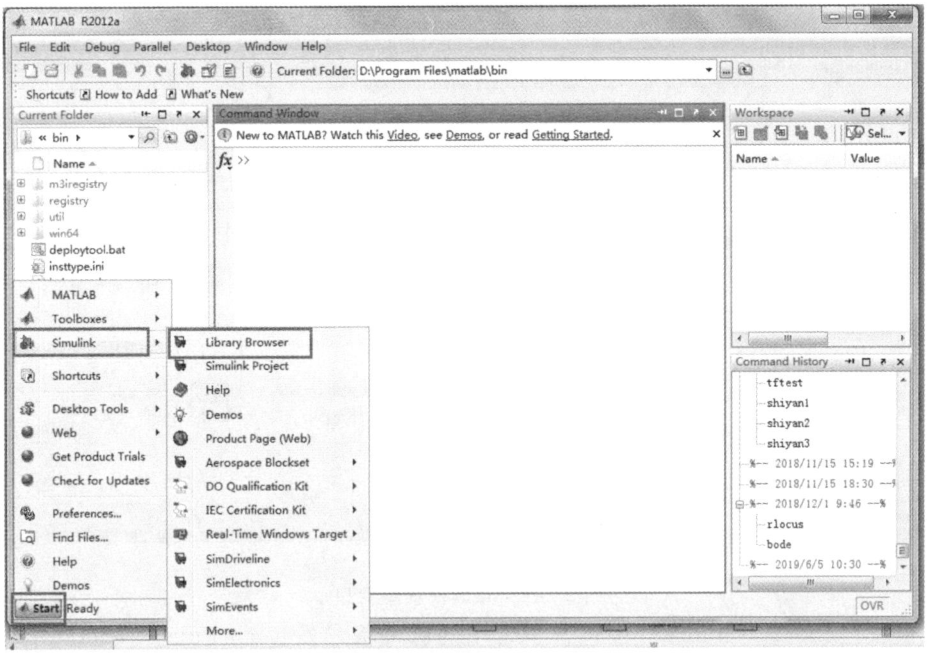

图 2-12　打开 Simulink Library Browser 方法

启动该窗口后，用户可以看到很多常用的模块库。控制系统仿真中，一般使用 Commonly Used 模块组、Continuous 模块组、Sources 模块组和 Sinks 模块组。常用模块组(Commonly Used Blocks)中，包含：常数模块(Constant)，用于恒值输出；增益模块(Gain)，用于将模块输入信号按照设定的增益值进行放大或缩小；示波器模块(Scope)，用于显示实时信号；求和模块(Sum)，用于实现代数求和等，如图 2-13 所示。

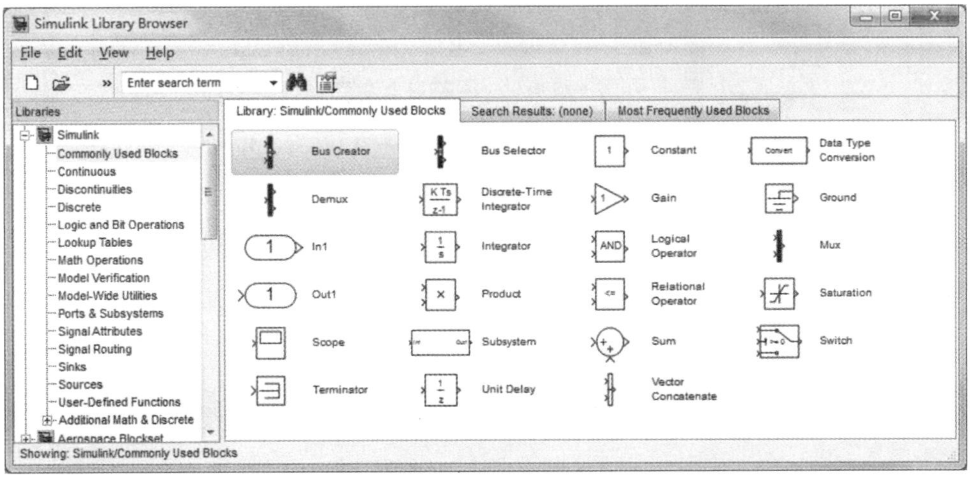

图 2-13　常用模块库窗口

连续模块组(Continuous Blocks)中包含了积分模块(Integrator)、微分模块(Derivative)、传递函数模块(TransferFcn)、零极点增益模块(Zero-Pole)等，用于对控制系统建模与仿真，如图 2-14 所示。

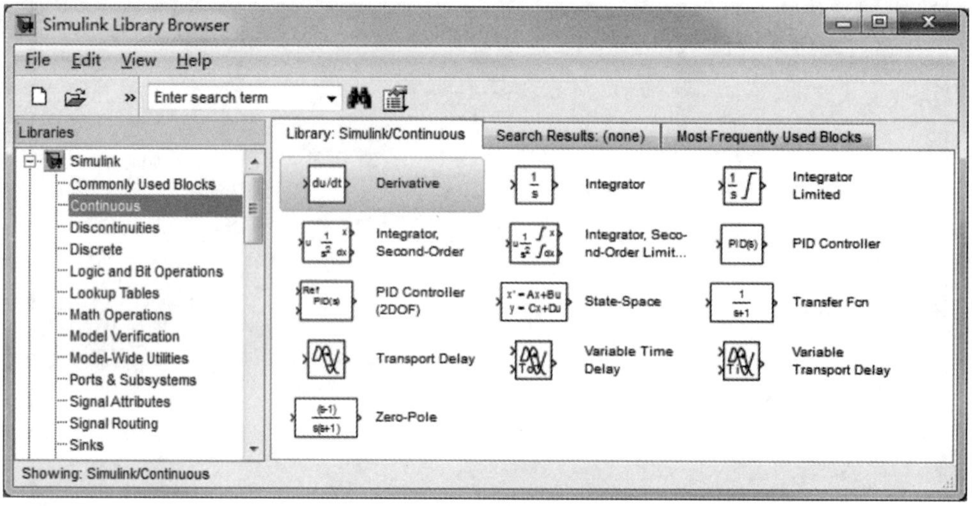

图 2-14　连续模块组窗口

源模块组(Sources Blocks)中包含了常用的脉冲信号发生器(Pulse Generator)、阶跃(Step)信号、斜坡(Ramp)信号、正弦波(Sine Wave)信号和信号发生器(Signal Generator)等，如图 2-15 所示。

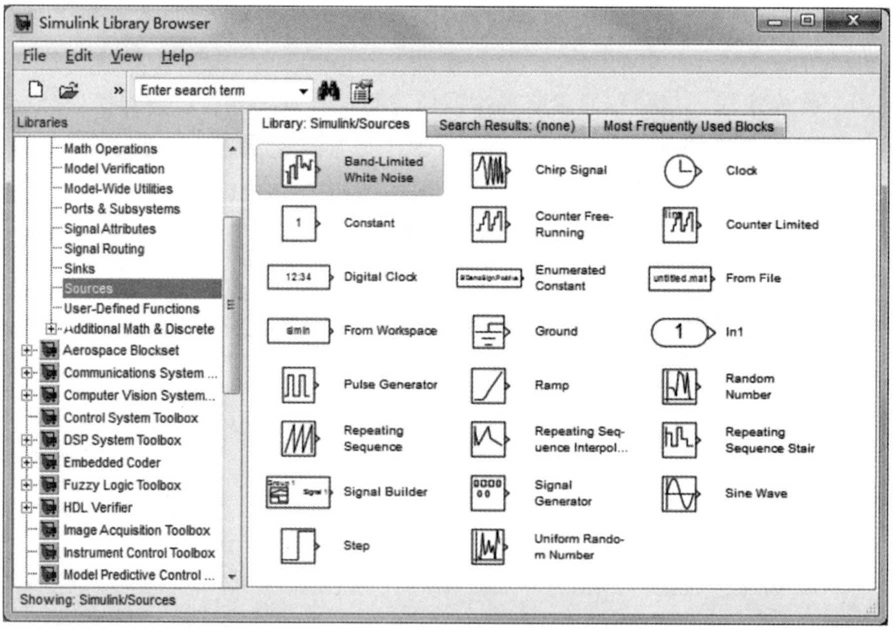

图 2-15　源模块组窗口

接收模块组(Sinks Blocks)包含了常用的示波器(Scope)、浮动示波器(Floating Scope)、数字显示器(Display)、写入文件保存(To file)等，如图 2-16 所示。

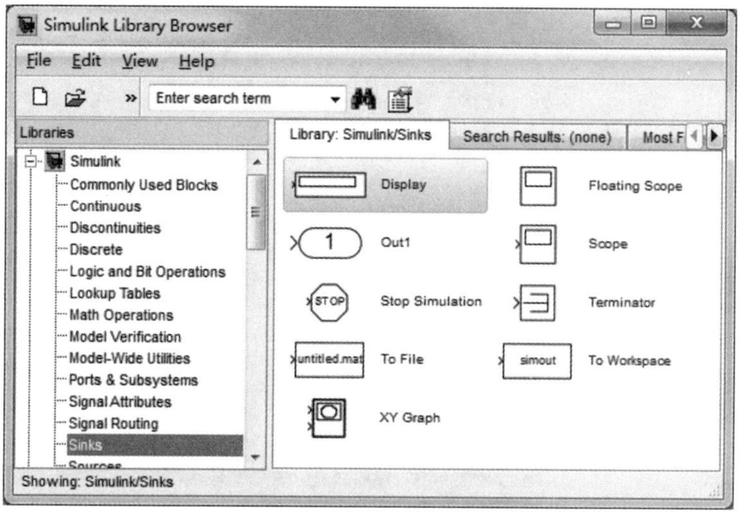

图 2-16　接收模块组窗口

一个典型的 Simulink 模型一般由信号源、系统模块及输出显示三部分组成，如图 2-17 所示。

图 2-17　Simulink 模型基本结构

启动 Simulink 后，即可以开始对系统进行建模及仿真了，一般步骤如下：

(1) 新建一个空白的模型，如图 2-18 所示。

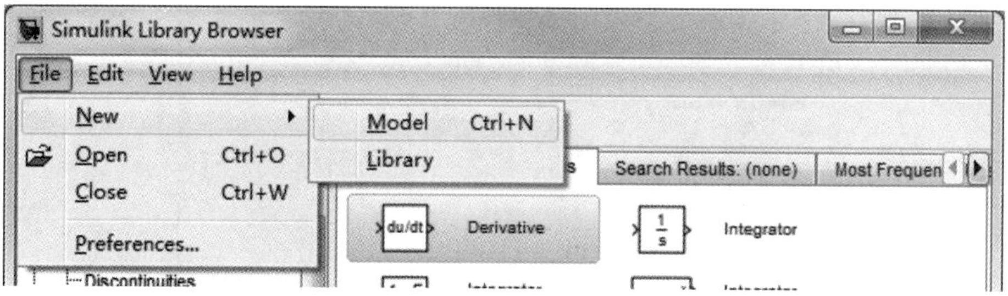

图 2-18　新建模型方法

(2) 将搭建系统所需的模块从相应的模块库中拖入新建的模型窗口中(使用鼠标左键选中模块，拖入模型窗口后松开鼠标)。

(3) 按照系统需要修改系统中各模块的参数(双击模块即可弹出参数设置窗口)。

(4) 将各模块按照系统因果关系连接起来，点击 Simulink→Start，执行仿真。

(5) 双击示波器显示模块(Scope)，查看仿真结果，如图 2-19 所示。

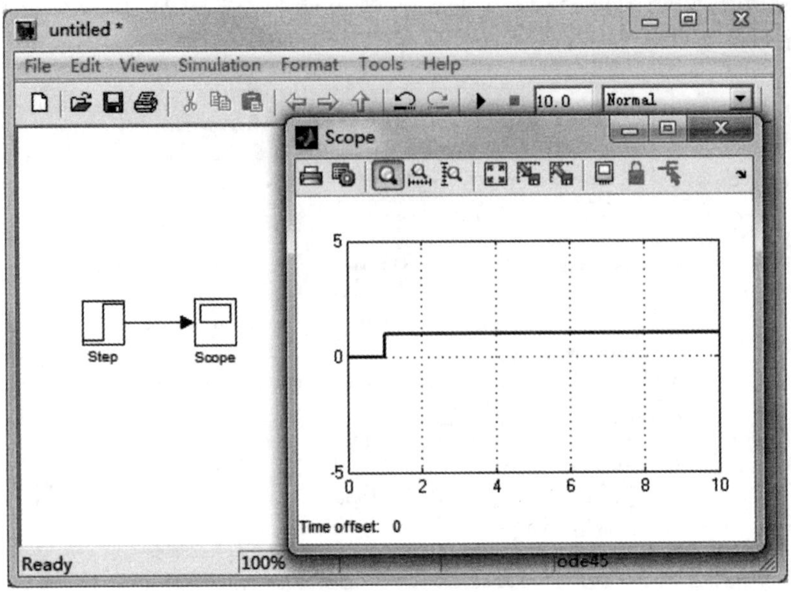

图 2-19 模型窗口及示波器显示仿真结果

3）功能模块参数设置

本实验使用源模块组中的阶跃信号模块、脉冲信号发生器模块和斜坡信号发生器模块模拟产生比例环节输入量。阶跃信号模块可根据设定的 Step time，产生一个分段信号，在 step time 之前，输出设置的初始值(Initial value)；在 step time 之后，输出设置的终值(Final value)。双击阶跃信号模块，弹出“阶跃信号属性设置”对话框，如图 2-20 所示。

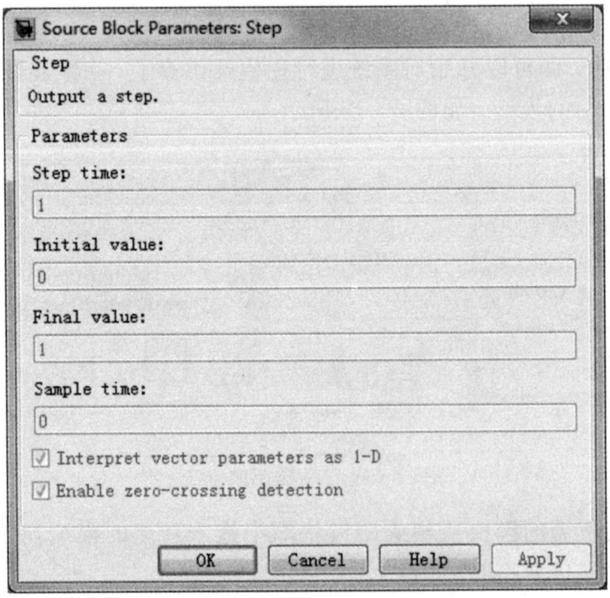

图 2-20 “阶跃信号属性设置”对话框

其中，可设置的参数如下：

Step time：阶跃信号产生的时间；

Initial value：阶跃信号初始值；

Final value：阶跃信号终值；

Sample time：采样时间。

脉冲信号发生器可根据设置的波形参数，例如幅值、周期、占空比和相位等产生固定周期的方波脉冲信号，如图 2－21 所示。

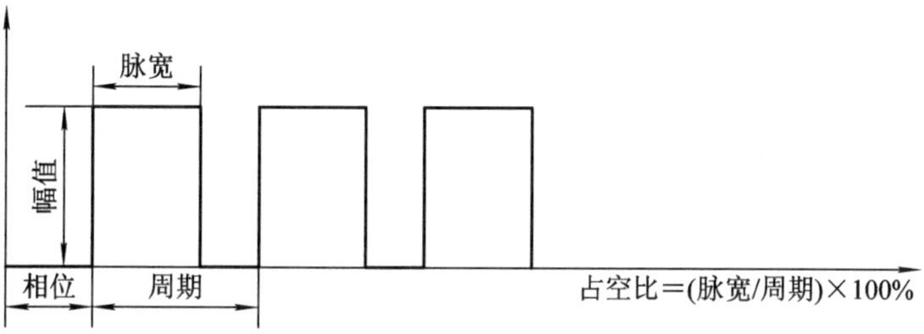

图 2－21　脉冲信号示意图

双击脉冲信号发生器模块，弹出“脉冲信号发生器属性设置”对话框，如图 2－22 示。

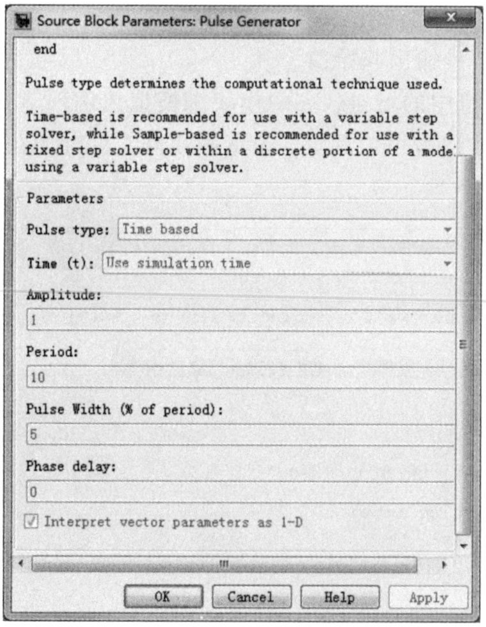

图 2－22　“脉冲信号发生器属性设置”对话框

其中，可设置的参数如下：

Amplitude：脉冲幅值大小；

Period：脉冲信号周期；

Pulse Width(% of period)：脉宽(周期百分比)，即占空比；

Phase delay：相位延迟。

斜坡信号发生器可根据设定的开始时间(Start time)和初始值(Initial output)生成某一斜率(Slope)的斜坡信号。双击斜坡信号发生器模块，弹出“斜坡信号属性设置”对话框，如图 2-23 示。

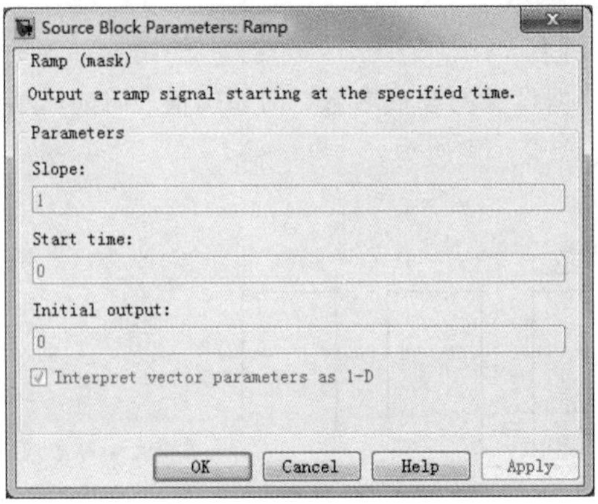

图 2-23 “斜坡信号属性设置”对话框

其中，可设置的参数如下：

Slope：斜坡信号斜率；

Start time：斜坡信号开始时间；

Initial output：斜坡信号输出起始值。

本实验使用常用模块组中的增益(Gain)模块来模拟比例环节，增益模块可将输入量乘以常数倍(Gain)，输入、输出量可为标量、矢量和矩阵。双击增益模块，弹出“增益模块属性设置”对话框，如图 2-24 所示。

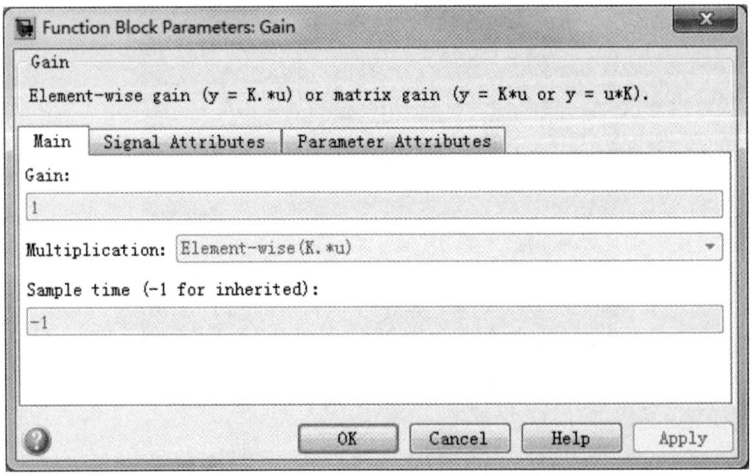

图 2-24 “增益模块属性设置”对话框

其中，可设置的参数如下：

Gain：增益值(即比例系数)；

Sample time：采样时间。

3. 实验方法及步骤

(1) 创建比例环节 Simulink 仿真模型，将比例系数 K 设置为 2，分别给比例环节输入单位阶跃信号、单位脉冲信号及单位斜坡信号，如图 2-25 所示。

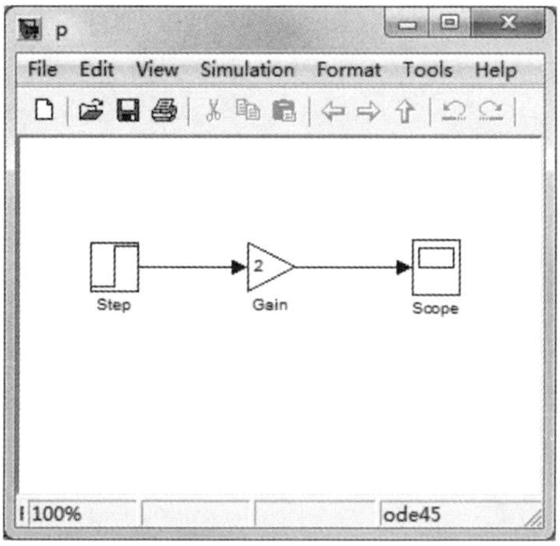

图 2-25　比例环节 Simulink 仿真模型

(2) 运行仿真模型，观察比例环节单位阶跃响应、单位脉冲信号及单位斜坡响应波形，结果如图 2-26 所示比例环节单位脉冲响应波形。

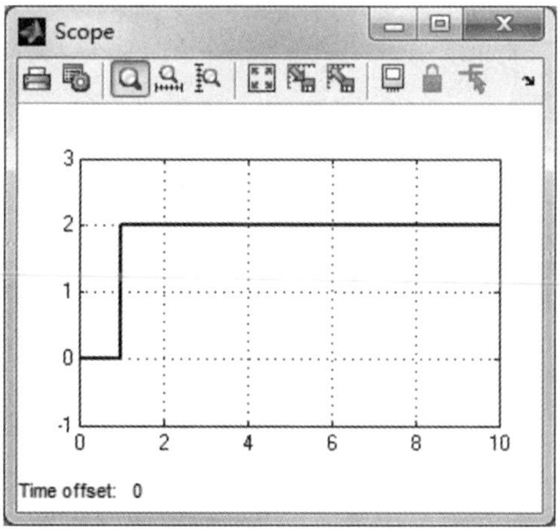

图 2-26　比例环节单位阶跃响应波形(K=2)

(3) 改变比例系数 K 的值，观察并记录其单位阶跃响应、单位脉冲信号及单位斜坡响应波形。

4. 实验记录及分析

(1) 记录不同的比例系数时，比例环节的单位阶跃响应、单位脉冲响应及单位斜坡响应波形。

(2) 根据以上实验结果，总结归纳不同输入信号下，比例环节时间响应的特点。

(3) 试回答比例系数(增益)不同时，比例环节的输出有何不同。

知识拓展 1 比例环节时域响应

当 $r(t)=R$(R 为常数)时，比例环节的输出 $c(t)$ 称为阶跃响应，当 $r(t)=1(t)$ 时，输出称为单位阶跃响应，记作 $h(t)$，即

$$h(t)=\mathscr{L}^{-1}[C(s)]=\mathscr{L}^{-1}\left[K\cdot\frac{1}{s}\right]=K,\ t\geqslant 0 \tag{2-15}$$

根据式(2-15)可得，比例环节的单位阶跃响应曲线为一条幅值为 K 的直线，如图 2-27 所示。

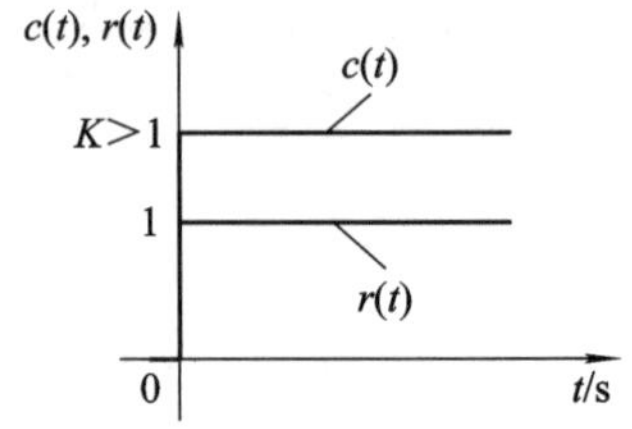

图 2-27 比例环节单位阶跃响应

同理，可得到比例环节的单位脉冲响应曲线及单位斜坡响应曲线，如图 2-28 所示。

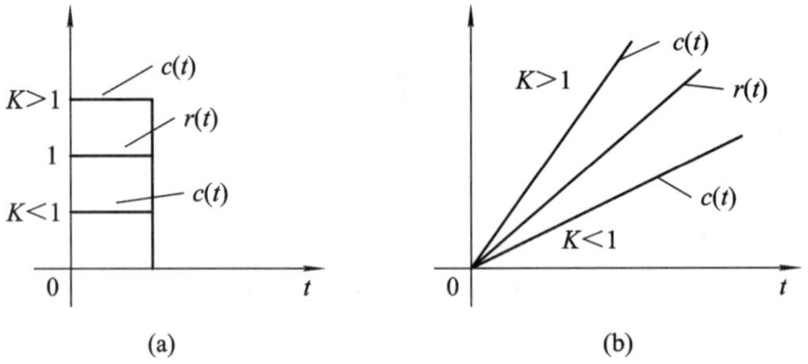

图 2-28 比例环节单位脉冲及单位斜坡响应

由图 2-27 及图 2-28 可知，比例环节的输出量为其输入量的等比例放大或缩小。当比例系数(增益)$K>1$ 时，输出量为输入量等比例放大；当 $K<1$ 时，输出量为输入量等比例缩小；当 $K=1$ 时，输出量与输入量相等。比例环节的输出响应可以立即响应输入量，输出量相对输入量既不超前也不滞后。

将图 2-27 与实验结果图 2-30 对比可知，由数学模型计算得出的阶跃响应特点与实验得到的结果相同，当数学模型比例系数与实际环节比例系数相同时，可以用数学模型的响应曲线对实际环节的性能进行系统设计前的分析。

2.1.3 实验模块二 比例环节的电路模拟实验

1. 实验目的

(1) 学习搭建比例环节模拟电路；

(2) 深入理解比例环节输入量与输出量之间的关系。

2. 实验准备

按照表 2-1 准备实验材料并对实验设备进行熟悉。

表 2-1　实验材料清单

序号	名　　称	数量	单位	备　　注
1	直流电源(DC Power supply)	1	块	给运算放大器供电
2	信号发生器(Signal generator)	1	个	
3	运算放大器(Operational amplifier)	2	个	
4	10 kΩ 可变电阻(Variable resistor)	1	个	
5	1 kΩ 电阻(Resistor)	3	个	
6	示波器(Scope)	1	套	用于显示输入输出信号
7	导线	若干	根	

实验不限于表 2-1 中提供的材料及模块，只要能够完成与表中材料和模块相同的功能即可。

3. 实验方法及步骤

(1) 搭建比例环节时域响应模拟测试系统，其中比例环节可以用如图 2-29 所示的模拟电路代替，其中 $u_i(t)$为输入端电压，$u_o(t)$为输出端电压，可通过调节 R_2 的电阻值改变比例系数，该电路的比例系数为R_2/R_1。

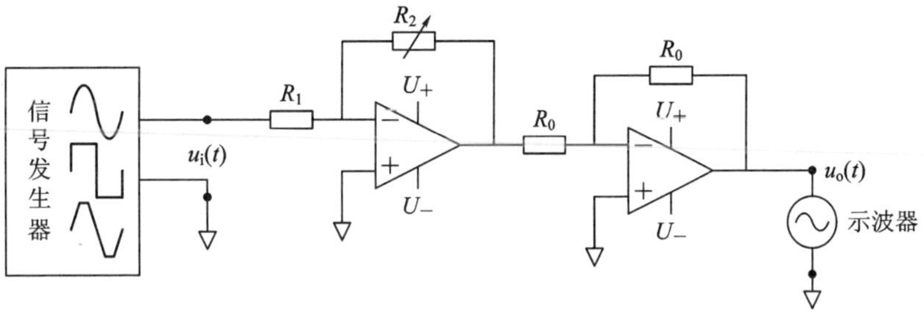

图 2-29　比例环节时域响应模拟电路

(2) 用信号发生器分别产生正弦波、方波及三角波；调节可变电阻阻值，将比例系数 K_p 设为 1。

(3) 用示波器观察并记录比例环节模拟电路的输入量及输出量曲线。

(4) 调节可变电阻阻值，观察并记录当输入量不变时，输出量的变化。

4. 实验记录及分析

(1) 将比例环节的响应曲线记录在如图 2-30 所示的示例图中。

(2) 当输入波形分别为正弦波、方波和三角波时，理论输出应为何种波形？调节比例系数，例如调节比例系数足够大，输入波形为三角波或正弦波时，实际输出是否出现其他类型波形？思考并说明原因。

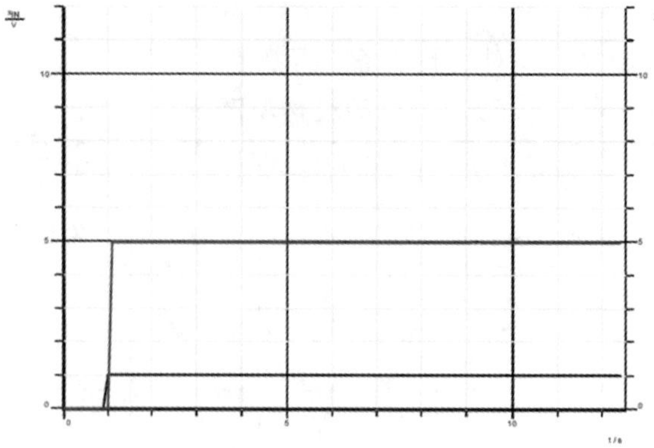

图 2-30　比例环节单位阶跃响应曲线($K=5$)

知识拓展 2　比例环节模拟电路

1. 比例环节无源模拟电路

由比例环节的数学模型可知，比例环节电路的输出电压与输入电压之间存在比例关系，即电路可实现比例运算。如图 2-31 所示电路即为一个比例环节的无源模拟电路原理图。

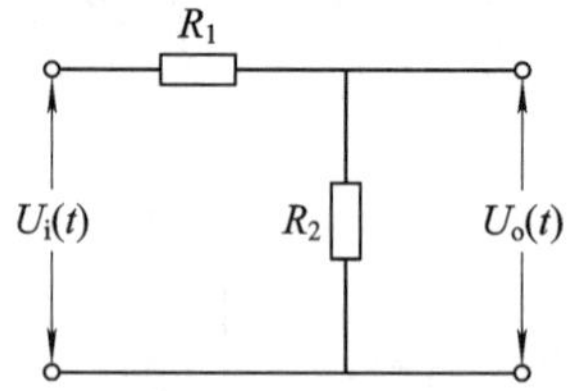

图 2-31　比例环节无源模拟电路原理图

该电路的传递函数为

$$G(s)=\frac{u_o(s)}{u_i(s)}=\frac{R_2}{R_1+R_2} \tag{2-16}$$

可知，该比例环节电路的比例系数 $K=R_1/(R_1+R_2)$。因此，可通过改变电路中各电阻值来调节该环节的比例系数的大小，且对于无源比例环节电路来说，其比例系数始终是小于 1 的，为了得到大于 1 的比例系数，可以采用有源比例环节电路来实现。

2. 比例环节有源模拟电路

比例环节有源模拟电路是一种最基本的运算电路，它是通过在运算放大器上增加反馈网络来实现的。其他各种运算电路都是建立在该电路基础上，通过扩展或演变而成的。例如加法器、减法器以及微分、积分等模拟运算电路等。

根据输入信号接法的不同，将比例环节有源模拟电路分为三种基本形式：反相输入、同相输入以及差分输入比例运算电路，其中反相输入模拟运算电路在实际应用中比较多见，在此我们只对该种运算电路进行介绍。

反相比例环节模拟运算电路如图 2-32 所示。

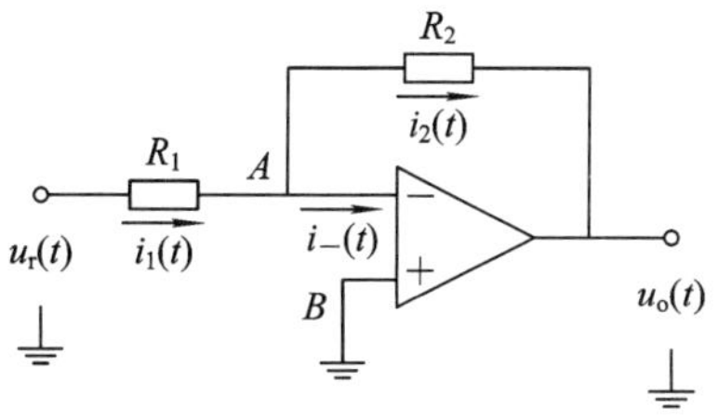

图 2-32　比例环节反相输入模拟运算电路

图中，$u_r(t)$为输入量，经电阻R_1连接至运算放大器的反相输入端 A 点，其同相输入端直接接地。$u_o(t)$为输出量，经电阻R_2反馈至运算放大器的反相输入端 A 点。理想运算放大器在线性工作区时具有"虚短"和"虚断"的特点，由"虚断"(即 A 点和 B 点近似断路)，可得流入反相输入端电流$i_-(t)\approx 0$ A；又因"虚短"(即 A 点和 B 点近似短路)，可得 A 点电压u_A近似等于 B 点电压u_B，即$u_A\approx u_B=0$ V。

由于$i_-(t)\approx 0$ A，由图 2-32 可得

$$i_1(t)=i_2(t) \tag{2-17}$$

即

$$\frac{u_r(t)-u_A}{R_1}=\frac{u_A-u_o(t)}{R_2} \tag{2-18}$$

上式中$u_A=0$，则

$$u_o(t)=-\frac{R_2}{R_1}u_r(t) \tag{2-19}$$

传递函数为

$$G(s)=\frac{U_o(s)}{U_r(s)}=-\frac{R_2}{R_1} \tag{2-20}$$

由此可求得反相比例运算电路的电压放大倍数为

$$K=-\frac{R_2}{R_1} \tag{2-21}$$

即输出电压$u_o(t)$与输入电压$u_r(t)$幅值成正比，相位相反。放大倍数 K 由电阻R_2与R_1的比值决定，该比值可以大于1，也可以小于1。若$R_1=R_2$，即比值为1，则称此反相运算电路为"反相器"。

知识小贴士(Tips)

1. 基尔霍夫电压定律(Kirchhoff's Voltage Law，KVL)

在任一时刻，沿闭合回路所有支路的电压降的代数和恒等于零，即 $\sum U=0$。

2. 基尔霍夫电流定律(Kirchhoff's Current Law，KCL)

电路中任意节点上，任一时刻流入该节点的电流之和，恒等于流出该节点的电流之和，即 $\sum I_{in}=\sum I_{out}$。

3. 运算放大器(Operational Amplifier)

运算放大器(简称“运放”)是具有很高放大倍数的电路单元，是模拟运算电路的重要组成部分，广泛应用于控制、通信等领域。运放一般可用图 2-33(a)所示的简单电路符号来表示，它具有两个输入端和一个输出端，其中标有“+”号的输入端为“同相输入端”，另一个标有“—”号的输入端为“反相输入端”。如果先后分别从这两个输入端输入信号，则在输出端输出的信号与同相输入端的信号同相，而与反相输入端的信号反相。图 2-33(b)和(c)所示为运放电源的两种接法，从图中可以看出，运放所接的电源可以是单电源的，也可以是双电源的。

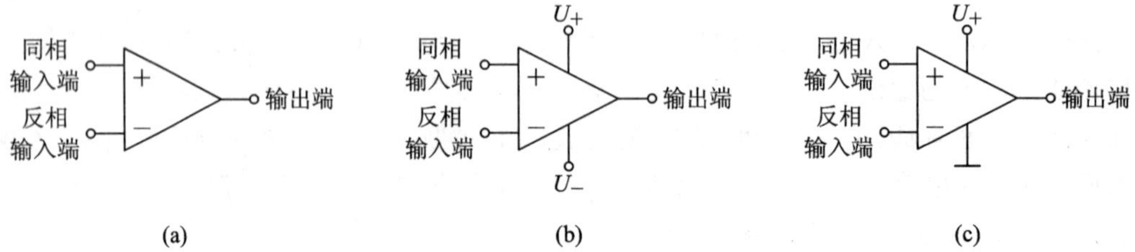

图 2-33　运算放大器表示方法

在大多数情况下，将运放视为理想运放，就是将运放的各项技术指标理想化。满足下列条件的运算放大器称为理想运放：

(1) 开环电压增益 $A_{ud}=\infty$；

(2) 输入阻抗 $r_i=\infty$；

(3) 输出阻抗 $r_o=0$；

(4) 带宽 $f_{BW}=\infty$；

(5) 失调和漂移均为零等。

理想运放在线性应用时具备以下两个重要特性：

(1) 输出电压与输入电压之间满足关系式：

$$U_o = A_{ud}(U_+ - U_-)$$

由于 $A_{ud}=\infty$，而 U_o为有限值，因此，$U_+ - U_- \approx 0$。即 $U_+ \approx U_-$，称为“虚短”。

(2) 由于 $r_i=\infty$，故流进运放的两个输入端的电流可视为零，即 $I_{IB}=0$，称为“虚断”。这说明运放对其前级吸取电流极小。

◇ 问题与思考

(1) 当输入信号为三角波时，比例环节的输出一定是三角波吗？有可能输出什么波形？为什么？

(2) 试用数学模型计算当比例系数为 2 时比例环节的单位阶跃响应。比较计算的理论值与实际值，是否有所不同？为什么？

◇ 评价与考核

完成任务内容后，教师根据表 2-2 所示的评价与考核标准，根据学生表现进行评分，总分的 100 分。具体评价标准可参考表 2-3 所示的评价量表。

表 2－2　评价与考核标准

课程名称：自动控制原理		学习单元二：典型环节的数学模型及时域响应		
任务 1：齿轮减速器的数学模型及时域响应		授课教师：		授课学时：
课程性质：理实一体课程		综合评分：		
知识掌握情况评分(50 分)				
序号	知识考核点	教师评价	配分	实际得分
1	比例环节的数学模型		10 分	
2	比例环节的阶跃响应		15 分	
3	比例环节比例系数对输出的影响		10 分	
4	比例环节模拟电路		15 分	
工作任务完成情况评分(50 分)				
序号	能力考核点	教师评价	配分	实际得分
1	正确操作设备、仪器、仪表，独立完成仿真实验及模拟电路实验系统的搭建		10 分	
2	得到各个环节的阶跃、脉冲或斜坡响应曲线，并能够描述其特点		20 分	
3	能够正确归纳总结出比例系数对时域响应的影响		20 分	

表 2－3　评 价 量 表

评价内容	评价要点	核心素养水平评价指标	自评	组评	师评
准备：理解基本概念	理解数学模型、微分方程、传递函数、系统框图的概念；掌握比例环节的数学模型基本形式，了解其模拟电路基本形式	水平 1：能较为完整地陈述数学模型、微分方程、传递函数、系统框图的概念；能较为完整地说出比例环节数学模型的一般形式			
		水平 2：能完整、准确地陈述数学模型、微分方程、传递函数、系统框图的概念，并说出不同数学模型之间的联系及区别；能完整、准确地说出比例环节数学模型的一般形式，能辨认比例环节模拟电路			
		水平 3：能完整、准确地陈述数学模型、微分方程、传递函数、系统框图的概念，理解不同数学模型之间的联系及区别；能完整、准确地说出比例环节数学模型的一般形式，能辨认比例环节模拟电路，并能根据数学模型判断出是否属于比例环节			

续表

评价内容	评价要点	核心素养水平评价指标	自评	组评	师评
实施：形成工程思维	能使用 Matlab 对齿轮减速器的时域响应进行仿真，并能分析其输入与输出之间的关系，总结出比例系数对系统输出的影响，能搭建比例环节电路，进行模拟实验	水平 1：能在老师的指导下，使用 Matlab 对齿轮减速器的时域响应进行仿真，得到其不同输入信号下的输出响应曲线；能在老师的引导下，较为准确地分析出输出与输入之间的关系，总结出比例系数对系统输出的影响；能在老师的指导下，根据原理图，搭建比例环节电路，进行模拟实验			
		水平 2：能自学使用 Matlab 对齿轮减速器的时域响应进行仿真，得到其不同输入信号下的输出响应曲线；并较为准确地分析输出与输入之间的关系，总结出比例系数对系统输出的影响；能根据所学理论知识，阅读相关技术资料，自行搭建比例环节电路，进行模拟实验			
		水平 3：能自学使用 Matlab 对齿轮减速器的时域响应进行仿真，得到其不同输入信号下的输出响应曲线；并准确、全面地分析出输出与输入之间的关系，总结出比例系数对系统输出的影响；能根据所学理论知识，阅读相关技术资料，自行搭建比例环节电路，进行模拟实验，并分析实物模拟实验与仿真实验结果存在差别的原因			
	提出问题：能提出系统中关键参数之间的联系等有关问题	水平 1：具有问题意识，能提出问题			
		水平 2：能分析相关原理，提出可探究的问题			
		水平 3：能针对具体系统，从不同角度提出并准确表述可探究的问题			
自查：交流与反思	与其他同学交流合作并反思，虚心听取老师及其他同学的发言，积极交流讨论	水平 1：具有与他人交流、讨论问题的意识			
		水平 2：能聆听其他同学的问题，并较为完整地表述自己的观点及问题			
		水平 3：能用专业术语准确描述问题，提出解决问题的思路，并能虚心听取老师、同学的发言，与老师同学进行交流与反思			

续表

评价内容	评价要点	核心素养水平评价指标	自评	组评	师评
评价：科学态度	体会学习、交流过程中的科学严谨性以及实事求是的态度，客观地对自我及他人进行评价，培养合作精神、团队意识	水平1：知道学习需要有实事求是的态度，知道需要客观地认识自我及他人，有与他人合作的意愿			
		水平2：有学习和研究工程问题的兴趣，有实事求是的科学态度，能与他人合作，并能较为客观地对自己和他人进行评价			
		水平3：有较强的学习和研究工程问题的内在动机，既能客观评价自己及他人，又能通过别人的评价反思并不断提高自己，坚持实事求是的态度，合作中能坚持观点又能修正错误			
学生总结	在本次任务中，我做得最出色的是 在本次任务中，我所做的努力是 在本次任务中，我所遇到的困难是				
教师评语					

任务 2.2　水箱的数学模型及时域响应

◇ 任务内容及要求

推导截面积相等的水箱的数学模型，并搭建水箱，即积分环节(Integral Element)的模拟电路，通过记录并观察积分环节模拟电路的单位阶跃、单位脉冲及单位斜坡函数的响应曲线，总结其时域响应特点，掌握积分时间常数(Time Constant)对其时域响应影响的以及其物理意义。

◇ 任务准备

在任务准备部分，所需掌握的基本理论知识主要为水箱的数学模型。

2.2.1　水箱的数学模型

如图 2-34 所示的水箱，上下各截面积相等，其底面积设为 A，液位高度为 $h(t)$，初始液位 $h(0)=0$，0 时刻开始向水杯中注水，水流量为 $Q(t)$，以 $Q(t)$ 作为水杯的输入，$h(t)$ 为输出。

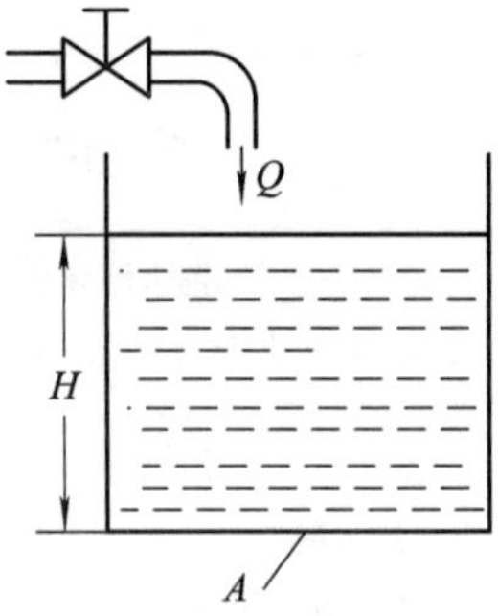

图 2-34　水箱注水示意图

该水箱输入量与输出量之间的关系为

$$\int Q(t)\mathrm{d}t = A \cdot h(t) \rightarrow Q(t) = \frac{1}{A}\frac{\mathrm{d}h(t)}{\mathrm{d}t} \tag{2-22}$$

式中，设水箱底面积 A 为常数 T_i，进行拉氏变换后，得到其传递函数为

$$\frac{Q(s)}{H(s)} = \frac{1}{As} = \frac{1}{T_i s} \tag{2-23}$$

由以上积分环节实例可以得出，积分环节的输出量与其输入量对时间的积分量(即图 2-35 所示的面积)成正比，我们将数学模型具有该特点的元件统称为积分环节(Integral Element)。

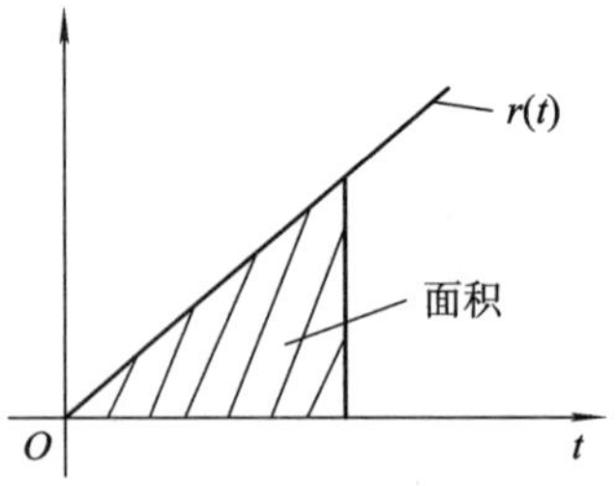

图 2-35　积分的物理意义

积分环节也是自动控制系统中常见的一种环节，凡是输出量对输入量具有积累、储存特点的元器件一般都包含积分环节，例如位移与速度、电容电压与电流、水箱液位与水流量等。积分环节的微分方程可总结为

$$c(t) = \frac{1}{T_i}\int_0^t r(t)\mathrm{d}t \quad 或 \quad \frac{\mathrm{d}c(t)}{\mathrm{d}t} = K_i \cdot r(t) \tag{2-24}$$

式中，$c(t)$是环节的输出量；$r(t)$是环节的输入量；T_i 为常数，称为积分时间常数；$K_i = 1/T_i$，称为积分常数。对应的传递函数为

$$G(s) = \frac{C(s)}{R(s)} = \frac{K_i}{s} = \frac{1}{T_i s} \tag{2-25}$$

其系统框图如图 2-36 所示。

常用的积分环节还有很多，如图 2-37 所示。

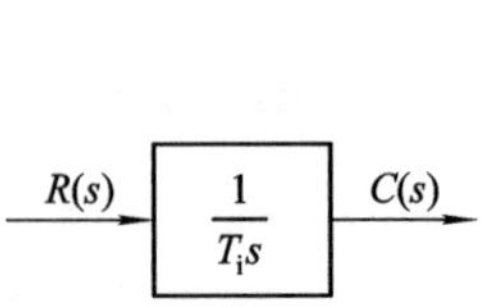

图 2-36　积分环节系统框图

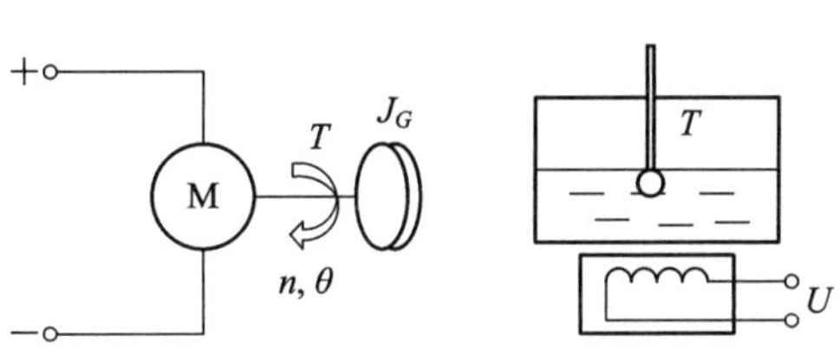

图 2-37　积分环节实例

◇ 任务实施

在任务实施部分，需要根据任务准备中推导出的水箱的数学模型，完成实验模块一和实验模块二的内容，并在对实验结果分析的基础上，进一步理解知识拓展中积分环节时域响应及积分环节模拟电路内容。

2.2.2　实验模块一　水箱时域响应仿真实验

1. 实验目的

(1) 学习使用 MATLAB 中的 Simulink 进行仿真；

(2) 掌握积分环节单位阶跃响应、单位脉冲响应及单位斜坡响应的特点；

(3) 理解积分时间常数(或积分常数)对积分环节时域响应的影响。

2. 实验准备

本实验使用连续模块组中的积分器(Integrator)模块来模拟积分环节，积分器可根据设置的初始值、饱和上限和饱和下限，输出输入量的积分值。双击积分器模块，弹出“积分器模块属性设置”对话框，如图 2-38 所示。

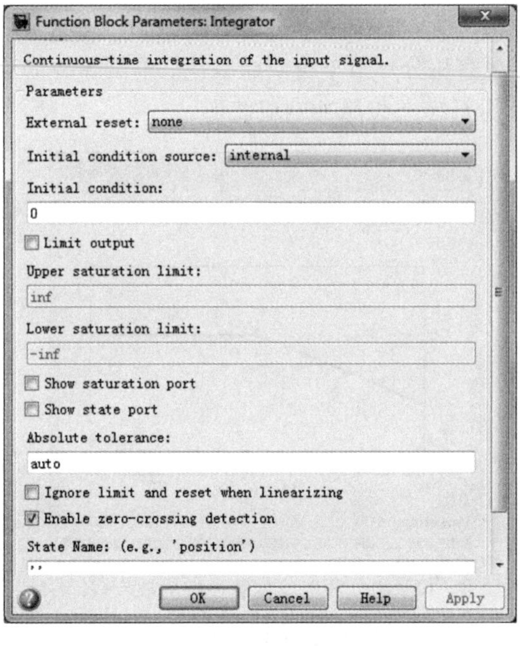

图 2-38　“积分器模块属性设置”对话框

其中，可设置的参数如下：

Initial condition：初始值；

Upper saturation limit：饱和输出上限；

Lower saturation limit：饱和输出下线；

Absolute tolerance：绝对公差。

3. 实验方法及步骤

(1) 创建积分环节 Simulink 仿真模型，积分环节可用积分器模块及增益模块串联组成，其中增益模块的增益值即为积分环节的积分常数 K_i。将积分常数 K_i 设置为 1，分别给积分环节输入单位阶跃信号、单位脉冲信号及单位斜坡信号。如图 2-39 所示为单位脉冲输入下积分环节的 Simulink 仿真模型。

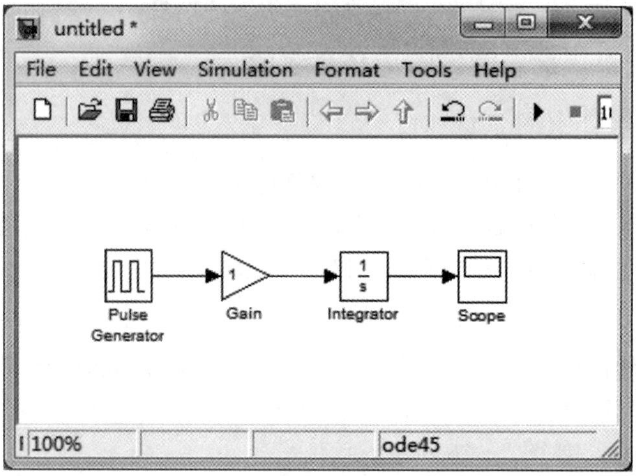

图 2-39 积分环节 Simulink 仿真模型(单位脉冲)

(2) 运行仿真模型，观察积分环节单位阶跃响应、单位脉冲信号及单位斜坡响应波形，结果如图 2-40 所示为积分环节单位脉冲响应波形。

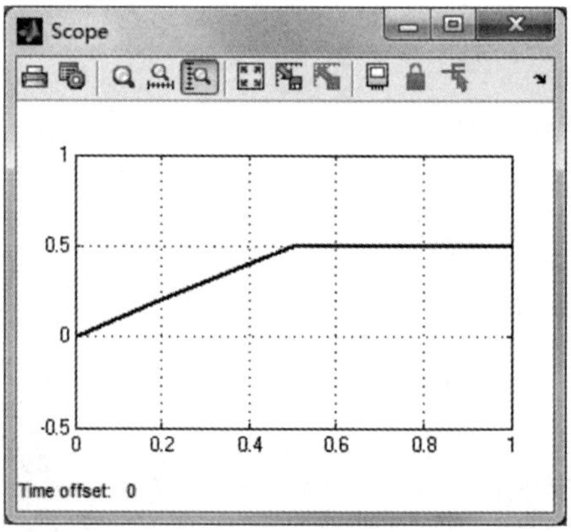

图 2-40 积分环节单位脉冲响应波形($K_i=1$)

(3) 改变积分常数 K_i 的值，观察并记录其单位阶跃响应、单位脉冲信号及单位斜坡响应波形。

4. 实验记录及分析

（1）记录积分环节的单位阶跃响应曲线、单位脉冲响应及单位斜坡响应曲线。

（2）根据以上的实验结果，总结归纳积分环节单位阶跃响应特点。

（3）试回答积分常数 K_i（或积分时间常数 T_i）不同时，输出响应有何不同。

知识拓展1 积分环节时域响应

积分环节的单位阶跃响应 $h(t)$ 为

$$h(t)=\mathscr{L}^{-1}[C(s)]=\mathscr{L}^{-1}\left[\frac{1}{T_i s}\cdot\frac{1}{s}\right]=\frac{1}{T_i}t=K_i\cdot t,\ t\geqslant 0 \qquad (2-26)$$

根据式(2-26)可得，积分环节的单位阶跃响应曲线为一条斜率为 $1/T_i(K_i)$ 的斜线，如图2-41所示。

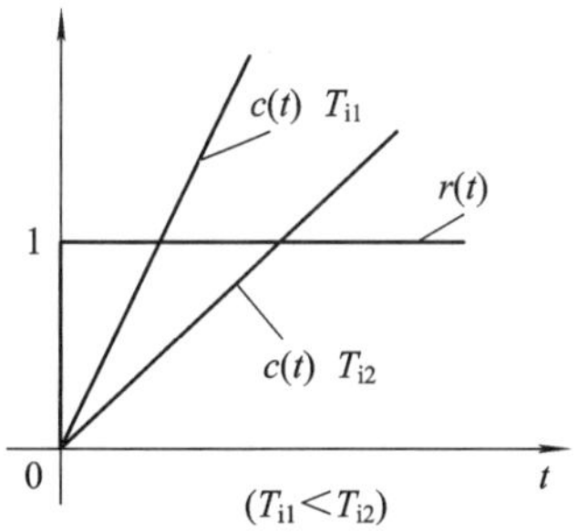

图2-41 积分环节单位阶跃响应

由图2-41可知，积分时间常数 T_i 为输出量与输入量的交点位置所对应的时间，积分时间越大(积分常数 K_i 越小)，则输出信号上升速度越慢。下面以水箱为例对积分时间的物理意义进行说明。

由水箱的数学模型可知，水箱底面积 A 为该环节的积分时间常数，如图2-42所示。当输入的水流量 $Q(t)$（即输入量）随时间不发生变化时，即给水箱（即积分环节）输入了一个阶跃函数，此时，水箱中的液位高度 $h(t)$（即输出量）会匀速上升，水箱底面积（即积分时间常数）越小，则液位上升的速度越快，对应的积分环节单位阶跃响应中输出信号的斜率越大。

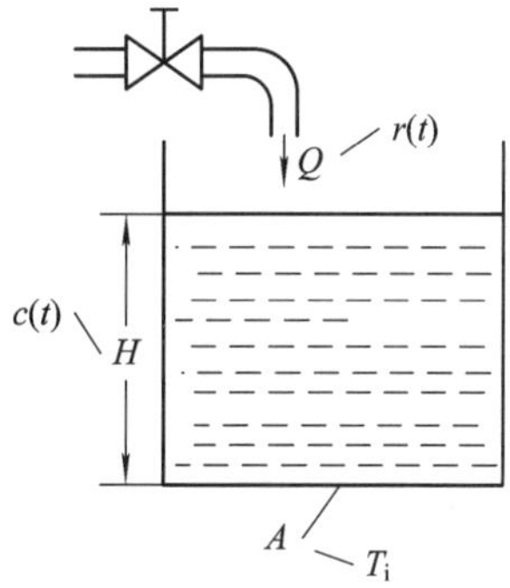

图2-42 单容水箱示意图

同理，可得到积分环节的单位脉冲响应曲线及单位斜坡响应曲线，如图2-43所示。

由图2-43可知，当积分环节的输出量与输入量在时间上的积分值成正比，即输出量为输入量的不断“积累”，当输入量 $r(t)>0$ 时，输出量随时间不断增加，输入量越大，输出量增加的速度越快(如图2-43(b)所示)；当输入量 $r(t)=0$ 时，输出量保持上一时刻的值不变(如图2-43(a)所示)；当输入量 $r(t)<0$ 时，输出量不断减小。

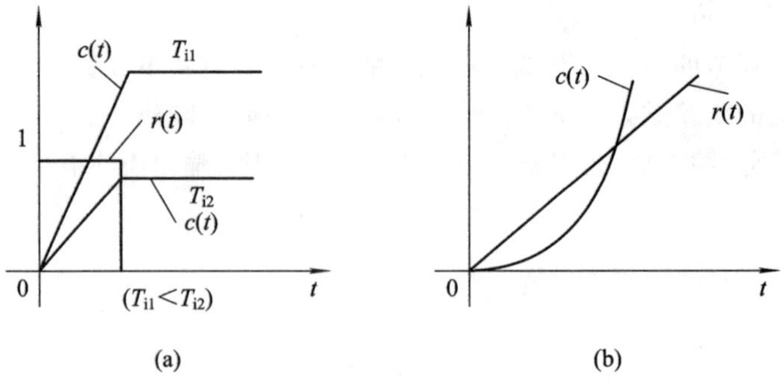

图 2-43 积分环节的单位脉冲及斜坡响应

2.2.3 实验模块二 积分环节的电路模拟实验

1. 实验目的

(1) 学习搭建积分环节模拟电路;

(2) 深入理解积分环节输入量与输出量之间的关系。

2. 实验准备

按照表 2-4 准备实验材料并对实验设备进行熟悉。

表 2-4 实验材料清单

序号	名　称	数量	单位	备　注
1	直流电源(DC Power Supply)	1	块	给运算放大器供电
2	信号发生器(Signal Generator)	1	个	
3	运算放大器(Operational Amplifier)	2	个	
4	可变电容器(Variable Capacitor)	1	个	
5	电阻(Resistor)	3	个	
6	示波器(Scope)	1	套	用于显示输入、输出信号
7	导线	若干	根	

实验不限于表 2-4 中提供的材料及模块,只要能够完成与表中材料和模块相同的功能即可。

3. 实验方法及步骤

(1) 搭建积分环节时域响应测试系统,其中积分环节可以用如图 2-44 所示的模拟电路代替,其中 $u_i(t)$为输入端电压,$u_o(t)$为输出端电压,可通过调节 R_1 的电阻值或电感系数 C 改变积分时间常数,该电路积分时间常数为$\frac{1}{R_1C}$。

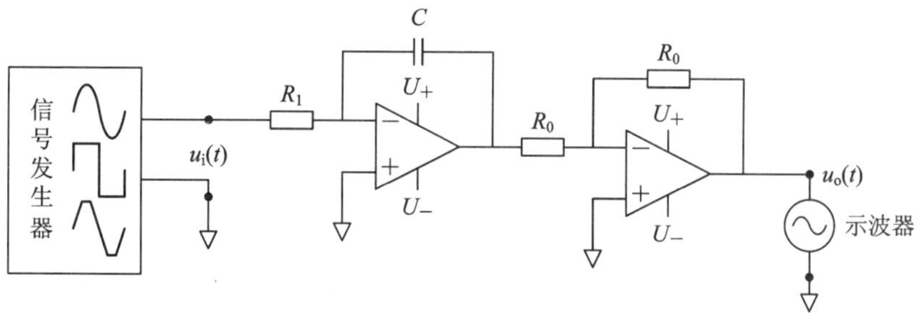

图 2-44 积分环节时域响应模拟电路原理图

(2) 用信号发生器分别产生正弦波、方波及三角波；调节可变电阻阻值，设置积分时间常数 T_i。

(3) 用示波器观察并记录积分环节模拟电路的输入量及输出量。

(4) 调节可变电容，观察并记录当输入量不变时，输出量的变化。

4. 实验记录及分析

(1) 记录积分环节响应曲线。

(2) 当输入为方波时，输出信号是什么波形？改变积分时间常数，输出波形有什么变化？为什么？

(3) 当积分时间常数减小到一定值时，输出波形是否出现畸变？为什么？

知识拓展 2 积分环节模拟电路

积分环节模拟电路是使输出信号与输入信号的时间积分值成比例的电路，积分环节模拟电路是一种应用比较广泛的电路。

图 2-45 是一个典型的积分环节模拟电路图，$u_r(t)$为输入量，经电阻R_1连接至运算放大器的反相输入端 A 点，其同相输入端直接接地。$u_o(t)$为输出量，经电容C_1反馈至运算放大器的反相输入端 A 点。可以看出，这种反相输入的积分环节模拟电路实际上是在反相比例环节模拟电路的基础上将反馈回路中的电阻R_2改为电容C_1而得到的。

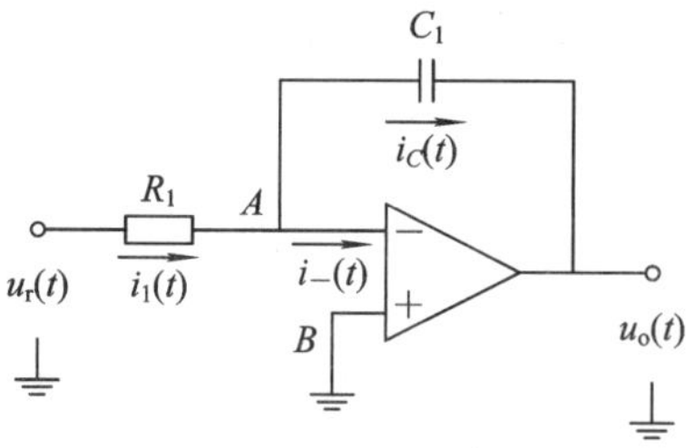

图 2-45 积分环节模拟电路原理图

由运算放大器的“虚短”、“虚断”，得

$$u_r(t) = i_1(t) \cdot R_1$$

$$u_o(t) = -\frac{1}{C_1} \cdot \int i_c(t)\mathrm{d}t$$

$$i_1(t) = i_c(t)$$

则

$$u_o(t) = -\frac{1}{R_1C_1} \cdot \int u_r(t)\mathrm{d}t$$

式中，电阻与电容的乘积即为该积分环节的积分时间常数 T，即

$$T = R_1C_1$$

如果在开始积分之前，电容两端已经存在一个初始电压，则积分电路将有一个初始的输出电压$u_c(0)$，此时

$$u_o(t) = -\frac{1}{R_1C_1}\int u_r(t)\mathrm{d}t + u_c(0) \tag{2-27}$$

◇ 问题与思考

（1）将多个积分环节串联后，当给第一级的积分环节输入方波时，最后一级的积分环节会输出什么波形?

（2）试举例生活中还有哪些积分环节。

◇ 评价与考核

完成任务内容后，教师根据表 2-5 所示的评价与考核标准，根据学生表现进行评分，总分为 100 分。具体评价标准可参考表 2-6 所示的评价量表。

表 2-5 评价与考核标准

课程名称：自动控制原理		学习单元二：典型环节的数学模型及时域响应		
任务 2：水箱的数学模型及时域响应		授课教师：		授课学时：
课程性质：理实一体课程		综合评分：		
知识掌握情况评分(50 分)				
序号	知识考核点	教师评价	配分	实际得分
1	积分环节的数学模型		10 分	
2	积分环节的阶跃响应		15 分	
3	积分环节积分时间常数对输出的影响		10 分	
4	积分环节模拟电路		15 分	
工作任务完成情况评分(50 分)				
序号	能力考核点	教师评价	配分	实际得分
1	正确操作设备、仪器、仪表，独立完成仿真实验及模拟电路实验系统的搭建		10 分	
2	得到积分环节的阶跃、脉冲或斜坡响应曲线，并能够描述其特点		20 分	
3	能够正确归纳总结出积分时间常数对时域响应的影响		20 分	

表 2-6 评 价 量 表

评价内容	评价要点	核心素养水平评价指标	自评	组评	师评
准备：理解基本概念	掌握积分环节的数学模型基本形式，了解其模拟电路基本形式	水平1：能较为完整地说出积分环节数学模型的一般形式			
		水平2：能完整、准确地说出积分环节数学模型的一般形式，能辨认积分环节模拟电路			
		水平3：能完整、准确地说出积分环节数学模型的一般形式，能辨认积分环节模拟电路，并能根据数学模型判断出是否属于积分环节			
实施：形成工程思维	能使用Matlab对水箱的时域响应进行仿真，并能分析其输入与输出之间的关系，总结出积分时间常数对系统输出的影响，能搭建积分环节电路，进行模拟实验	水平1：能在老师的指导下，使用Matlab对水箱的时域响应进行仿真，得到其不同输入信号下的输出响应曲线；能在老师的引导下，较为准确地分析出输出与输入之间的关系，总结出积分时间常数对系统输出的影响；能在老师的指导下，根据原理图，搭建积分环节电路，进行模拟实验			
		水平2：能自学使用Matlab对水箱的时域响应进行仿真，得到其不同输入信号下的输出响应曲线；并较为准确地分析输出与输入之间的关系，总结出积分时间常数对系统输出的影响；能根据所学理论知识，阅读相关技术资料，自行搭建积分环节电路，进行模拟实验			
		水平3：能自学使用Matlab对水箱的时域响应进行仿真，得到其不同输入信号下的输出响应曲线；并准确、全面地分析出输出与输入之间的关系，总结出积分时间常数对系统输出的影响；能根据所学理论知识，阅读相关技术资料，自行搭建积分环节电路，进行模拟实验，并分析实物模拟实验与仿真实验结果存在差别的原因			
	提出问题：能提出系统中关键参数之间的联系等有关问题	水平1：具有问题意识，能提出问题			
		水平2：能分析相关原理，提出可探究的问题			
		水平3：能针对具体系统，从不同角度提出并准确表述可探究的问题			

续表

评价内容	评价要点	核心素养水平评价指标	自评	组评	师评
自查：交流与反思	与其他同学交流合作并反思，虚心听取老师及其他同学的发言，积极交流讨论	水平 1：具有与他人交流、讨论问题的意识			
		水平 2：能聆听其他同学的问题，并较为完整地表述自己的观点及问题			
		水平 3：能用专业术语准确描述问题，提出解决问题的思路，并能虚心听取老师、同学的发言，与老师同学进行交流与反思			
评价：科学态度	体会学习、交流过程中的科学严谨性以及实事求是的态度，客观地对自我及他人进行评价，培养合作精神、团队意识	水平 1：知道学习需要有实事求是的态度，知道需要客观地认识自我及他人，有与他人合作的意愿			
		水平 2：有学习和研究工程问题的兴趣，有实事求是的科学态度，能与他人合作，并能较为客观地对自己和他人进行评价			
		水平 3：有较强的学习和研究工程问题的内在动机，既能客观评价自己及他人，又能通过别人的评价反思并不断提高自己，坚持实事求是的态度，合作中能坚持观点又能修正错误			
学生总结	在本次任务中，我做得最出色的是 在本次任务中，我所做的努力是 在本次任务中，我所遇到的困难是				
教师评语					

任务 2.3　测速电机的数学模型及时域响应

◇ 任务内容及要求

推导测速电机的数学模型，并搭建测速电机，即微分环节(Derivative Element)的模拟电路，通过记录并观察微分环节模拟电路的单位阶跃、单位脉冲及单位斜坡函数的响应曲线，总结其时域响应特点，掌握微分时间常数(Time Constant)对其时域响应的影响以及其物理意义。

◇ 任务准备

在任务准备部分，所需掌握的基本理论知识主要为测速电机的数学模型。

2.3.1　测速电机数学模型

如图 2－46 所示的测速电机若以转角 θ 作为输入量，以电枢电压 u_c 为输出量，则可近似为微分环节。

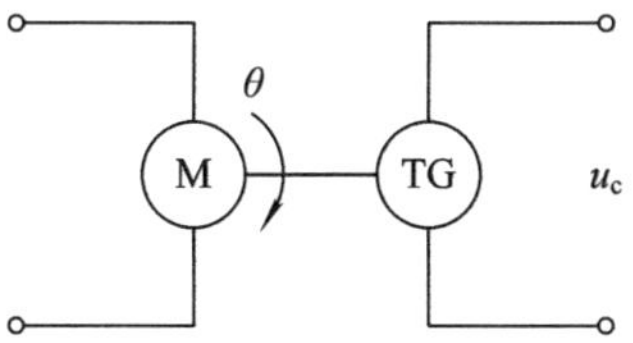

图 2-46　测速电机示意图

不考虑磁滞、涡流和电枢反应的影响，且令磁场恒定不变，则测速电机的电枢电压u_c与电机角速度 ω 成正比，即

$$u_c(t)=K\omega(t)=K\frac{\mathrm{d}\theta(t)}{\mathrm{d}t} \tag{2-28}$$

式中，设测速电机的增益常数 K 为 τ。相应的传递函数为

$$\frac{U_c(s)}{\Theta(s)}=Ks=\tau s \tag{2-29}$$

由以上微分环节实例可以得出，微分环节的输出量与其输入量对时间的微分量成正比，我们将数学模型具有该特点的元件统称为微分环节(Derivative Element)。

在物理上，单独的微分环节是无法实现的，它常与其他环节同时存在于某一系统中，因此微分环节也常称为“理想微分环节”。理想微分环节的输出与输入信号对时间的微分成正比，即

$$c(t)=\tau\frac{\mathrm{d}r(t)}{\mathrm{d}t} \tag{2-30}$$

式中，$c(t)$是环节的输出量；$r(t)$是环节的输入量；τ 为常数，称为微分时间常数。微分环节对应的传递函数为

$$G(s)=\frac{C(s)}{R(s)}=\tau s \tag{2-31}$$

其系统框图如图 2-47 所示。

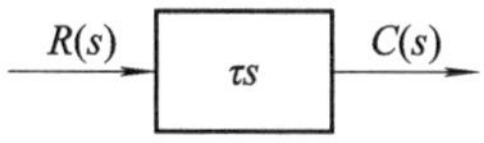

图 2-47　微分环节系统框图

常见的微分环节还有齿条齿轮传动机构等，其结构如图 2-48 所示。

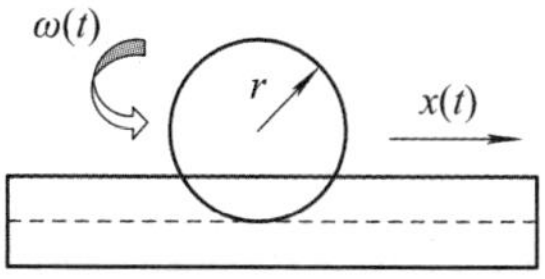

图 2-48　齿条齿轮传动结构

齿轮的角度与齿条的位移也是微分关系，以齿条的直线位移 $x(t)$为输入，齿轮的角速度 $\omega(t)$为输出时，有

$$\omega(t)=\frac{\mathrm{d}x(t)}{\mathrm{d}t}\frac{1}{r} \tag{2-32}$$

进行拉氏变换可得

$$\frac{\Omega(s)}{X(s)}=\frac{1}{r}s \tag{2-33}$$

◇ 任务实施

在任务实施部分，学生需要根据任务准备中推导出的测速电机的数学模型，完成实验模块一和实验模块二的内容，并在对实验结果分析的基础上，进一步理解知识拓展中微分环节时域响应及微分环节模拟电路内容。

2.3.2 实验模块一 测速电机时域响应仿真实验

1. 实验目的

(1) 学习使用 MATLAB 中的 Simulink 进行仿真；

(2) 掌握微分环节单位阶跃响应、单位脉冲响应及单位斜坡响应的特点；

(3) 理解微分时间常数对微分环节时域响应的影响。

2. 实验准备

本实验使用连续模块组中的微分器(Derivative)模块来模拟微分环节，该模块可计算输入量的导数，其结果的准确性取决于仿真所选用的时间步长，步长越小，输出曲线越平滑，准确率越高。双击微分器模块，弹出“微分器模块属性设置”对话框，如图 2-49 所示。

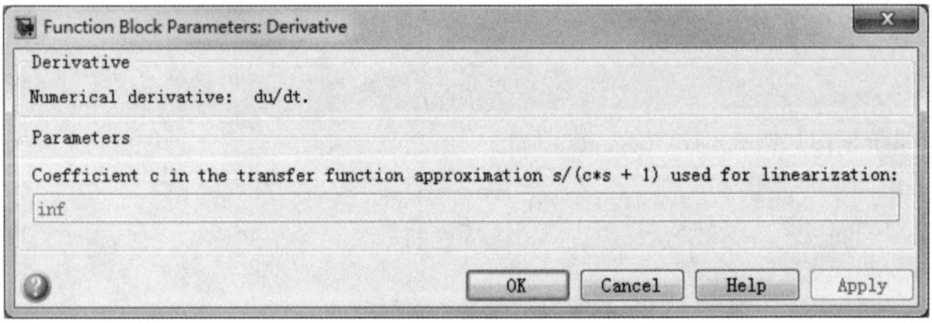

图 2-49 “微分器模块属性设置”对话框

其中，可设置的参数为传递函数“s/(c * s + 1)”中参数 c 的值，一般默认值为无穷大。

3. 实验方法及步骤

(1) 创建微分环节 Simulink 仿真模型，微分环节可用微分模块及增益模块串联组成，其中增益模块的增益值即为微分环节的微分时间常数。将微分时间常数 τ 设置为 1，分别给微分环节输入单位阶跃信号、单位脉冲信号及单位斜坡信号。如图 2-50 所示为单位斜坡输入下微分环节的 Simulink 仿真模型。

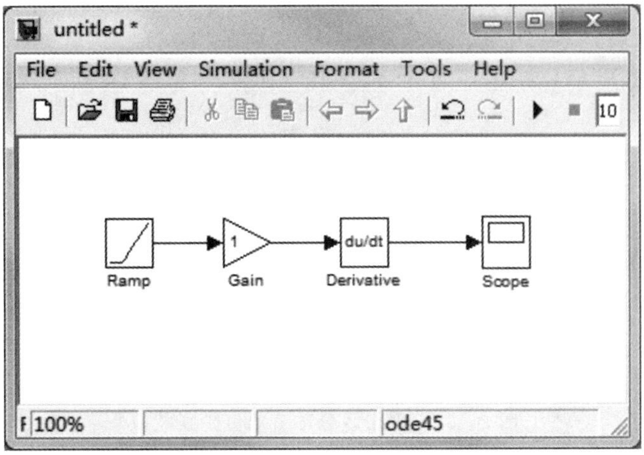

图 2-50　微分环节 Simulink 仿真模型(单位斜坡)

(2) 运行仿真模型，观察微分环节各响应波形，结果如图 2-51 所示为微分环节单位斜坡响应波形。

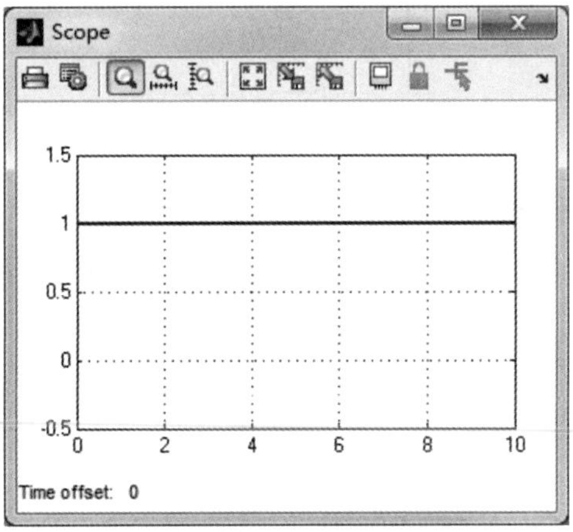

图 2-51　微分环节单位斜坡响应波形($\tau=1$)

(3) 改变微分时间常数 τ 的值，观察并记录其各个响应波形。

4. 实验记录及分析

(1) 记录微分环节的单位阶跃响应曲线、单位脉冲响应及单位斜坡响应曲线。

(2) 根据以上的实验结果，总结归纳微分环节单位阶跃响应特点。

(3) 总结微分时间常数不同时，输出响应有何不同。

知识拓展 1　微分环节时域响应

微分环节的单位阶跃响应 $h(t)$ 为

$$h(t)=\mathscr{L}^{-1}[C(s)]=\mathscr{L}^{-1}\left[\tau s\cdot\frac{1}{s}\right]=\tau\delta(t),\ t\geqslant 0 \tag{2-34}$$

根据式(2－34)可得，理想微分环节的单位阶跃响应曲线为面积为 τ 的脉冲，如图 2－52 所示。

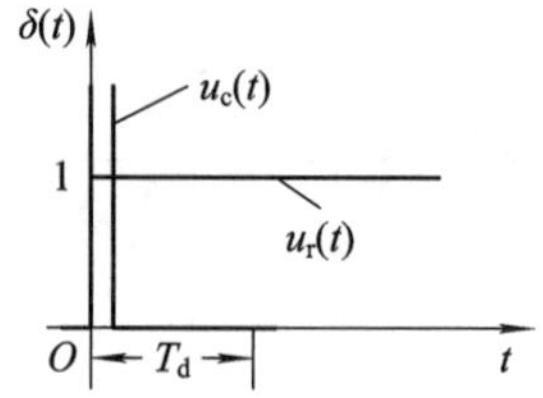

图 2－52　理想微分环节单位阶跃响应

由于系统惯性的存在，微分环节的单位阶跃响应是逐渐衰减的过程，如图 2－53 示为实际微分环节单位阶跃响应曲线。

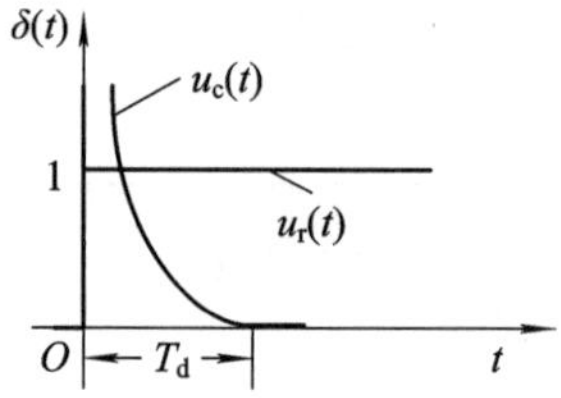

图 2－53　实际微分环节单位阶跃响应

同理，可得微分环节的单位脉冲响应曲线及单位斜坡响应曲线，如图 2－54 所示。

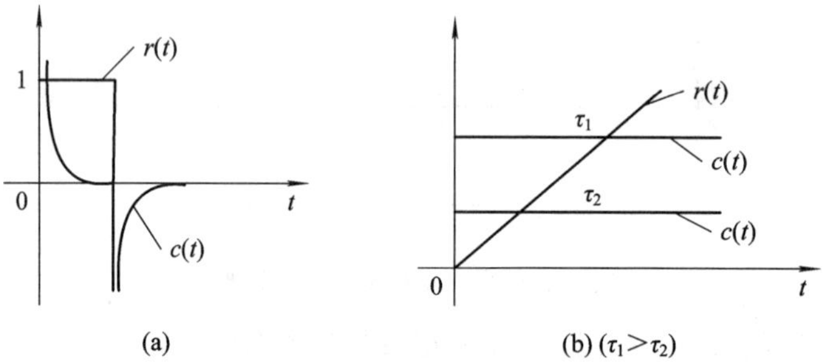

图 2－54　微分环节单位脉冲及斜坡响应

由微分环节数学模型可知，微分环节的输出量是当前时刻输入量的变化率，即对系统未来输出的“预测”。当输出量为“正”时，表示输入量下一个时刻还会增加；当输出量为“负”时，则表示下一个时刻输入量会减小；当输出量为“零”时，则表示某段时间内输入量不变，即输出量已到达波峰或波谷。微分时间常数 τ 的大小代表了在输入量相同的情况下，微分作用的大小，微分时间常数大，则微分作用越大(输出量越大)，反之则越小(输出量越小)。

2.3.3 实验模块二 微分环节电路模拟实验

1. 实验目的

(1) 学习搭建微分环节模拟电路；

(2) 深入理解微分环节输入量与输出量之间的关系。

2. 实验准备

按照表 2-7 准备实验材料并对实验设备进行熟悉。

表 2-7 实验材料清单

序号	名 称	数量	单位	备 注
1	直流电源(DC Power Supply)	1	块	给运算放大器供电
2	信号发生器(Signal Generator)	1	个	
3	运算放大器(Operational Amplifier)	2	个	
4	可变电容器(Variable Capacitor)	1	个	
5	可变电阻	1	个	
6	电阻(Resistor)	3	个	
7	示波器(Scope)	1	套	用于显示输入、输出信号
8	导线	若干	根	

实验不限于表 2-5 中提供的材料及模块，只要能够完成与表中材料和模块相同的功能即可。

3. 实验方法及步骤

(1) 搭建近似微分环节时域响应测试系统，其中近似微分环节可以用如图 2-55 所示的模拟电路代替，其中 $u_i(t)$ 为输入端电压，$u_o(t)$ 为输出端电压，可通过调节 R 的电阻值或电感系数 C 改变微分时间常数，该电路微分时间常数为 RC。

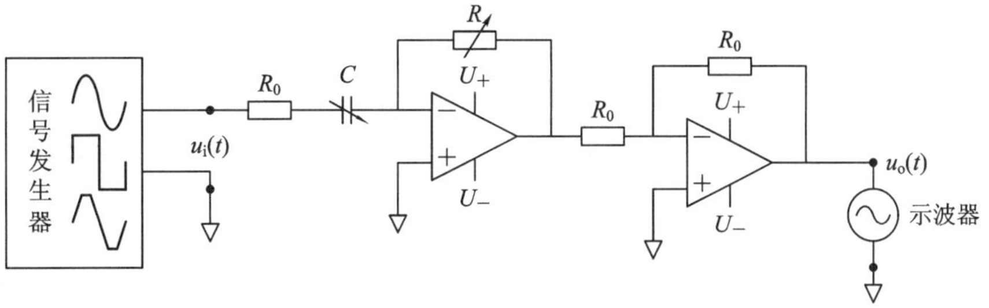

图 2-55 近似微分环节模拟电路原理图

(2) 用信号发生器分别产生正弦波、方波及三角波；调节可变电阻阻值，设置积分时间常数τ。

（3）用示波器观察并记录微分环节模拟电路的输入量及输出量，得到微分环节响应曲线。

（4）调节可变电容或可变电阻，观察并记录当输入量不变时，输出量的变化。

4. 实验记录及分析

（1）记录微分环节响应曲线。

（2）当输入为三角波时，输出信号是什么波形？改变微分时间常数，输出波形有什么变化？为什么？

知识拓展 2　微分环节模拟电路

工程上一般使用的“近似微分环节”由理想微分环节和惯性环节相乘得到，其传递函数为

$$G(s)=\frac{\tau s}{Ts+1} \tag{2-35}$$

如图 2-56 所示电路即为一个“近似微分环节”的无源电路。

该电路的传递函数为

$$\frac{U_o(s)}{U_i(s)}=\frac{RCs}{1+RCs} \tag{2-36}$$

该微分环节的微分时间常数为RC，因此，可通过改变电阻值和电容系数来改变该环节的时间常数。

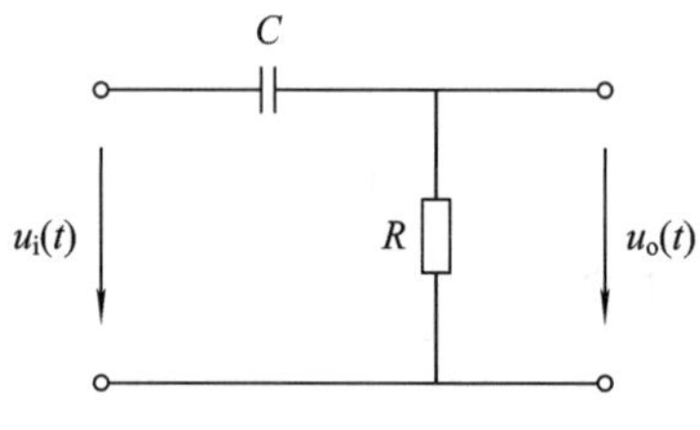

图 2-56　近似微分环节无源模拟电路原理图

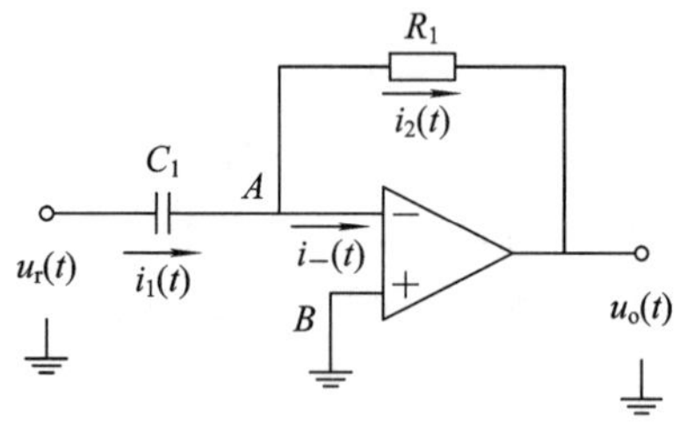

图 2-57　微分环节有源模拟电路原理图

微分环节也可以采用图 2-57 所示的微分环节有源电路来实现。由运算放大器的“虚短”、“虚断”特性可得

$$i_1(t)=i_2(t)=C_1\frac{\mathrm{d}u_r(t)}{\mathrm{d}t} \tag{2-37}$$

而输出电压为

$$u_o(t)=-i_2(t)R_1=-R_1C_1\frac{\mathrm{d}u_r(t)}{\mathrm{d}t} \tag{2-38}$$

可见输出电压和输入电压的变化率成比例，该微分环节的微分时间常数为

$$\tau = R_1 C_1$$

◇ 问题与思考

（1）当使用近似微分环节有源电路代替微分环节电路时，电路中的电阻值应该如何选择？

（2）当给纯微分电路输入方波时，输出波形为什么会出现振荡？

◇ 评价与考核

完成任务内容后，教师根据表 2－8 所示的评价与考核标准，根据学生表现进行评分，总分为 100 分。具体评价标准可参考表 2－9 所示的评价量表。

表 2－8　评价与考核标准

课程名称：自动控制原理			学习单元二：典型环节的数学模型及时域响应	
任务 3：测速电机的数学模型及时域响应			授课教师：	授课学时：
课程性质：理实一体课程			综合评分：	
知识掌握情况评分(50 分)				
序号	知识考核点	教师评价	配分	实际得分
1	微分环节的数学模型		10 分	
2	微分环节的阶跃响应		15 分	
3	微分环节微分时间常数对输出的影响		10 分	
4	微分环节模拟电路		15 分	
工作任务完成情况评分(50 分)				
序号	能力考核点	教师评价	配分	实际得分
1	正确操作设备、仪器、仪表，独立完成仿真实验及模拟电路实验系统的搭建		10 分	
2	得到微分环节的阶跃、脉冲或斜坡响应曲线，并能够描述其特点		20 分	
3	能够正确归纳总结出微分时间常数对时域响应的影响		20 分	

表 2-9 评价量表

评价内容	评价要点	核心素养水平评价指标	自评	组评	师评
准备：理解基本概念	掌握微分环节的数学模型基本形式，了解其模拟电路基本形式	水平 1：能较为完整地说出微分环节数学模型的一般形式			
		水平 2：能完整、准确地说出微分环节数学模型的一般形式，能辨认微分环节模拟电路			
		水平 3：能完整、准确地说出微分环节数学模型的一般形式，能辨认微分环节模拟电路，并能根据数学模型判断出是否属于微分环节			
实施：形成工程思维	能使用 Matlab 对测速电机的时域响应进行仿真，并能分析其输入与输出之间的关系，总结出微分时间常数对系统输出的影响，能搭建微分环节电路，进行模拟实验	水平 1：能在老师的指导下，使用 Matlab 对测速电机的时域响应进行仿真，得到其不同输入信号下的输出响应曲线；能在老师的引导下，较为准确地分析出输出与输入之间的关系，总结出微分时间常数对系统输出的影响；能在老师的指导下，根据原理图，搭建微分环节电路，进行模拟实验			
		水平 2：能自学使用 Matlab 对测速电机的时域响应进行仿真，得到其不同输入信号下的输出响应曲线；并较为准确地分析输出与输入之间的关系，总结出微分时间常数对系统输出的影响；能根据所学理论知识，阅读相关技术资料，自行搭建微分环节电路，进行模拟实验			
		水平 3：能自学使用 Matlab 对测速电机的时域响应进行仿真，得到其不同输入信号下的输出响应曲线；并准确、全面分析出输出与输入之间的关系，总结出微分时间常数对系统输出的影响；能根据所学理论知识，阅读相关技术资料，自行搭建微分环节电路，进行模拟实验，并分析实物模拟实验与仿真实验结果存在差别的原因			
	提出问题：能提出系统中关键参数之间的联系等有关问题	水平 1：具有问题意识，能提出问题			
		水平 2：能分析相关原理，提出可探究的问题			
		水平 3：能针对具体系统，从不同角度提出并准确地表述可探究的问题			
自查：交流与反思	与其他同学交流合作并反思，虚心听取老师及其他同学的发言，积极交流讨论	水平 1：具有与他人交流、讨论问题的意识			
		水平 2：能聆听其他同学的问题，并较为完整地表述自己的观点及问题			
		水平 3：能用专业术语准确描述问题，提出解决问题的思路，并能虚心听取老师、同学的发言，与老师同学进行交流与反思			

续表

评价内容	评价要点	核心素养水平评价指标	自评	组评	师评
评价：科学态度	体会学习、交流过程中的科学严谨性以及实事求是的态度，客观地对自我及他人进行评价，培养合作精神、团队意识	水平1：知道学习需要有实事求是的态度，知道需要客观地认识自我及他人，有与他人合作的意愿			
		水平2：有学习和研究工程问题的兴趣，有实事求是的科学态度，能与他人合作，并能较为客观地对自己和他人进行评价			
		水平3：有较强的学习和研究工程问题的内在动机，既能客观评价自己及他人，又能通过别人的评价反思并不断提高自己，坚持实事求是的态度，合作中能坚持观点又能修正错误			
学生总结	在本次任务中，我做得最出色的是 在本次任务中，我所做的努力是 在本次任务中，我所遇到的困难是				
教师评语					

任务 2.4　单容水箱数学模型及时域响应

◇ 任务内容及要求

推导单容水箱的数学模型，并搭建单容水箱，即惯性环节(Inertial Element)的模拟电路，通过记录并观察惯性环节模拟电路的单位阶跃、单位脉冲及单位斜坡函数的响应曲线，总结其时域响应特点，掌握惯性时间常数(Time Constant)对其时域响应的影响以及其物理意义。

◇ 任务准备

在任务准备部分，所需掌握的基本理论知识主要为单容水箱的数学模型。

2.4.1　单容水箱数学模型

单容水箱示意图如图 2-58 所示。

流入量为Q_1，进水阀的开度为 μ，由进水阀开度控制Q_1的大小，流出量为Q_2，随下游工序的需要而变化，其大小由出水阀开度控制。在出水阀开度不变的情况下，液位 h 越高，储液箱静压越大，流出量Q_2越大。下面分析进水阀流入量为Q_1与液位 h 之间的动态关系，建立该单容水箱的数字模型。

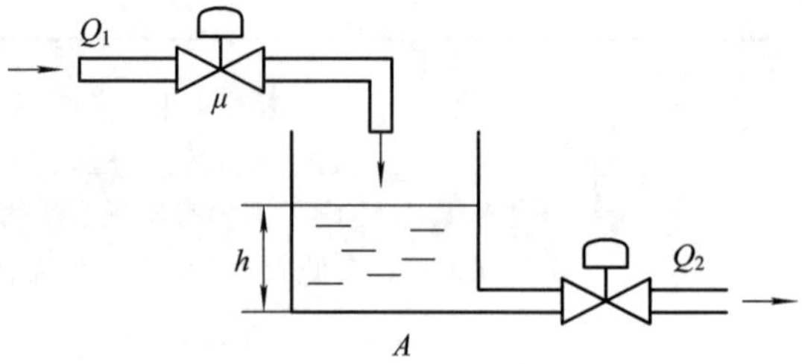

图 2-58 单容水箱示意图

根据动态平衡关系有

$$Q_1 - Q_2 = A\frac{\mathrm{d}h}{\mathrm{d}t} \tag{2-39}$$

可表示为增量形式：

$$\Delta Q_1 - \Delta Q_2 = A\frac{\mathrm{d}\Delta h}{\mathrm{d}t} \tag{2-40}$$

式中，ΔQ_1、ΔQ_2分别为偏离某一平衡状态，Q_1、Q_2、h、的增量；A 为水箱底面积。

$$\Delta Q_2 = \frac{\Delta h}{R_2} \tag{2-41}$$

式中，R_2为出水阀的阻力，称为液阻。消去中间变量 ΔQ_2可得

$$R_2 A\frac{\mathrm{d}\Delta h}{\mathrm{d}t} + \Delta h = R_2 \Delta Q_1 \tag{2-42}$$

在零初始条件下进行拉氏变换，得

$$G_0(s) = \frac{H(s)}{Q_1(s)} = \frac{R_2}{R_2 As + 1} = \frac{K}{Ts + 1} \tag{2-43}$$

式中，$T=R_2A$，为该系统的时间常数，$K=R_2$为该水箱的放大倍数。

将具有上述形式数学模型的环节称为惯性环节(Inertial Element)，惯性环节中含有一个独立的储能元件，以至于对于突变的输入，输出不能立即复现，存在时间上的延迟。其微分方程为

$$T\frac{\mathrm{d}c(t)}{\mathrm{d}t} + c(t) = Kr(t) \tag{2-44}$$

式中，T 是惯性环节的时间常数，具有时间量纲，称为惯性时间常数。对应的传递函数为

$$G(s) = \frac{C(s)}{R(s)} = \frac{K}{Ts + 1} \tag{2-45}$$

其系统框图如图 2-59 所示。

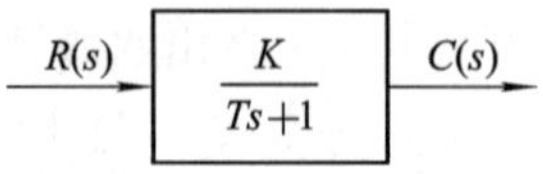

图 2-59 惯性环节系统框图

其中惯性环节的惯性时间常数 $T=RA$，由单容水箱数学模型可知，惯性环节时间常数是由结构中元件参数决定的。

实际系统中有很多可以用惯性环节来描述，例如忽略电枢电感的直流电机等。

◇ 任务实施

在任务实施部分，学生需要根据任务准备中推导出的单容水箱的数学模型，完成实验模块一和实验模块二的内容，并在对实验结果分析的基础上，进一步理解知识拓展中惯性环节典型输入下的时域响应以及惯性环节模拟电路内容。

2.4.2　实验模块一　单容水箱时域响应仿真实验

1. 实验目的

（1）学习使用 MATLAB 中的 Simulink 进行仿真；

（2）掌握惯性环节单位阶跃响应、单位脉冲响应及单位斜坡响应的特点；

（3）理解惯性时间常数对惯性环节时域响应的影响。

2. 实验准备

本实验使用连续模块组中的传递函数(Transfer Function)模块来模拟惯性环节。传递函数模块以复数 s 为变量对线性系统进行建模，可模拟单输入单输出(SISO，Single Input Single Output)系统和单输入多输出(SIMO，Single Input Multiple Output)系统。双击传递函数模块，弹出“传递函数模块属性设置”对话框，如图 2-60 所示。

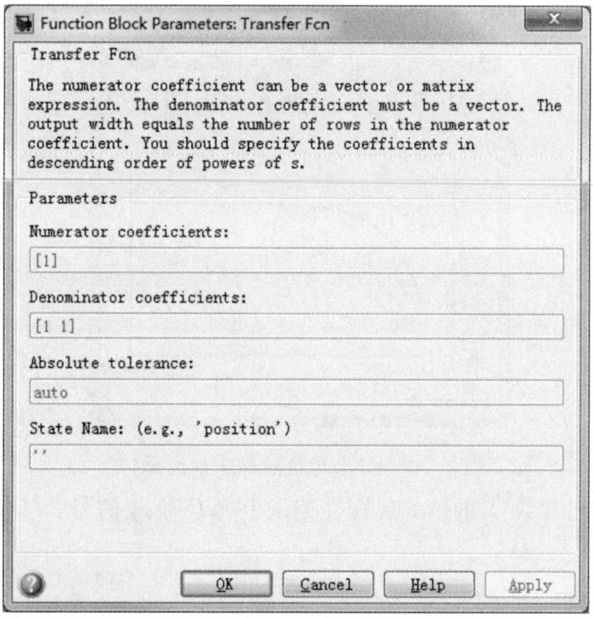

图 2-60　“传递函数模块属性设置”对话框

其中，可设置的参数如下：

Numerator coefficients：分子系数，以向量表示，默认值为[1]，对于单输入单输出系统，代表传递函数分子为 1；

Denominator coefficients：分母系数，以向量表示，默认值为[1 1]，对于单输入单输出系统，代表传递函数分母为 s+1；

Absolute tolerance：绝对公差。

3. 实验方法及步骤

(1) 创建惯性环节 Simulink 仿真模型，将惯性时间常数 T 设置为 1，分别给惯性环节输入单位阶跃信号、单位脉冲信号及单位斜坡信号。如图 2-61 所示为单位阶跃输入下惯性环节的 Simulink 仿真模型。

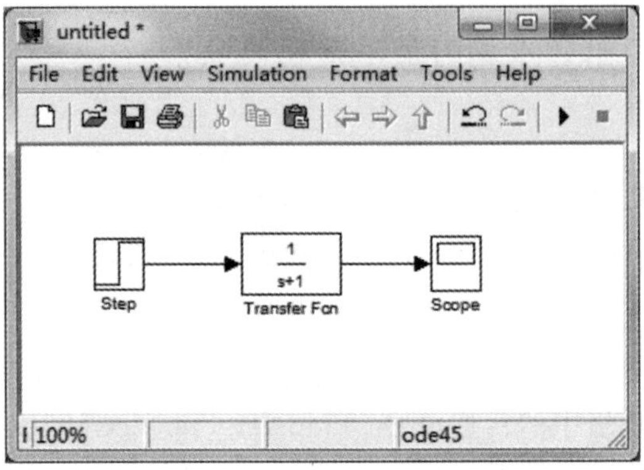

图 2-61　惯性环节 Simulink 仿真模型(单位阶跃)

(2) 运行仿真模型，观察惯性环节各响应波形，结果如图 2-62 所示为惯性环节单位阶跃响应波形。

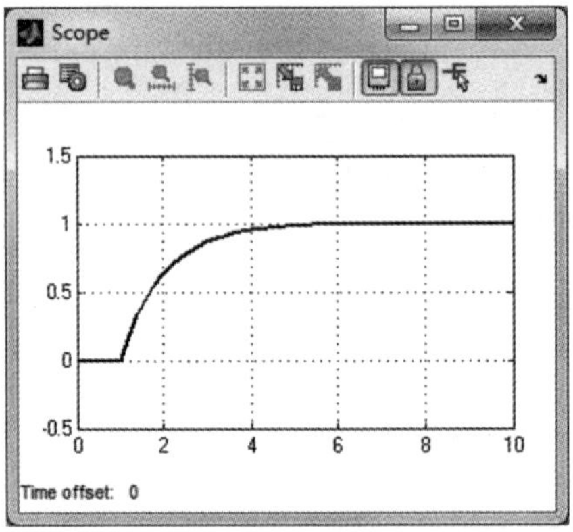

图 2-62　惯性环节单位脉冲响应波形(T=1)

(3) 改变惯性时间常数 T 的值，观察并记录其单位阶跃信号、单位脉冲信号及单位斜坡响应波形。

4. 实验记录及分析

(1) 记录惯性环节的单位阶跃响应曲线、单位脉冲响应及单位斜坡响应曲线。

(2) 根据以上的实验结果，总结归纳惯性环节单位阶跃响应特点。

(3) 总结惯性时间常数不同时，输出响应有何不同。

知识拓展 1 惯性环节单位阶跃响应

惯性环节的单位阶跃响应 $h(t)$ 为

$$h(t)=\mathscr{L}^{-1}[C(s)]=\mathscr{L}^{-1}\left[\frac{1}{Ts+1}\cdot\frac{1}{s}\right]=1-\mathrm{e}^{-\frac{t}{T}},\ t\geqslant 0 \tag{2-46}$$

根据式(2-46)可得，惯性环节单位阶跃响应初始值为 0，随后不断增加，在 $t\to\infty$ 时，趋向于 1，曲线在 0 时刻斜率最大为 $1/T$，之后斜率逐渐减小，如图 2-63 所示。

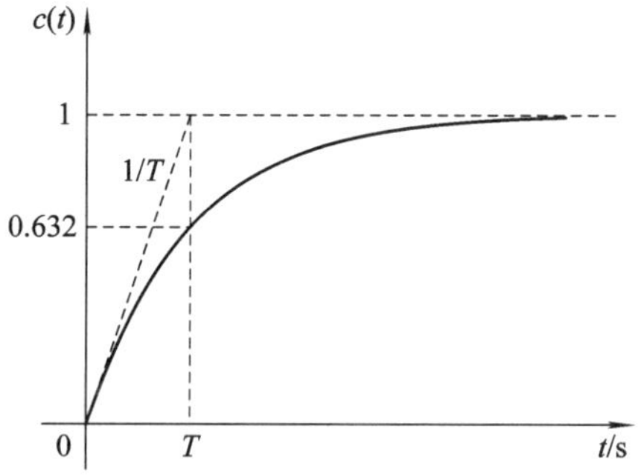

图 2-63 惯性环节单位阶跃响应

惯性时间常数越大，惯性环节单位阶跃响应的初始斜率越小，则响应上升得越缓慢。

知识拓展 2 惯性环节单位斜坡响应

当惯性环节的输入量 $r(t)=Rt$ 时(R 为常数)，系统的输出称为斜坡响应；当 $R=1$ 时，系统的输出称为单位斜坡响应，记作：

$$h(t)=\mathscr{L}^{-1}[C(s)]=\mathscr{L}^{-1}\left[\frac{1}{Ts+1}\cdot\frac{1}{s^2}\right]=t-T+T\mathrm{e}^{-\frac{t}{T}},\ t\geqslant 0 \tag{2-47}$$

惯性环节的单位斜坡响应曲线如图 2-64 所示。

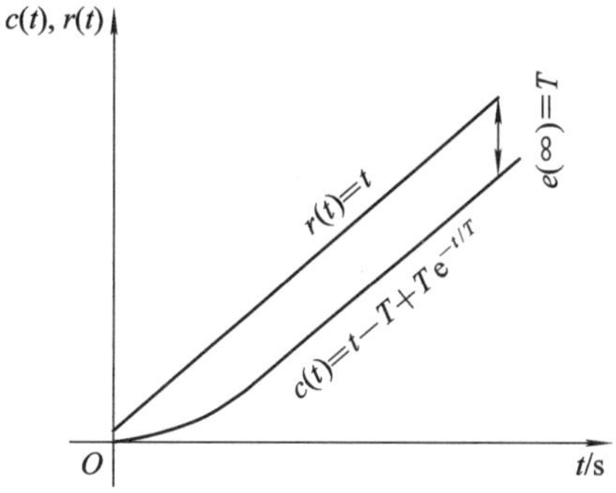

图 2-64 惯性环节单位斜坡响应

由图 2-63 可知，该响应系统存在误差信号 $e(t)$。

$$e(t)=r(t)-c(t)=t-(t-T+T\mathrm{e}^{-\frac{t}{T}})=T+T\mathrm{e}^{-\frac{t}{T}} \tag{2-48}$$

当 $t\to\infty$ 时，$\mathrm{e}^{-\frac{t}{T}}\to 0$，此时 $e(t)=T$。因此可得，当时间足够长时，一阶系统跟踪单位

斜坡信号输入的稳态误差为时间常数 T；时间常数 T 越小，稳态误差越小。

知识拓展 3　惯性环节单位脉冲响应

当惯性环节的输入量 $r(t)=R\delta(t)$时(R 为常数)，系统的输出称为脉冲响应；当 $R=1$ 时，环节的输出称为单位脉冲响应，记作

$$g(t)=\mathscr{L}^{-1}[C(s)]=\mathscr{L}^{-1}\left[\frac{1}{Ts+1}\cdot 1\right]=\frac{1}{T}\mathrm{e}^{-\frac{t}{T}},\ t\geqslant 0 \qquad (2-49)$$

惯性环节的单位脉冲响应如图 2-65 所示。

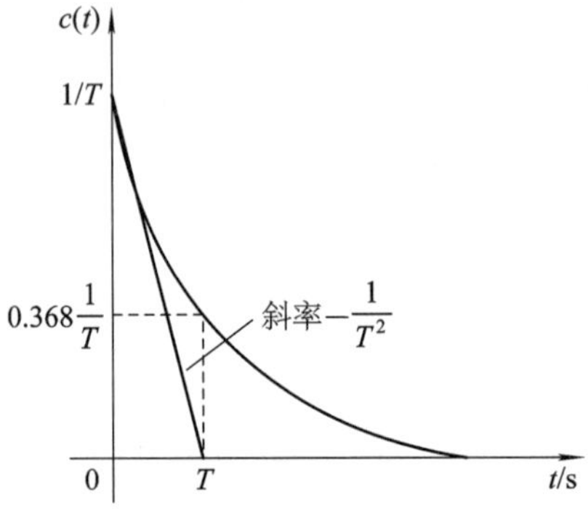

图 2-65　惯性环节单位脉冲响应

若惯性环节的时间常数不同，则单位脉冲响应曲线的衰减速度不同。由图 2-65 可知，时间常数表征了惯性环节单位脉冲响应衰减至初始值的 36.8%时所需的时间，时间常数越大，衰减越慢，反之则衰减越快。因此，惯性环节时间常数除了可以通过测量单位阶跃响应获得外，也可以通过测量其单位脉冲响应获得。

由式(2-49)可知，系统脉冲响应的拉氏变换即为系统的传递函数。这意味着，对于线性定常系统，在初始条件为零时，可以通过测量其单位脉冲响应进行系统辨识。在工程实际中，大部分系统在长期运行过程中，都会由于元器件磨损、环境变化等原因出现不同程度的参数变化，从而导致系统动态特性变化，引起不令人满意的系统响应。这些变化有些是可预见的，有些不可预见，此时可通过测量系统脉冲响应，重新得到系统的参数，从而获得更加精准的控制。应用时，可以用窄脉冲代替理想脉冲信号来对系统进行测试。

2.4.3　实验模块二　惯性环节电路模拟实验

1. 实验目的

(1) 学习搭建微分环节模拟电路。

(2) 深入理解微分环节输入量与输出量之间的关系。

2. 实验准备

按照表 2-10 准备实验材料并对实验设备进行熟悉。

表 2-10　实验材料清单

序号	名　　称	数量	单位	备　　注
1	直流电源(DC Power Supply)	1	块	给运算放大器供电
2	信号发生器(Signal Generator)	1	个	
3	运算放大器(Operational Amplifier)	2	个	
4	可变电容器(Variable Capacitor)	1	个	
5	可变电阻	1	个	
6	电阻(Resistor)	3	个	
7	示波器(Scope)	1	套	用于显示输入、输出信号
8	导线	若干	根	

实验不限于表 2-7 中提供的材料及模块，只要能够完成与表中材料和模块相同的功能即可。

3. 实验方法及步骤

(1) 搭建惯性环节时域响应测试系统，其中惯性环节可以用如图 2-66 所示的模拟电路代替，其中 $u_i(t)$ 为输入端电压，$u_o(t)$ 为输出端电压，可通过调节 R 的电阻值或电容系数 C 改变惯性时间常数，该电路惯性时间常数为 RC。

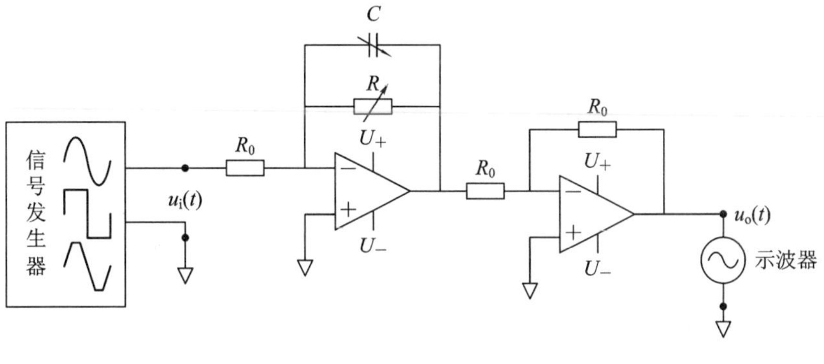

图 2-66　惯性环节时域响应模拟电路原理图

(2) 用信号发生器分别产生正弦波、方波及三角波；调节可变电阻阻值，设置惯性时间常数 T。

(3) 用示波器观察并记录惯性环节模拟电路的输入量及输出量，得到惯性环节响应曲线。

(4) 调节可变电容或可变电阻，观察并记录当输入量不变时，输出量的变化。

4. 实验记录及分析

(1) 记录惯性环节响应曲线。

(2) 当输入为方波时，输出信号是什么波形？改变惯性时间常数，输出波形有什么变化？为什么？

知识拓展 4　惯性环节模拟电路

如图 2-67 所示的 RC 电路即为一个惯性环节。

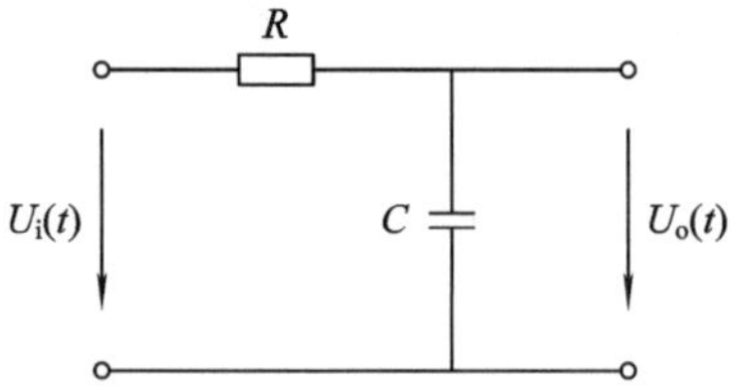

图 2-67　RC 电路

其微分方程为

$$\begin{cases} u_r(t) = Ri(t) + \dfrac{1}{C}\int i(t)\mathrm{d}t \\ u_c(t) = \dfrac{1}{C}\int i(t)\mathrm{d}t \end{cases} \tag{2-50}$$

经拉氏变换得

$$\begin{cases} U_r(s) = RI(s) + \dfrac{1}{C} \cdot \dfrac{1}{s} \cdot I(s) \\ U_c(s) = \dfrac{1}{C} \cdot \dfrac{1}{s} \cdot I(s) \end{cases} \tag{2-51}$$

消去电流 $I(s)$ 得

$$(RCs+1)U_c(s) = U_r(s) \tag{2-52}$$

传递函数为

$$G(s) = \frac{U_c(s)}{U_r(s)} = \frac{1}{RCs+1} \tag{2-53}$$

惯性环节的惯性时间常数 $T=RC$，由此可见，惯性环节时间常数是由结构中元件参数决定的。

图 2-68 所示为运用运算放大器构成的惯性环节有源模拟电路原理图。

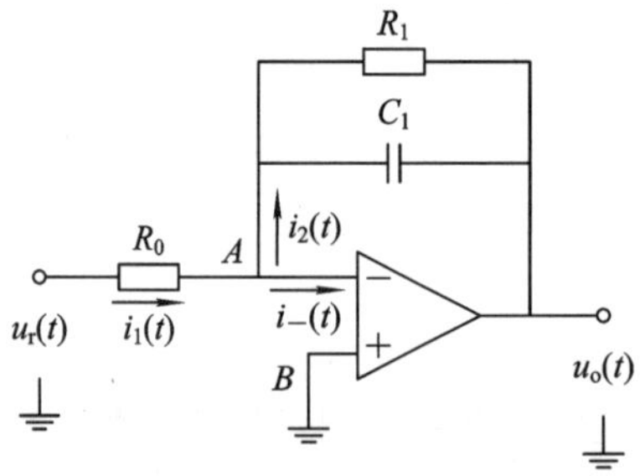

图 2-68　惯性环节有源模拟电路原理图

利用运放的“虚短”与“虚断”特性，在复数域对电路进行分析，有

$$\begin{cases} U_r(s)=R_0 I_1(s) \\ U_o(s)=-\dfrac{R_1}{1+R_1 C_1 s} I_2(s) \\ I_1(s)=I_2(s) \end{cases}$$

得到传递函数为

$$G(s)=\frac{U_o(s)}{U_r(s)}=-\frac{R_1/R_0}{1+R_1 C_1 s}$$

该有源电路组成的惯性环节时间常数 $T=R_1C_1$，放大倍数 $K=R_1/R_0$。

◇ 问题与思考

（1）惯性时间常数由哪些因素决定？

（2）什么情况下惯性环节可以近似为积分环节？什么情况下惯性环节可以近似为比例环节？

◇ 评价与考核

完成任务内容后，教师根据表 2－11 所示的评价与考核标准，根据学生表现进行评分，总分为 100 分。具体评价标准可参考表 2－12 所示的评价量表。

表 2－11　评价与考核标准

<table>
<tr><td colspan="2">课程名称：自动控制原理</td><td colspan="3">学习单元二：典型环节的数学模型及时域响应</td></tr>
<tr><td colspan="2">任务 4：单容水箱的数学模型及时域响应</td><td colspan="2">授课教师：</td><td>授课学时：</td></tr>
<tr><td colspan="2">课程性质：理实一体课程</td><td colspan="3">综合评分：</td></tr>
<tr><td colspan="5">知识掌握情况评分(50 分)</td></tr>
<tr><td>序号</td><td>知识考核点</td><td>教师评价</td><td>配分</td><td>实际得分</td></tr>
<tr><td>1</td><td>惯性环节的数学模型</td><td></td><td>10 分</td><td></td></tr>
<tr><td>2</td><td>惯性环节的阶跃响应</td><td></td><td>15 分</td><td></td></tr>
<tr><td>3</td><td>惯性环节比例系数对输出的影响</td><td></td><td>10 分</td><td></td></tr>
<tr><td>4</td><td>惯性环节模拟电路</td><td></td><td>15 分</td><td></td></tr>
<tr><td colspan="5">工作任务完成情况评分(50 分)</td></tr>
<tr><td>序号</td><td>能力考核点</td><td>教师评价</td><td>配分</td><td>实际得分</td></tr>
<tr><td>1</td><td>正确操作设备、仪器、仪表，独立完成仿真实验及模拟电路实验系统的搭建</td><td></td><td>10 分</td><td></td></tr>
<tr><td>2</td><td>得到惯性环节的阶跃、脉冲或斜坡响应曲线，并能够描述其特点</td><td></td><td>20 分</td><td></td></tr>
<tr><td>3</td><td>能够正确归纳总结出惯性时间常数对时域响应的影响</td><td></td><td>20 分</td><td></td></tr>
</table>

表 2-12 评价量表

评价内容	评价要点	核心素养水平评价指标	自评	组评	师评
准备：理解基本概念	掌握惯性环节的数学模型基本形式，了解其模拟电路基本形式	水平 1：能较为完整地说出惯性环节数学模型的一般形式			
		水平 2：能完整、准确地说出惯性环节数学模型的一般形式，能辨认惯性环节模拟电路			
		水平 3：能完整、准确地说出惯性环节数学模型的一般形式，能辨认惯性环节模拟电路，并能根据数学模型判断出是否属于惯性环节			
实施：形成工程思维	能使用 Matlab 对单容水箱的时域响应进行仿真，并能分析其输入与输出之间的关系，总结出惯性时间常数对系统输出的影响，能搭建惯性环节电路，进行模拟实验	水平 1：能在老师的指导下，使用 Matlab 对单容水箱的时域响应进行仿真，得到其不同输入信号下的输出响应曲线；能在老师的引导下，较为准确地分析出输出与输入之间的关系，总结出惯性时间常数对系统输出的影响；能在老师的指导下，根据原理图，搭建惯性环节电路，进行模拟实验			
		水平 2：能自学使用 Matlab 对单容水箱的时域响应进行仿真，得到其不同输入信号下的输出响应曲线；并较为准确地分析输出与输入之间的关系，总结出惯性时间常数对系统输出的影响；能根据所学理论知识，阅读相关技术资料，自行搭建惯性环节电路，进行模拟实验			
		水平 3：能自学使用 Matlab 对单容水箱的时域响应进行仿真，得到其不同输入信号下的输出响应曲线；并准确、全面分析出输出与输入之间的关系，总结出惯性时间常数对系统输出的影响；能根据所学理论知识，阅读相关技术资料，自行搭建惯性环节电路，进行模拟实验，并分析实物模拟实验与仿真实验结果存在差别的原因			
	提出问题：能提出系统中关键参数之间的联系等有关问题	水平 1：具有问题意识，能提出问题			
		水平 2：能分析相关原理，提出可探究的问题			
		水平 3：能针对具体系统，从不同角度提出并准确表述可探究的问题			
自查：交流与反思	与其他同学交流合作并反思，虚心听取老师及其他同学的发言，积极交流讨论	水平 1：具有与他人交流、讨论问题的意识			
		水平 2：能聆听其他同学的问题，并较为完整地表述自己的观点及问题			
		水平 3：能用专业术语准确描述问题，提出解决问题的思路，并能虚心听取老师、同学的发言，与老师同学进行交流与反思			

续表

评价内容	评价要点	核心素养水平评价指标	自评	组评	师评
评价：科学态度	体会学习、交流过程中的科学严谨性以及实事求是的态度，客观地对自我及他人进行评价，培养合作精神、团队意识	水平1：知道学习需要有实事求是的态度，知道需要客观地认识自我及他人，有与他人合作的意愿			
		水平2：有学习和研究工程问题的兴趣，有实事求是的科学态度，能与他人合作，并能较为客观地对自己和他人进行评价			
		水平3：有较强的学习和研究工程问题的内在动机，既能客观评价自己及他人，又能通过别人的评价反思并不断提高自己，坚持实事求是的态度，合作中能坚持观点又能修正错误			
学生总结	在本次任务中，我做得最出色的是 在本次任务中，我所做的努力是 在本次任务中，我所遇到的困难是				
教师评语					

任务 2.5　输水管道数学模型及时域响应

◇ 任务内容及要求

推导输水管道数学模型，并搭建输水管道，即延迟环节的模拟电路，通过记录并观察延迟环节模拟电路的单位阶跃、单位脉冲及单位斜坡函数的响应曲线，总结其时域响应特点，掌握延迟时间对其时域响应的影响以及其物理意义。

◇ 任务准备

在任务准备部分，所需掌握的基本理论知识主要为输水管道的数学模型。

2.5.1　输水管道数学模型

如图 2-69 所示为某输水管道的示意图。

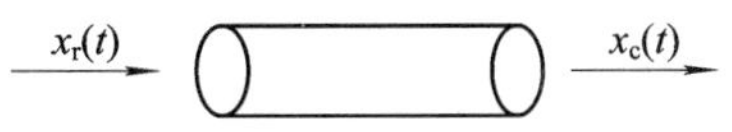

图 2-69　某输水管道示意图

图中，$x_r(t)$表示输入流量，$x_c(t)$表示输出流量。如果输入流量在某一时刻发生改变，输出流量不会立即改变，而是经过一段时间的延迟后才发生同样的改变，即

$$x_c(t)=\begin{cases}0 & t<\tau \\ x_r(t) & t\geqslant\tau\end{cases}$$

也可表示为

$$x_c(t)=x_r(t)(t-\tau) \tag{2-54}$$

式中，τ为输出量相对输入量的延迟时间。我们将具有上述特性的环节称为延迟环节(又称纯滞后环节(Delay Element)，其特点是输出量与输入量变化形式相同，但是要延迟一段时间。其微分方程为

$$c(t)=r(t)(t-\tau) \tag{2-55}$$

式中，τ为延迟时间，对应的传递函数为

$$G(s)=\frac{C(s)}{R(s)}=e^{-\tau s} \tag{2-56}$$

其系统框图如图 2-70 所示。

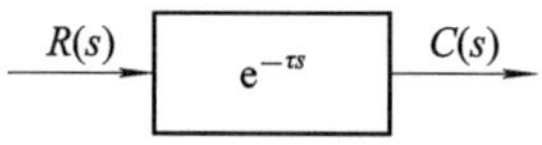

图 2-70　延迟环节系统框图

延迟环节常作为某个特性与其他环节共同存在，而不单独存在。在实际的控制工程中，有许多系统具有传递滞后的特征，特别是液压、气动和机械传动系统。例如，液压油从液压泵到阀控油缸间的管道传输产生的时间延迟；热量传导时因传输速率低而造成的时间延迟；各种传送带(或传送装置)因传送造成的时间延迟以及从切削加工状况到测得结果之间的时间延迟等。在有滞后作用的系统中，其输出需要经过一定的延迟时间，才能对输入作出响应。需要指出的是延迟环节对系统的稳定性有很大影响，因此需要在系统中特别注意。

◇ 任务实施

在任务实施部分，学生需要根据任务准备中推导出的输水管道的数学模型，完成实验模块一和实验模块二的内容，并在对实验结果分析的基础上，进一步理解知识拓展中延迟环节时域响应的内容。

2.5.2　实验模块　输水管道时域响应仿真实验

1. 实验目的

(1) 掌握延迟环节单位阶跃响应特点，理解延迟时间对延迟环节阶跃响应的影响；

(2) 掌握延迟环节单位斜坡响应特点，理解延迟时间对延迟环节斜坡响应的影响。

2. 实验准备

本实验使用连续模块组中的传输延迟(Transport Delay)模块来模拟延迟环节。传输延迟模块根据指定的延迟时间，将给定的输入量延迟输出，此模块的输入必须为连续信号。双击传输延迟模块，弹出“传输延迟模块属性设置”对话框，如图 2-71 所示。

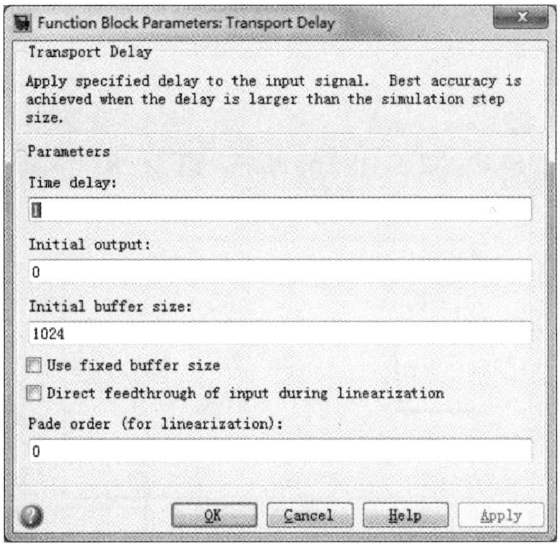

图 2-71　“传输延迟模块属性设置”对话框

其中，可设置的参数如下：

Time delay：延迟时间，默认值为 1，不能为负值。

Initial output：时间超过延迟时间后，输出量的初始值，默认值为 0，不能为无穷大或不明确的数值；

Initial buffer size：存储输入点的初始缓存区大小，默认值为 1024，如果输入点的数量超出了初始缓存区的大小，则系统自动分配额外的内存，仿真结束后，系统会显示总共所需内存的大小。

3. 实验方法及步骤

(1) 创建延迟环节 Simulink 仿真模型，将阶跃信号的阶跃时间设置为 0，延迟环节的延迟时间 τ 设置为 1，分别给延迟环节输入单位阶跃信号、单位脉冲信号及单位斜坡信号。如图 2-72 所示为单位阶跃输入下延迟环节的 Simulink 仿真模型。

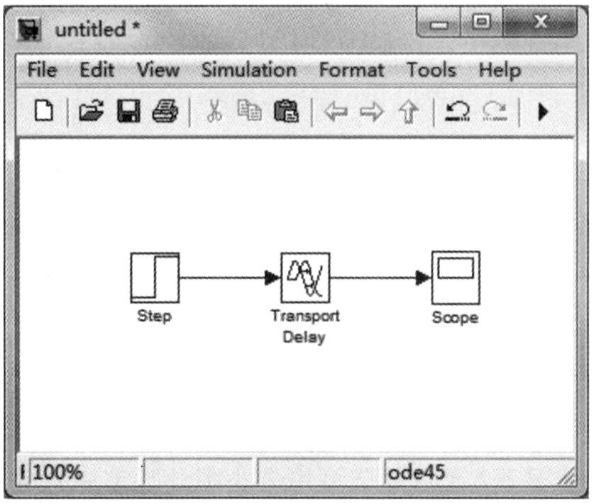

图 2-72　延迟环节 Simulink 仿真模型(单位阶跃)

(2) 运行仿真模型，观察延迟环节各响应波形，结果如图 2-73 所示为惯性环节单位阶跃响应波形。

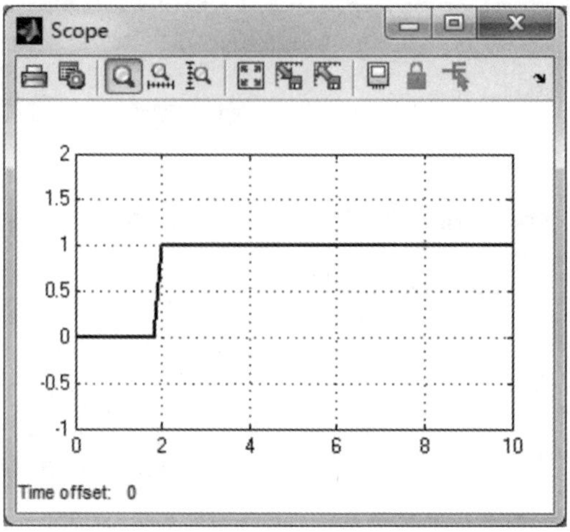

图 2-73　延迟环节单位脉冲响应波形($\tau=1$)

(3) 改变延迟时间常数 τ 的值，观察并记录其单位阶跃信号、单位脉冲信号及单位斜坡响应波形。

4. 实验记录及分析

(1) 记录延迟环节的单位阶跃响应曲线、单位脉冲响应及单位斜坡响应曲线。

(2) 根据以上的实验结果，总结归纳延迟环节单位阶跃响应特点。

(3) 总结延迟时间常数不同时，输出响应有何不同。

知识拓展　延迟环节时域响应

延迟环节的单位阶跃响应如图 2-74 所示，(a)图为输入的单位阶跃信号，(b)图为延迟环节的单位阶跃响应。

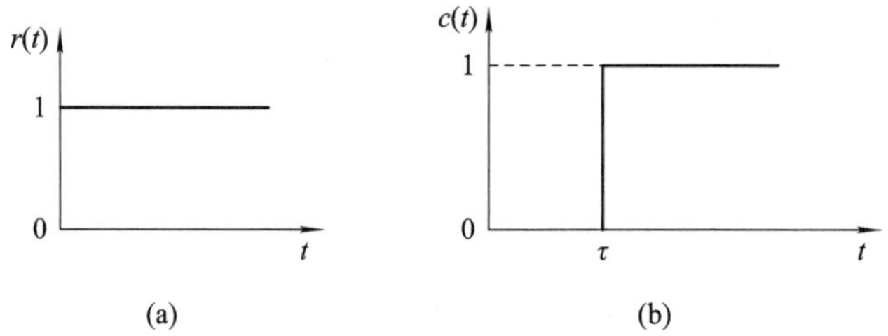

图 2-74　延迟环节的单位阶跃响应

在延迟时间很短的情况下，延迟环节可用个小惯性环节来代替。实际系统中一般都存在一定时间的延迟，延迟时间越长，系统稳定性往往越差。

◇ 问题与思考

生活中有哪些实例属于延迟环节？其存在有可能对系统性能会产生什么影响？

◇ 评价与考核

完成任务内容后，教师根据表 2－13 所示的评价与考核标准，根据学生表现进行评分，总分为 100 分。具体评价标准可参考表 2－14 所示的评价量表。

表 2－13　评价与考核标准

课程名称：自动控制原理		学习单元二：典型环节的数学模型及时域响应		
任务 5：输水管道数学模型及时域响应		授课教师：	授课学时：	
课程性质：理实一体课程		综合评分：		
知识掌握情况评分(40 分)				
序号	知识考核点	教师评价	配分	实际得分
1	延迟环节的数学模型		10 分	
2	延迟环节响应特点		15 分	
3	延迟时间常数对延迟环节输出的影响		15 分	
工作任务完成情况评分(60 分)				
序号	能力考核点	教师评价	配分	实际得分
1	独立完成仿真实验		10 分	
2	得到延迟环节的阶跃、脉冲或斜坡响应曲线，并能够描述其特点		25 分	
3	正确总结出延迟环节重要参数对响应的影响		25 分	

表 2－14　评 价 量 表

评价内容	评价要点	核心素养水平评价指标	自评	组评	师评
准备：理解基本概念	掌握延迟环节的数学模型基本形式	水平 1：能较为完整地说出延迟环节数学模型的一般形式			
		水平 2：能完整、准确地说出延迟环节数学模型的一般形式			
		水平 3：能完整、准确地说出延迟环节数学模型的一般形式，并能根据数学模型判断出是否属于延迟环节			

续表

评价内容	评价要点	核心素养水平评价指标	自评	组评	师评
实施：形成工程思维	能使用Matlab对输水管道的时域响应进行仿真，并能分析其输入与输出之间的关系，总结出延迟时间对系统输出的影响	水平1：能在老师的指导下，使用Matlab对输水管道的时域响应进行仿真，得到其不同输入信号下的输出响应曲线；能在老师的引导下，较为准确地分析出输出与输入之间的关系，总结出延迟时间对系统输出的影响			
		水平2：能自学使用Matlab对输水管道的时域响应进行仿真，得到其不同输入信号下的输出响应曲线；并较为准确地分析输出与输入之间的关系，总结出延迟时间对系统输出的影响			
		水平3：能自学使用Matlab对输水管道的时域响应进行仿真，得到其不同输入信号下的输出响应曲线；并准确、全面分析出输出与输入之间的关系，总结出延迟时间对系统输出的影响			
	提出问题：能提出系统中关键参数之间的联系等有关问题	水平1：具有问题意识，能提出问题			
		水平2：能分析相关原理，提出可探究的问题			
		水平3：能针对具体系统，从不同角度提出并准确地表述可探究的问题			
自查：交流与反思	与其他同学交流合作并反思，虚心听取老师及其他同学的发言，积极交流讨论	水平1：具有与他人交流、讨论问题的意识			
		水平2：能聆听其他同学的问题，并较为完整地表述自己的观点及问题			
		水平3：能用专业术语准确描述问题，提出解决问题的思路，并能虚心听取老师、同学的发言，与老师同学进行交流与反思			
评价：科学态度	体会学习、交流过程中的科学严谨性以及实事求是的态度，客观地对自我及他人进行评价，培养合作精神、团队意识	水平1：知道学习需要有实事求是的态度，知道需要客观地认识自我及他人，有与他人合作的意愿			
		水平2：有学习和研究工程问题的兴趣，有实事求是的科学态度，能与他人合作，并能较为客观地对自己和他人进行评价			
		水平3：有较强的学习和研究工程问题的内在动机，既能客观评价自己及他人，又能通过别人的评价反思并不断提高自己，坚持实事求是的态度，合作中能坚持观点又能修正错误			

续表

评价内容	评价要点	核心素养水平评价指标	自评	组评	师评
学生总结	在本次任务中，我做得最出色的是 在本次任务中，我所做的努力是 在本次任务中，我所遇到的困难是				
教师评语					

小　　结

（1）数学模型是描述系统输入、输出变量以及与内部其他变量之间关系的数学表达式，是分析系统性能的基础。

（2）系统的数学模型有多种表达形式，常用的数学模型有微分方程、传递函数、系统框图、频率特性和状态方程，不同的数学模型之间可以相互转换。

（3）任何一个控制系统可以视为由若干个典型环节连接而成，因此理解和掌握典型环节的数学模型及时域特性对分析整个控制系统至关重要。

（4）比例环节、积分环节、微分环节数学模型及单位阶跃响应如表 2-15 所示。

表 2-15　典型环节数学模型及单位阶跃响应曲线

<table>
<tr><th>序号</th><th>名称</th><th>微分方程</th><th>传递函数</th><th>系统框图</th><th>阶跃响应</th></tr>
<tr><td>1</td><td>比例环节</td><td>$c(t)=Kr(t)$</td><td>$G(s)=\dfrac{C(s)}{R(s)}=K$</td><td>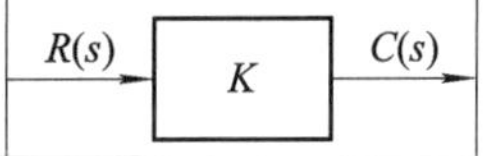
</td><td>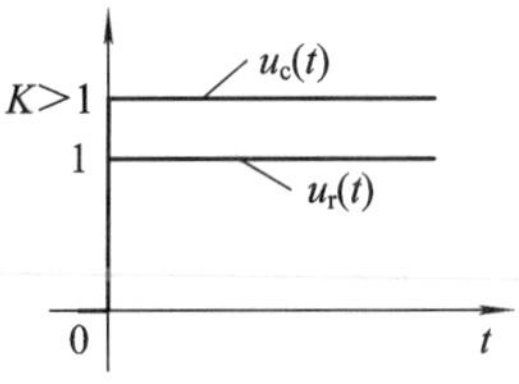
</td></tr>
<tr><td>2</td><td>积分环节</td><td>$c(t)=K\int_0^t r(\tau)d\tau$</td><td>$G(s)=\dfrac{C(s)}{R(s)}=\dfrac{1}{T_i s}$</td><td>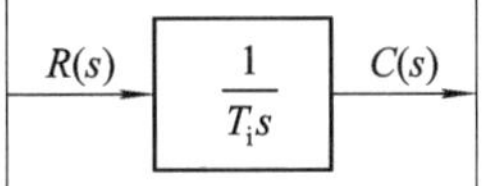
</td><td>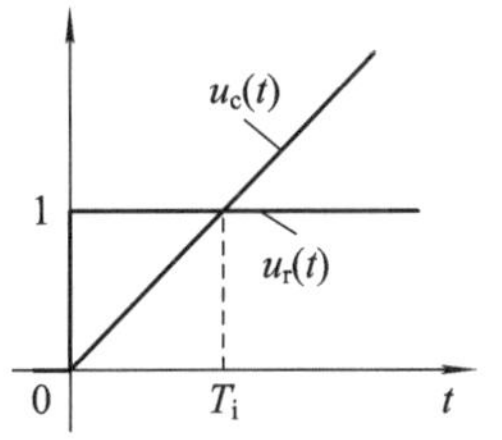
</td></tr>
<tr><td>3</td><td>微分环节</td><td>$c(t)=\tau\dfrac{dr(t)}{dt}$</td><td>$G(s)=\dfrac{C(s)}{R(s)}=\tau s$</td><td>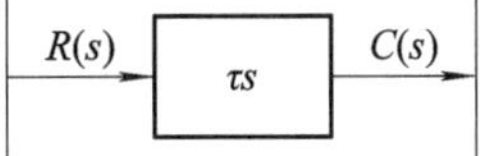
</td><td>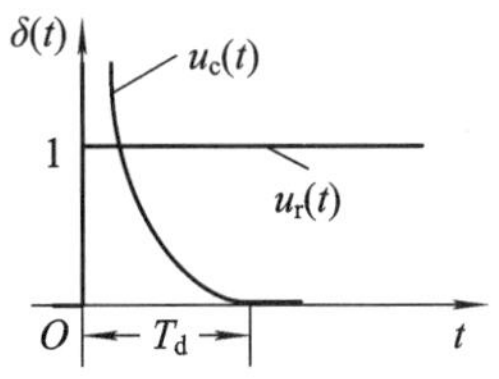
</td></tr>
</table>

（5）惯性环节、延迟环节数学模型及单位阶跃响应如表 2－16 所示。

表 2－16　惯性环节、延迟环节数学模型及单位阶跃响应曲线

序号	名称	微分方程	传递函数	系统框图	阶跃响应
1	惯性环节	$T\dfrac{\mathrm{d}c(t)}{\mathrm{d}t}+c(t)=Kr(t)$	$G(s)=\dfrac{C(s)}{R(s)}=\dfrac{K}{1+Ts}$	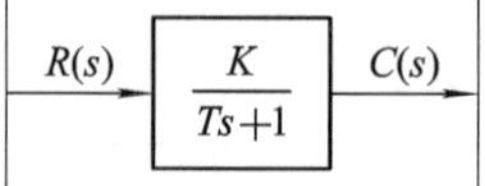	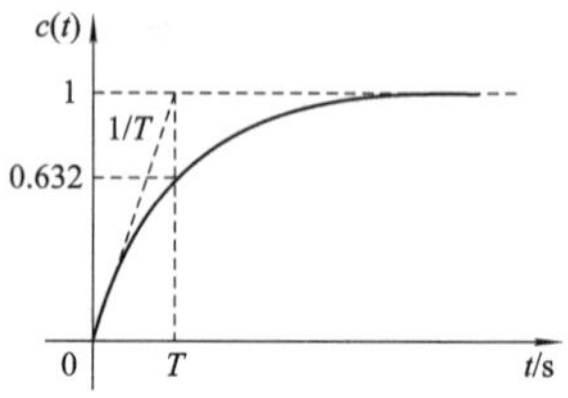
2	延迟环节	$c(t)=r(t)(t-\tau)$	$G(s)=\dfrac{C(s)}{R(s)}=\mathrm{e}^{-\tau s}$	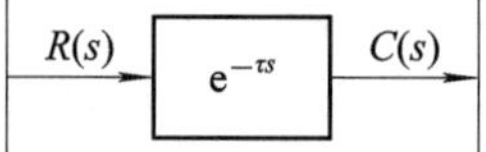	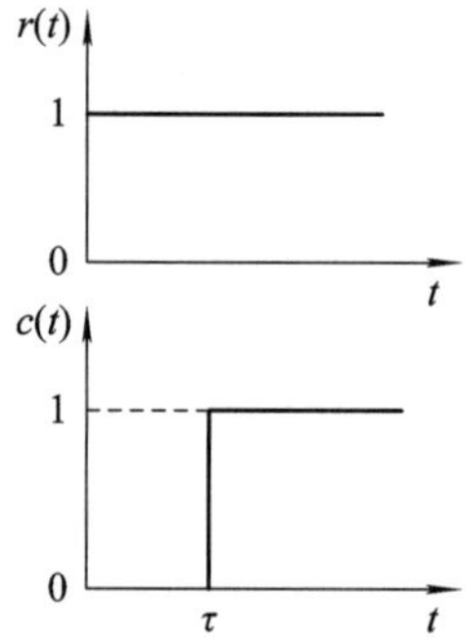

复习思考题

（1）生活中有哪些物理量之间是比例关系、积分关系或微分关系？

（2）常用的数学模型有哪些？

（3）传递函数的定义是什么？定义传递函数的前提条件是什么？如何将微分方程转换为传递函数？

（4）典型输入信号有哪些？分别适用于作为哪些控制系统的输入？

（5）比例系数、积分时间常数和微分时间常数分别对系统的时域响应有什么影响？

（6）惯性时间常数、阻尼比和滞后时间对各环节时域响应有什么影响？

（7）RLC 电路中，自然振荡角频率由哪些参数决定？

（8）系统中如何消除延迟环节的影响？

（9）积分环节和惯性环节的区别在哪里？什么条件下可以将惯性环节视为积分环节？什么条件下可以将惯性环节视为比例环节？

复习思考题答案

学习单元 3　LED 光强控制系统时域性能分析及 PID 控制

“课程思政”经典教学案例 4

1. 单元任务说明

随着 LED 光源的应用越来越广泛，人们对照明效率的要求也越来越高，这就需要对 LED 的光强进行有效、智能的控制及调节。

在本单元的任务 1 中，以 LED 光强控制系统为例，通过完成对光强开环及闭环控制系统的阶跃响应测试、性能分析实验，初步掌握如何对控制系统进行性能分析以及分析哪些性能；在任务 2 中，通过对 LED 光强控制系统进行 PID 控制的实验，理解比例、积分及微分控制及其参数对系统各性能的影响，从而为各类控制系统选择合适的 PID 控制策略奠定基础。

2. 教学目标及教学目标分解

教学目标

一般目标 Goals	具体目标 Objectives
知识：掌握 LED 光强开环控制系统的阶跃响应特点，掌握光强闭环控制系统的时域性能指标，掌握比例、积分、微分控制对系统性能的影响。 能力：能够对一阶系统进行时域分析，并根据系统性能要求，选择合适的 PID 控制器。 素养：辩证思维，工匠精神，团队精神	目标 1：绘制 LED 光强闭环控制系统的结构图，并描述各部分的功能及工作原理。 目标 2：列举控制系统性能分析常用的方法，并能说出各自的优缺点。 目标 3：说明控制系统稳定性的概念，并能使用劳斯判据判定系统稳定性。 目标 4：说明控制系统动态过程及动态性能指标的概念，并能定量分析系统的动态性能。 目标 5：说明控制系统稳态过程、稳态误差的概念，并能定量分析其稳态性能指标。 目标 6：说明 PID 控制器的基本结构及原理，分析控制器参数对系统性能的影响，并根据系统性能要求，设计 PID 控制器类型。 目标 7：小组合作完成实验、讨论并进行展示，评估其他同学的陈述是否正确。 目标 8：能够辩证地分析问题，在实践中体现精益求精的工匠精神和团队精神

教学目标分解表

知识维度	认知过程维度					
	记忆/回忆 (Remenber)	理解 (Understand)	应用 (Apply)	分析 (Analyze)	评价 (Evaluate)	创造 (Create)
事实性知识 (Factual Knowledge)		目标 3 目标 4 目标 5	目标 3 目标 4 目标 5	目标 3 目标 4 目标 5		
概念性知识 (Conceptual Knowledge)	目标 1 目标 2 目标 6	目标 1 目标 2		目标 6	目标 6	目标 6
程序性知识 (Procedural Knowledge)			目标 7		目标 7	
元认知知识 (Metacognitive Knowledge)			目标 8			

任务 3.1　LED 光强开环系统时域性能分析

◇ 任务内容及要求

对 LED 光强开环系统进行时域性能(Time Domain Performance)测试，并对其阶跃响应进行定量及定性分析，从而掌握该系统的阶跃响应特点。

◇ 任务准备

在任务准备部分，所需掌握的基本概念及理论知识主要包括：LED 光强控制系统的简介、时域性能分析的概念、动态过程的概念、稳态过程的概念、动态性能指标及稳态性能指标。

3.1.1　LED 光强控制系统简介

随着人类社会的不断发展，LED 光源作为新世纪科技的产物，使得照明进入了一个新时代，也解决了能源消耗的问题，被广泛应用于通用照明、景观照明、背光应用等。随着 LED 光源在我们生产生活中的应用越来越广泛，对其强度的控制要求也越来越高。

LED 光强控制系统一般由比较电路、功率放大电路、光强检测部分等组成，如图 3－1 所示。参考信号和光强反馈信号通过比较电路比较后得到系统的偏差，偏差信号通过功率放大电路后驱动 LED 光源发光，光强信号由光强检测部分转化为电信号后与参考信号进行比较。

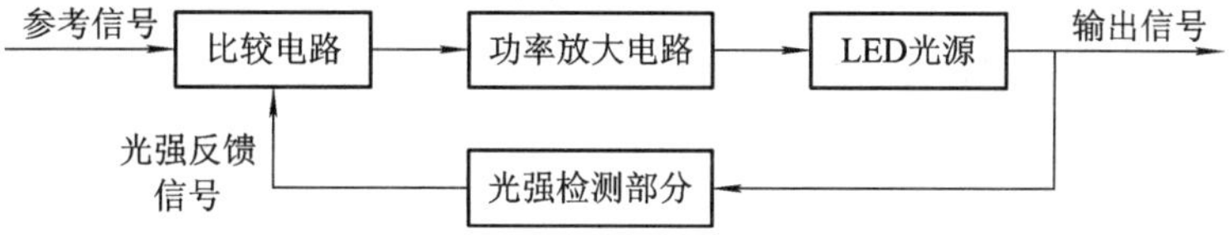

图 3-1 LED光强控制系统的组成

由学习单元1中闭环控制系统的基本结构可知，该LED光强闭环控制系统中的执行机构为功率放大器，被控对象为LED光源，反馈装置为光强检测部分。在实际应用中，输出信号往往无法直接得到，而是通过各种传感器等检测装置间接获得的。因此，一般情况下，将执行机构、被控对象和反馈装置视为整体，称为广义被控对象，如图3-2所示。

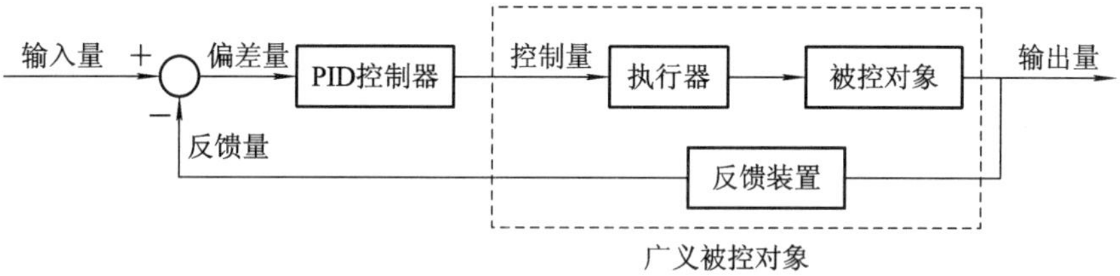

图 3-2 闭环控制系统的基本结构

3.1.2 时域性能分析

在确定了系统的被控对象及数学模型后，便可以根据设计时的性能要求，对系统的各项性能指标进行测试及定量分析。由学习单元1中的任务1.4自动控制系统性能基本要求可知，自动控制系统在特定的典型输入量的激励下产生输出响应，使得系统的输出量能够稳定、快速并准确地跟随输入量。因此，对控制系统进行性能测试及分析，就是将输出量与输入量进行比较。

控制系统常用的分析方法有时域分析法(Time Domain Analysis Method)、根轨迹法(Root Locus Method)和频域分析法(Frequency Domain Analysis Method)，不同的方法有其不同的适用特点及范围，其中时域分析法和频域分析法的用途最为广泛。时域分析法具有直观、准确的优点，但是其前提是需要知道系统的闭环传递函数。使用时域分析法分析系统性能时，需要在已知输入量时对微分方程进行求解，得到系统的输出量。由于微分方程求解相对比较复杂，因此时域分析法比较适合数学模型比较简单的系统。然而，随着计算机科学的发展，大量计算机辅助软件能够根据系统的微分方程、传递函数等数学模型，提供系统关于时间响应的信息，因此时域分析法的应用也越来越普遍。

1. 动态过程及其性能指标

动态过程(Dynamic Process)是系统从初始状态到最终状态的响应过程，即过渡过程或瞬态过程。所谓动态过程，即适应过程。例如，当人从平原地区突然进入高原地区时，都会出现“高原反应”，但是经过治疗及一段时间的自身调节后，人体会逐渐适应高原缺氧状态，此过程即为人体的动态过程。

工程中一般用零初始状态下的阶跃响应来考察其动态性能。一般情况下，阶跃信号作为一种突变信号，对控制系统来说是最恶劣的一种输入信号，如果在阶跃信号的作用下，系统依然能够有很好的动态性能指标，则在其他形式的信号输入下，其动态性能依然会比较好。斜坡响应一般用来分析系统的跟随特性，脉冲响应一般用来分析系统在扰动作用下的调节特性。

图 3-3 所示为常见系统单位阶跃响应曲线，其中图(a)为存在振荡的响应曲线，图(b)为单调变化的响应曲线。

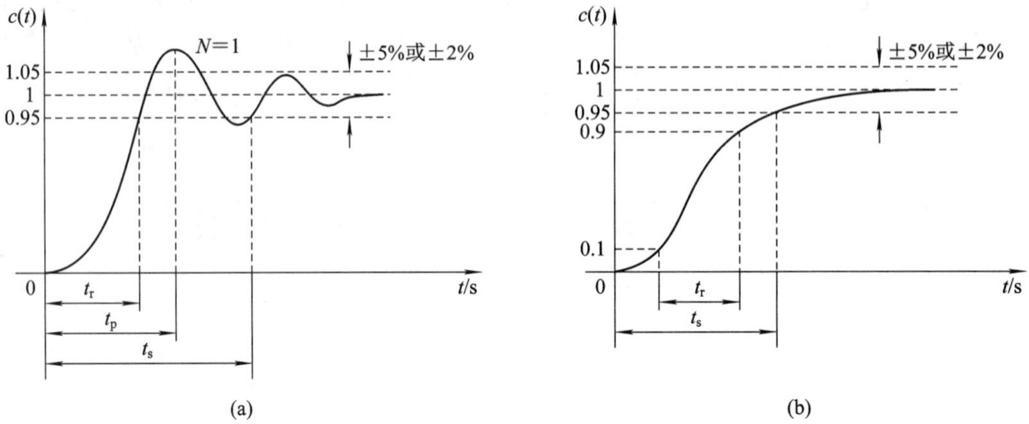

图 3-3　系统单位阶跃响应曲线

常用的描述系统动态性能指标(Performance Specifications)有下列几项：

上升时间(Rise Time)t_r：单调无超调响应时，上升时间为响应从稳态值的 10%到达稳态值的 90%所需的时间；振荡有超调响应时，上升时间为响应从零开始第一次到达稳态值所需的时间。

峰值时间(Peak Time)t_p：响应从零开始超过稳态值到达第一个峰值所需的时间。

调节时间(Settling Time)t_s：响应到达并保持在规定误差带(稳态响应 $c(\infty)$的±5%或±2%)内所需的最短时间。

超调量(Maximal Overshoot)$\sigma\%$：响应曲线第一个峰值和稳态值之差与稳态值之比的百分数，即

$$\sigma\% = \frac{c(t_p) - c(\infty)}{c(\infty)} \times 100\% \tag{3-1}$$

振荡次数(Oscillation Number)N：在调节时间t_s内响应曲线振荡的次数。理想状态下，希望振荡次数 $N=0.5$，振荡次数越多，说明系统的平稳性越差。

上升时间t_r、峰值时间t_p集中反映了系统的响应速度(快速性)，超调量 $\sigma\%$反映的是系统的稳定性或阻尼程度，调节时间t_s是反映系统响应速度、稳定性的综合性指标。

对于恒值控制系统，其主要控制目的是保持系统输出恒定，因此在对该类系统进行性能分析时，常用模拟扰动的单位脉冲信号作为时域性能分析的输入，得到系统的单位脉冲响应特性。当扰动消失后，稳定系统的响应曲线围绕原来的平衡状态上下波动，且波动的幅值逐渐衰减，即$\sigma_p' < \sigma_p$，最后重新回到平衡状态，如图 3-4 所示。

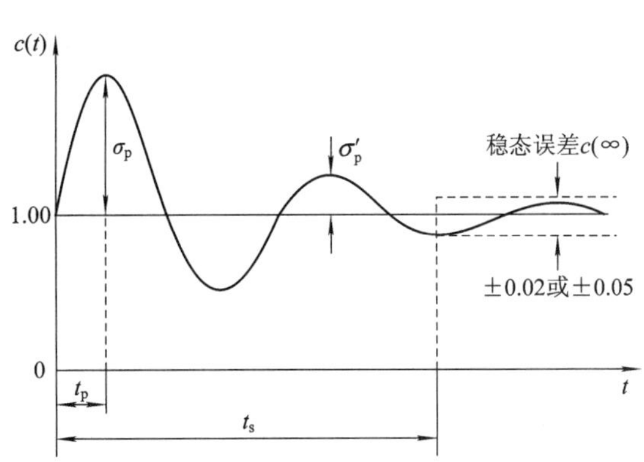

图 3-4 单位脉冲响应性能指标

2. 稳态过程及其性能指标

稳态过程(Steady-State Process)指系统在典型信号作用下，当时间 t 趋向于无穷时，系统输出量的表现方式。稳态过程又称为稳态响应，表征系统输出量最终复现输入量的程度。

稳态误差是描述系统稳态性能的一种性能指标。在稳态条件下，输出量的期望值与稳态值之间的误差称为系统稳态误差(Steady-State Error)。通常在阶跃、斜坡和加速度信号下进行测量或计算稳态误差。当时间 t 趋向于无穷时，系统的输出量不等于输入量或输入量的确定函数，则系统存在稳态误差。

◇ 任务实施

在任务实施部分，学生需要根据任务准备中对 LED 光强控制系统以及时域性能指标的介绍，完成关于 LED 光强开环系统阶跃响应的实验，并在对实验结果分析的基础上，了解系统辨识的概念，从而进一步理解知识拓展中关于一阶系统时域响应特点的内容。

3.1.3 实验模块 LED 光强开环系统时域性能分析

1. 实验目的

(1) 了解系统辨识的概念及方法；

(2) 掌握 LED 光强开环系统(即一阶系统)的动态性能。

2. 实验准备

本实验主要使用德国莱宝公司的光强模块为被控对象。按照表 3-1 准备实验材料并对实验设备进行熟悉。

表 3-1 实验材料清单

序号	名　称	数量	单位	备　注
1	直流电源模块	1	块	给其他模块供电
2	LED 光强被控模块	1	个	被控对象
3	数据采集模块	1	套	连接电脑及被控对象
4	电脑	1	套	用于显示输入、输出信号
5	导线	若干	根	

表 3 - 1 中，直流电源模块如图 3 - 5 所示。

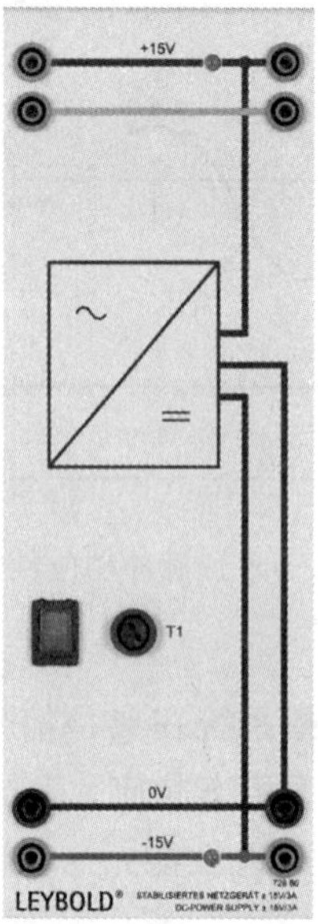

图 3 - 5　直流电源模块

该电源模块的主要功能为将 AC 220 V 整流为 DC ±15 V，从而为光强被控模块提供 DC 电源。光强被控模块如图 3 - 6 所示。

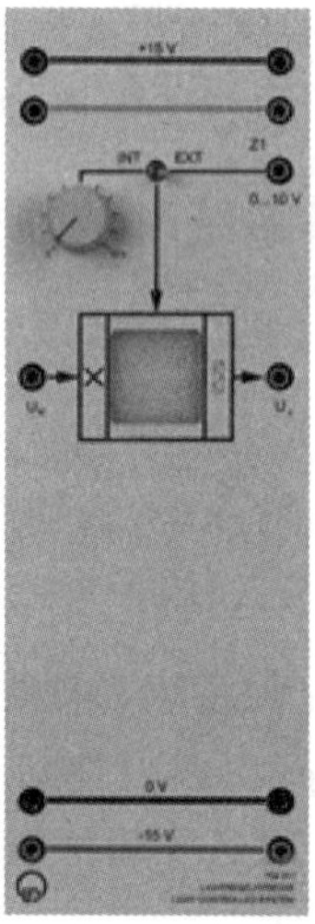

图 3 - 6　光强被控模块

该模块由用于照明的光源和光传感器组成。光源为 LED，不需要外部功率放大器，可直接供电，光电传感器使用硅光电二极管，内部配有使用电位计控制的干扰 LED，同时也可通过拨码开关(EXT)设置环境室内光作为被控系统的外部干扰量。该光强模块具有快速的 PT1(一阶系统)的动态响应。

数据采集模块 Profi-CASSY 如图 3－7 所示。

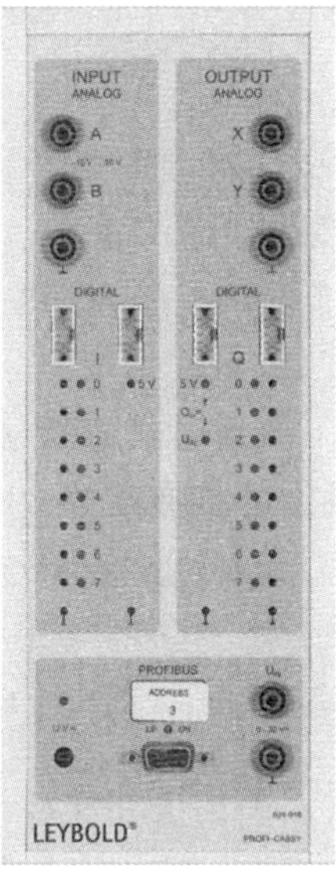

图 3－7　数据采集模块 Profi-CASSY

数据采集模块 Profi-CASSY 是一个智能接口模块，通过 USB 线连接到电脑，供电电源为直流 12 V。测试时，将接口单元通过 USB 与预装有 Cassylab 软件的电脑连接。该模块包含：16 通道数字输入 I0～I15、16 通道数字输出 Q0～Q15、2 通道电压输入 A 和 B、2 通道模拟输出 X 和 Y、1 个 PROFIBUS 接口、1 个 USB 接口和 1 个 CASSY-BUS。

注意事项：

建议该实验在半暗室或阴暗的角落里进行，如外部光线较强或存在波动，实验结果会有所不同。

3. 实验方法及步骤

(1) 搭建光强控制系统，系统接线图如图 3－8 所示。

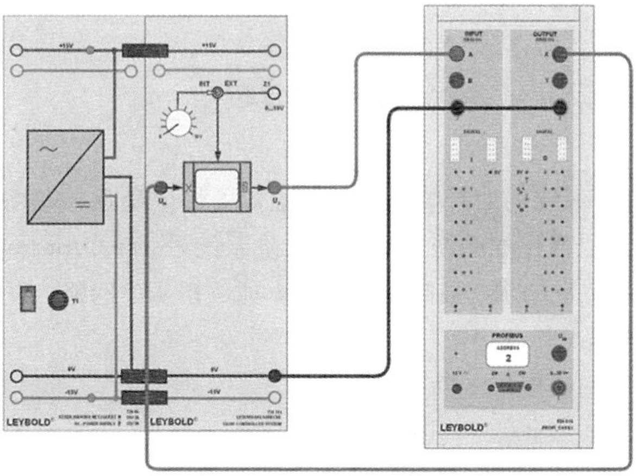

图 3－8　系统接线图

(2) 设置系统输入量为单位阶跃函数，观察并记录光强系统输入量及输出量，得到系统阶跃响应曲线。

4. 实验记录及分析

(1) 记录系统的输入量及阶跃响应曲线。

(2) 用语言描述光强控制系统阶跃响应曲线的特点。

(3) 计算该系统的上升时间、调节时间及稳态误差，并对系统的稳定性、准确性及快速性进行定性分析。

(4) 若将该系统近似为一阶系统，试通过其阶跃响应曲线估算出该一阶系统的时间常数 T 及其直流增益 K，从而得到该系统的传递函数。

知识拓展 1　系统辨识

建立系统数学模型的方法有两种：理论法和实验法。理论法是从系统工作机理出发，运用已知的定理和原理，找出系统的运行规律，从而推导出系统的数学模型，称为“白箱”问题。实验法是从系统运行和实验数据出发，通过给定系统输入量，测量并分析系统输出量，应用系统辨识的方法建立系统数学模型，称为“黑箱”问题。

系统辨识(System Identification)是在输入和输出数据的基础上，从一组给定的模型类中，确定一个与所测系统等价的模型。通过辨识建立数学模型的目的是估计表征系统行为的重要参数，建立一个能模仿真实系统行为的模型，用当前可测量的系统的输入和输出预测系统输出的未来演变，以及设计控制器。目前经典的系统辨识方法的发展已经比较成熟和完善，包括阶跃响应法、脉冲响应法、频率响应法、相关分析法、谱分析法、最小二乘法和极大似然法等。

凡是需要通过实验数据确定数学模型和估计参数的场合都要利用辨识技术，辨识技术已经推广到工程和非工程的许多领域，如化学化工过程、核反应堆、电力系统、航空航天飞行器、生物医学系统、社会经济系统、环境系统、生态系统等。

知识拓展 2　LED 光强开环系统时域性能分析

根据 LED 光强开环系统的时域响应曲线特点，可将该光强控制系统近似为一阶系统。凡是可以由一阶微分方程描述的系统，均称为一阶系统(First-Order system)，其典型形式为惯性环节。它是工程中最基本、最简单的系统，如一阶 RC 网络、发电机、热处理炉、水箱等，均可近似为一阶系统。

一阶系统微分方程的一般形式为

$$T\frac{\mathrm{d}c(t)}{\mathrm{d}t}+c(t)=r(t) \tag{3-2}$$

式中，$r(t)$为系统的输入量，$c(t)$为系统的输出量，T 为时间常数。

当系统初始条件为 0 时，通过拉氏变换，得到一阶系统的传递函数的一般形式为

$$\frac{C(s)}{R(s)}=\frac{1}{Ts+1} \tag{3-3}$$

一阶系统结构框图如图 3-9 所示。

时间常数 T 的量纲为“秒”，是一阶系统重要的特征参数，表征了系统过渡过程的品质，不同的系统时间常数 T 具有不同的物理意义。

将一阶系统的单位阶跃响应记作：

$$h(t)=\mathscr{L}^{-1}[C(s)]=\mathscr{L}^{-1}\left[\frac{1}{Ts+1}\cdot\frac{1}{s}\right]=1-e^{-\frac{t}{T}}\quad t\geqslant 0 \tag{3-4}$$

根据式(3-4)可得一阶系统的单位阶跃响应曲线，如图 3-10 所示。

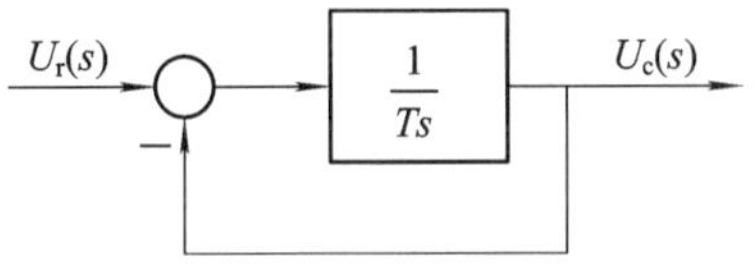

图 3-9　一阶系统结构框图

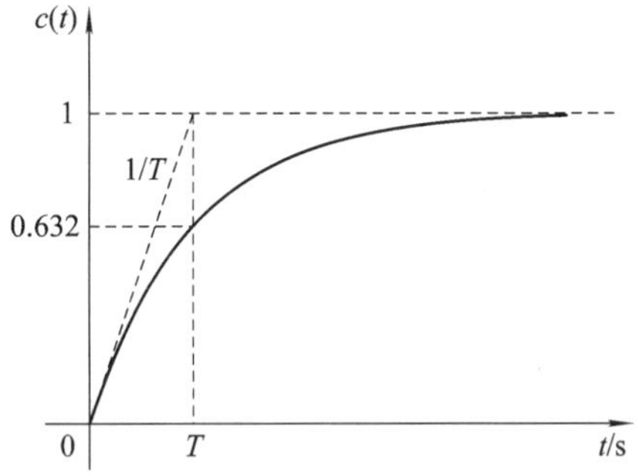

图 3-10　一阶系统单位阶跃响应

由一阶系统的单位阶跃响应可得出以下结论：

(1) 理想的一阶系统总是稳定的，没有振荡(无超调)。

(2) 时间常数 T 仅由系统内部结构参数决定，它反映系统的响应速度，可定义为系统响应达到稳态值的 63.2%所需要的时间，因此可以用实验的方法进行测量，从而得到惯性时间常数。

(3) 在 $t=0$ 处，响应曲线的切线斜率为 $1/T$。由此可见，时间常数 T 越大，系统的响应速度越慢。

(4) 经过(3-4)T 的时间，响应曲线已经达到稳态值的 95%～98%，可以认为系统调节过程结束，系统进入稳态，因此一阶系统的调节时间为

$t_s=3T$：取±5%误差带；

$t_s=4T$：取±2%误差带。

◇ 问题与思考

一阶系统时间常数 T 的大小对阶跃响应的性能指标有何影响？

◇ 评价与考核

完成任务内容后，教师根据表 3-2 所示的评价与考核标准，根据学生表现进行评分，总分为 100 分。具体评价标准可参考表 3-3 所示的评价标准。

表 3-2 评价与考核标准

课程名称：自动控制原理		学习单元 3：LED 光强控制系统时域性能分析及 PID 控制		
任务 1：LED 光强开环系统时域性能分析		授课教师：		授课学时：
课程性质：理实一体课程		综合评分：		
知识掌握情况评分(40 分)				
序号	知识考核点	教师评价	配分	实际得分
1	一阶系统时域响应特点		10 分	
2	一阶系统动态及稳态性能指标		20 分	
3	一阶系统稳准快分析		10 分	
工作任务完成情况评分(60 分)				
序号	能力考核点	教师评价	配分	实际得分
1	正确操作设备、仪器、仪表，独立完成光强开环系统的搭建		10 分	
2	得到系统阶跃响应曲线，正确估算出系统时间常数及增益，并对系统输出进行正确描述		30 分	
3	正确测量出系统的性能指标，并完成系统的定量分析和定性分析		20 分	

表 3-3 评 价 量 表

评价内容	评价要点	核心素养水平评价指标	自评	组评	师评
准备：理解基本概念	知道控制系统常用的分析方法，理解控制系统动态过程、稳态过程的概念，知道系统动态性能指标及稳态性能指标，掌握一阶系统的概念、数学模型及时域响应	水平 1：能较为完整地列举出控制系统常用的分析方法；能较为完整地陈述控制系统动态过程、稳态过程、一阶系统的概念；能较为完整地列举出系统动态性能指标及稳态性能指标，并能较为准确地陈述一阶系统时间常数对系统性能的影响			
		水平 2：能完整、准确地列举出控制系统常用的分析方法；能完整、准确地陈述控制系统动态过程、稳态过程、一阶系统的概念；能完整、准确地列举出系统动态性能指标及稳态性能指标，，并能准确地陈述一阶系统时间常数对系统性能的影响			
		水平 3：能完整、准确地列举出控制系统常用的分析方法，并说明各自的优缺点及适用范围；能完整、准确地陈述控制系统动态过程、稳态过程、一阶系统的概念，并能举例说明；能完整、准确地列举出系统动态性能指标及稳态性能指标，并加以说明，能准确地陈述一阶系统时间常数对系统性能的影响			

续表

评价内容	评价要点	核心素养水平评价指标	自评	组评	师评
实施：形成工程思维	能完成LED光强开环系统的搭建，并根据结果进行系统辨识，定量地分析一阶系统的动态性能	水平1：能在老师的指导下，完成LED光强开环系统的搭建，操作基本符合规范，并根据结果较为准确地进行系统辨识；能在老师的引导下，定量地分析一阶系统的动态性能			
		水平2：能根据所学理论，查阅资料，独立完成LED光强开环系统的搭建，操作符合规范，并根据结果准确地进行系统辨识；能准确地定量分析一阶系统的动态性能			
		水平3：能根据所学理论，查阅资料，独立完成LED光强开环系统的搭建，操作完全符合规范，并根据结果准确地进行系统辨识；能准确地定量分析一阶系统的动态性能，并能总结出时间常数对系统动态性能的影响			
	提出问题：能提出系统中关键参数之间的联系等有关问题	水平1：具有问题意识，能提出问题			
		水平2：能分析相关原理，提出可探究的问题			
		水平3：能针对具体系统，从不同角度提出并准确表述可探究的问题			
自查：交流与反思	与其他同学交流合作并反思，虚心听取老师及其他同学的发言，积极交流讨论	水平1：具有与他人交流、讨论问题的意识			
		水平2：能聆听其他同学的问题，并较为完整地表述自己的观点及问题			
		水平3：能用专业术语准确描述问题，提出解决问题的思路，并能虚心听取老师、同学的发言，与老师同学进行交流与反思			
评价：科学态度	体会学习、交流过程中的科学严谨性以及实事求是的态度，客观地对自我及他人进行评价，培养合作精神、团队意识、创新精神以及精益求精的工匠精神	水平1：知道学习需要有实事求是、精益求精的态度，知道需要客观地认识自我及他人，有与他人合作的意愿			
		水平2：有学习和研究工程问题的兴趣，有实事求是、精益求精的科学态度，能与他人合作，并能较为客观地对自己和他人进行评价			
		水平3：有较强的学习和研究工程问题的内在动机，既能客观评价自己及他人，又能通过别人的评价反思并不断提高自己，坚持实事求是的态度、精益求精的精神，能创造性地解决问题，合作中能坚持观点又能修正错误			

续表

评价内容	评价要点	核心素养水平评价指标	自评	组评	师评
学生总结	在本次任务中，我做得最出色的是 在本次任务中，我所做的努力是 在本次任务中，我所遇到的困难是				
教师评语					

任务 3.2　LED 光强闭环控制系统的 PID 控制

◇ 任务内容及要求

在建立了被控对象的数学模型并对被控对象的时域性能进行分析后，需要对整个控制系统的性能进行分析。若系统性能无法满足设计时的各项指标要求，则需要对控制系统进行调节与校正。在本任务中，学生需要搭建光强闭环控制系统，在分析其时域性能的基础上，对系统进行比例、比例积分、比例微分和比例积分微分控制，以掌握比例控制、积分控制、微分控制及其参数分别对系统性能的影响。

◇ 任务准备

在任务准备部分，所需掌握的基本概念及理论知识主要包括：PID 控制器及其应用、控制系统中存在的干扰等。

3.2.1　PID 控制

由学习单元 1 任务 1.2 中自动控制基本原理及方式可知，一个闭环控制系统一般由控制器、执行器、被控对象以及反馈装置组成。在研究 PID 控制时，往往将系统中的执行器、被控对象和反馈装置视为整体，称为广义被控对象，如图 3-11 所示。

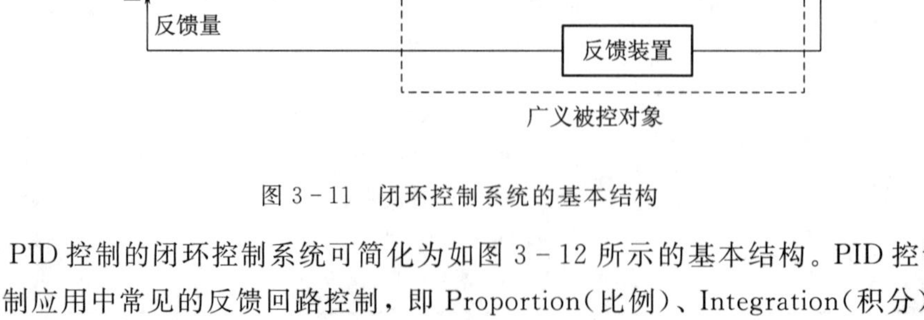

图 3-11　闭环控制系统的基本结构

此时 PID 控制的闭环控制系统可简化为如图 3-12 所示的基本结构。PID 控制是一个在工业控制应用中常见的反馈回路控制，即 Proportion（比例）、Integration（积分）、Differentiation（微分）控制，是一种闭环自动控制技术。

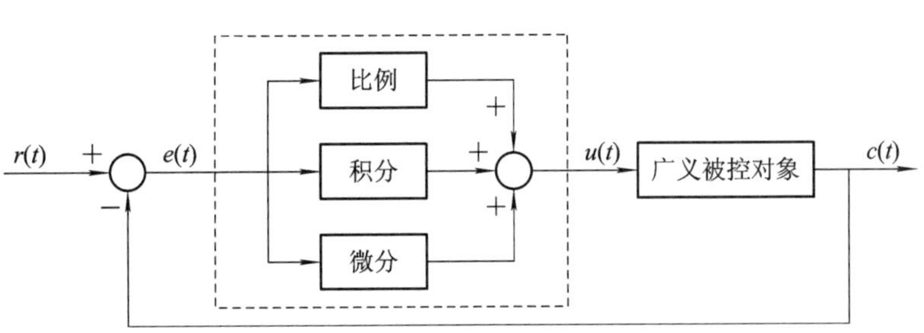

图 3-12　简化 PID 控制闭环控制系统的基本结构

PID 控制器问世至今已有近 70 年历史，它因其结构简单、稳定性好、工作可靠、调整方便而成为工业控制的主要技术之一。当被控对象的结构和参数不能完全掌握或得不到精确的数学模型，控制理论的其它技术难以采用时，系统控制器的结构和参数必须依靠经验和现场调试来确定，这时应用 PID 控制技术最为方便。PID 控制基本上解决了 95%以上工业中的控制问题。例如在空调和冰箱制冷系统中，压缩机的排气温度需要控制在一定温度值(设定值)以下，这个排气温度通常采用 PID 控制器来进行控制，其原理图如图 3-13 所示。

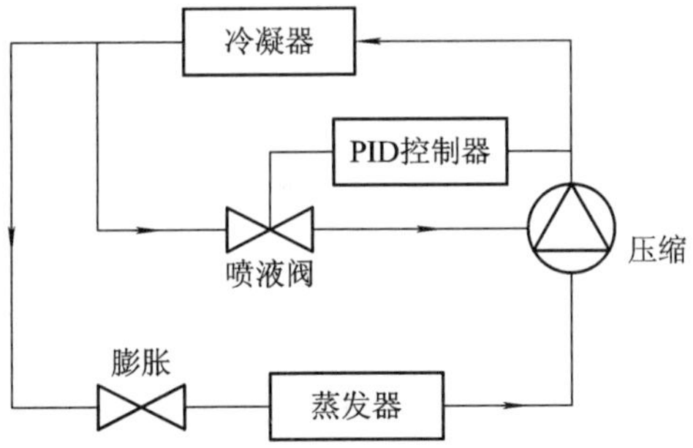

图 3-13　压缩机喷液控制系统原理图

图 3-13 中，喷液阀是一个步进电机控制的阀门，阀门开度越大，压缩机的排气温度越低；阀门开度越小，压缩机的排气温度越高。用温度传感器测量排气温度，即被测量。排气温度与设定的控制温度差，即为偏差。得到偏差之后，通过 PID 控制器控制喷液阀的开度(0～100%)，从而将压缩机的排气温度控制在一定的范围内。

PID 控制器是根据系统的误差，利用误差量的比例、积分、微分计算出控制量进行控制的。其基础是比例控制，积分控制可用来消除稳态误差，微分控制主要用来克服被控对象的滞后问题。PID 控制器的数学模型如下：

$$U(t)=K_{\mathrm{p}}\left[e(t)+\frac{1}{T_{\mathrm{i}}}\int_{-0}^{t}e(t)+T_{\mathrm{d}}\frac{\mathrm{d}e(t)}{\mathrm{d}t}\right] \tag{3-5}$$

式中，$U(t)$为控制量，$e(t)$为给定值与测量值的差，K_{p} 为比例系数，T_{i} 为积分时间常数，T_{d} 为微分时间常数。

当被控对象不同时，选择 PID 控制器的类型也不同，需要根据被控对象的不同特性进行选择。表 3-4 给出了不同控制系统时的控制器选择方案。

表 3-4　不同控制系统时的控制器选择方案

控制系统	P	I	PI	PD	PID
纯滞后时间			+		
比例环节		+	+		
死区时间较短的一阶系统	+	+	+	+	+
死区时间较短的二阶系统	+		+		+
高阶系统					+
纯积分环节和延迟环节	+		+	+	+

注：+表示适合的控制器类型。

在反馈控制系统中，比例控制取决于 t 时刻(即现在)误差信号的“瞬时值”，积分控制取决于时间 t 之前(即过去)误差信号的“积分”(阴影面积，横轴以上取“+”，横轴以下取“-”)，微分控制通过 t 时刻误差的“变化率”(即 t 时刻切线的斜率)来估计误差随时间增长还是衰减(即未来)，如图 3-14 所示。

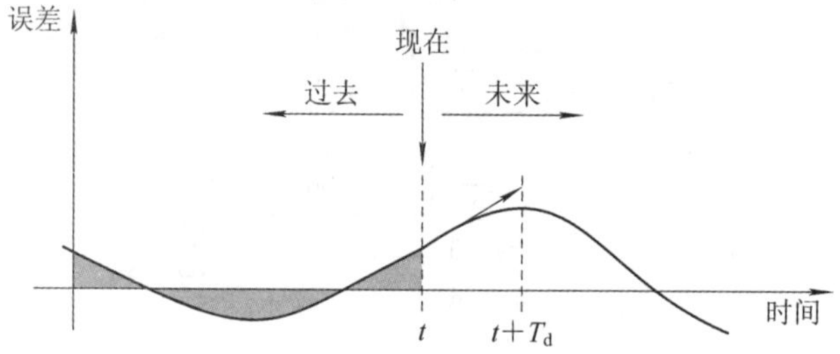

图 3-14　PID 控制器动作

3.2.2　控制系统中的干扰

在控制系统中，干扰(Disturbance)因素一定存在，除输入量以外，引起被控量变化的其他因素称为干扰因素。例如骑车过程中遇到的逆风，打开冰箱门时进入冰箱的热气等，都属于干扰因素，如图 3-15 所示。通常干扰因素都作用在被控对象上，其作用通常是破坏

逆风行驶　　打开冰箱门

图 3-15　干扰因素

了控制系统的平衡。干扰因素不止一个，例如自行车速度控制的干扰因素除逆风外，还可能有路面的情况，即上下坡及路面粗糙度不同等。

在进行控制系统设计时，必须充分考虑系统可能存在的干扰，如果干扰比较频繁或严重，对控制目标产生较大的影响，则必须采取抗干扰措施以保证控制系统能正常运行。

◇ 任务实施

在任务实施部分，学生需要根据任务准备中对 PID 控制器的介绍，完成对 LED 光强闭环控制系统进行 PID 控制的实验，并在对实验结果分析的基础上，掌握比例、积分、微分控制及其参数对系统动态及稳态性能的影响。

3.2.3 实验模块一 光强闭环控制系统比例控制实验

1. 实验目的

(1) 掌握闭环控制系统的基本结构；

(2) 掌握比例控制对闭环控制系统性能的影响；

(3) 掌握稳定性的概念及充要条件，了解常用稳定判据。

2. 实验准备

按照表 3-5 准备实验材料并对实验设备进行熟悉。

表 3-5 实验材料清单

序号	名　称	数量	单位	备　注
1	直流电源	1	块	给其他模块供电
2	给定单元	1	个	给 LED 光源设置输入量
3	PID 控制器模块	1	个	
4	LED 光强被控模块	1	个	被控对象
5	数据采集模块	1	套	连接电脑及被控对象
6	电脑	1	套	用于显示输入、输出信号
7	导线	若干	根	

表 3-4 中，给定单元的示意图如图 3-16 示，该模块可产生−10～10 V 或 0～10 V 的参考电压。

PID 模块示意图如图 3-17 所示，该模块可分别设置为比例、积分、微分控制器，增益 K_p、积分时间常数 T_i、微分时间常数 T_d 可通过相应旋钮单独调节。

图 3-17 中：

1/21——+15 V 供电电压；

2/20——+5 V 总线，内部没有连接；

3——过载指示；

4——控制偏差显示；

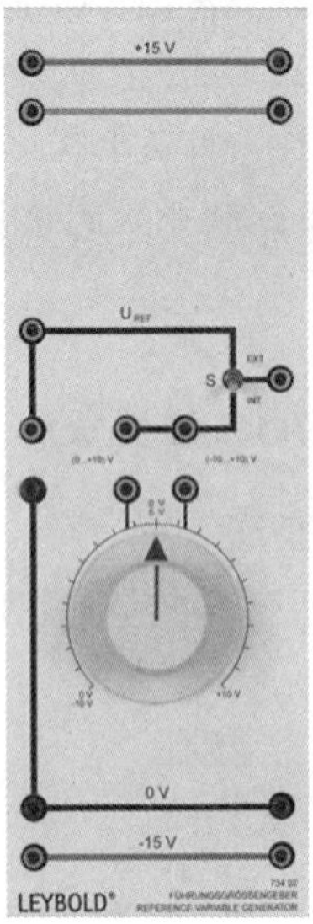

图 3-16　给定单元示意图

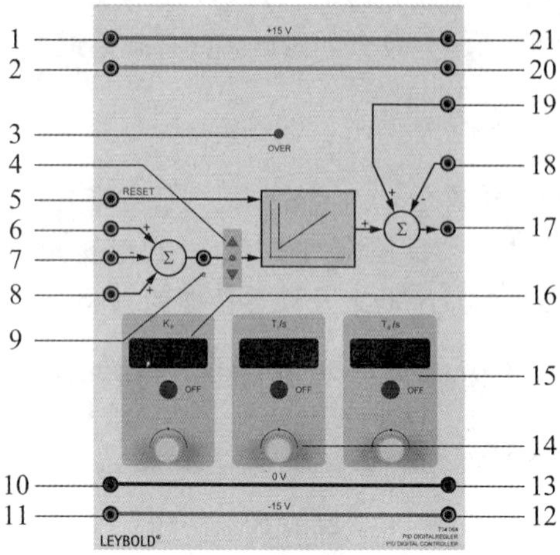

图 3-17　PID 模块示意图

5——RESET(重置)输入；

6/8——正向输入接口；

7——反向输入接口；

9——差值信号输出(误差信号，e)；

10/13——接地；

11/12——-15 V 供电电压；

14——积分单元操作及显示面板；

15——微分单元操作及显示面板；

16——比例单元操作及显示面板；

17——PID 输出；

18——输出求和点的反向输入接口；

19——输出求和点的正向输入接口。

3. 实验方法及步骤

(1) 搭建光强闭环控制系统，如图 3-18 所示。

(2) 将 PID 控制器设置为比例控制器，比例系数 $K_p=3$。

(3) 观察并记录光强闭环控制系统的输入量及输出量，并计算系统的上升时间、调节时间及稳态误差。

(4) 给光强控制系统加入干扰信号，观察系统输出量、系统的稳态误差发生了什么变化。

(5) 不断增大比例控制器比例系数，观察光强控制系统输出量变化。

4. 实验记录及分析

(1) 绘制不同比例系数时光强闭环控制系统的输入量与输出量的曲线。

(2) 记录不同比例系数时系统的上升时间、调节时间及稳态误差，填入表 3-6 中。

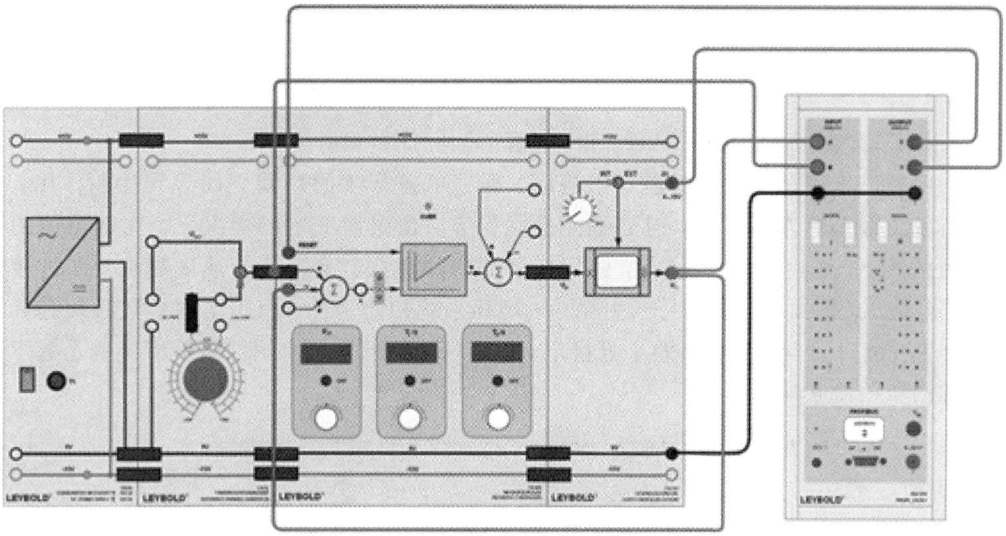

图 3-18 光强闭环控制系统接线图

表 3-6 不同比例系数时闭环系统性能指标

比例系数	上升时间 t_r/s	调节时间 t_s/s (5%)	稳态误差 e_{ss}

(3) 总结比例控制的优缺点以及比例系数 K_p 对系统稳定性、准确性及快速性的影响。

(4) 分析比例控制能否消除系统的稳态误差。

知识拓展 1 比例控制及其对系统性能的影响

PID 控制器比例部分的数学表达式为 $K_p * e(t)$，其实质为比例环节。工作于线性状态下的放大器，由于其惯性很小，因此也近似地视为一个比例控制器，如图 3-19 所示。

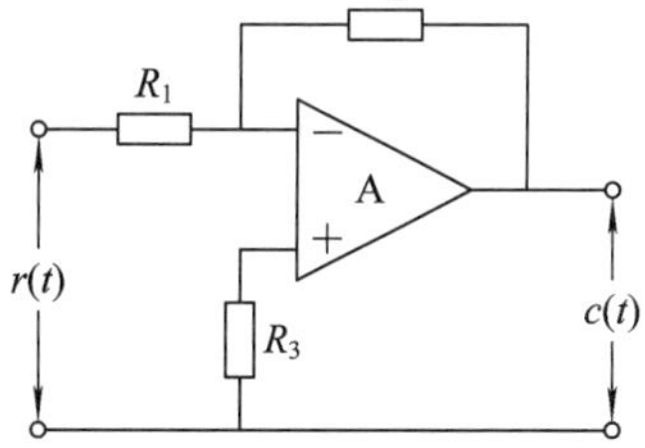

图 3-19 P 调节器有源电路

其微分方程为

$$c(t)=-\frac{R_2}{R_1}r(t) \tag{3-6}$$

进行拉氏变换后，得到其传递函数为

$$G(s)=-\frac{R_2}{R_1} \tag{3-7}$$

其系统框图如图 3－20 所示。

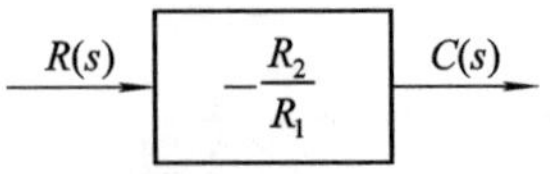

图 3－20　比例控制器电路的系统框图

比例控制的作用是实时对偏差做出响应，即在偏差产生的瞬间立即起到控制作用，使控制量向减少偏差的方向变化，但是不能消除误差。在误差一定的情况下，比例控制的强弱由比例系数 K_p 来控制，K_p 越大，比例控制的作用越强，系统响应速度越快，即过渡过程越快；但是 K_p 越大，也越容易产生振荡，破坏系统的稳定性。因此比例系数必须选择恰当，才能使过渡时间少、稳态误差小且稳定。图 3－21 所示为在比例控制下当比例系数不同时某系统的单位阶跃响应曲线。

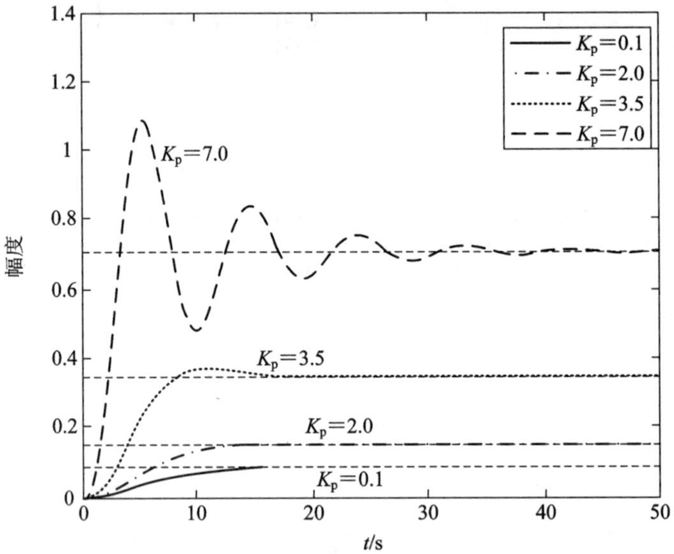

图 3－21　比例系数不同时某系统的单位阶跃响应(比例控制)

在本实验模块中，当不断增大系统比例控制器的比例 K_p 时，发现光源的发光强度越来越大，对应数据显示端显示的系统输出量不断增加，但是始终无法消除系统的稳态误差 e_{ss}，其值为

$$e_{ss}=\frac{1}{1+K_o} \tag{3-8}$$

式中，K_o为系统开环增益。

在实际控制系统中，$K_o=K_p\cdot K_s$，其中K_s由系统本身结构决定，无法改变，因此，若要减小比例控制下的光强系统稳态误差，只能增加比例系数K_p。

当系统的比例系数 K_p 增大到一定值时，LED 灯开始闪烁，数据显示端的输出信号开始出现振荡，K_p 值越大，闪烁程度越明显，对应数据显示端的输出信号的振荡幅度越大。由此可见，当系统比例系数增加时，虽然减小了系统的稳态误差，但是牺牲了系统的相对稳定性。对于一阶系统，理论上无论比例系数 K_p 增大到何值，系统都不会出现振荡，但是实际的控制系统中往往存在延迟环节，会降低系统的稳定性，因此比例系数 K_p 一般不宜过大。

知识拓展2 稳定性分析

学习单元一中已经提到，稳定性(Stability)是自动控制系统能够正常工作的首要条件。在自动控制系统发展的过程中，稳定性也是最早涉及的需要解决的实际问题。例如，离心调速器的发明解决了蒸汽机转速不稳的问题，麦斯韦尔提出了二阶、三阶系统的稳定性代数判据。一般情况下，如果输出量能够跟随输入量变化，则该系统即为稳定系统。需要注意的以下几点：

(1) 稳定性是控制系统本身的固有特性，只由系统本身的结构及参数决定，与输入信号的形式无关。

(2) 对于线性系统，系统稳定性与初始值偏差量无关。如果系统稳定，则称为“大范围稳定”。实际生产中，并没有纯线性系统，往往需要将系统进行线性化处理，近似为线性系统后进行分析，称为“小偏差”稳定性。

(3) 控制理论中所讨论的稳定性都是零输入响应下的稳定性。

1. 稳定的充要条件(Necessary Condition for Stability)

线性定常系统稳定的充分必要条件是系统闭环特征方程的所有根的实部均小于零。如果按照闭环极点在 S 平面上的分布来讨论稳定性，则线性定常系统稳定的充分必要条件是系统的闭环极点都位于 S 平面的左半边，即

$$\mathrm{Re}[s_i] < 0$$

而 $\mathrm{Re}[s_i]>0$，系统不稳定；$\mathrm{Re}[s_i]=0$，系统临界稳定。实际上临界稳定状态很难维持，并极有可能导致系统不稳定。因此，临界稳定也可看做是不稳定状态。

2. 稳定判据(Criterion of Stability)

根据稳定条件 $\mathrm{Re}[s_i]<0$ 判断系统的稳定性，需要解出系统全部的特征根。对于高阶系统，求根的工作量很大，所以一般不用直接求特征根的方法，而用一种间接判别系统特征根是否具有全部负实部的方法，这种方法称为代数稳定判据。

代数稳定判据就是一种利用特征根的系数，运用代数运算来确定特征根在 S 平面中的位置，并判断系统稳定性的方法。下面介绍赫尔维茨(Hurwitz)和劳斯(Routh)稳定判据。

1) 赫尔维茨判据(Hurwitz Criterion)

设 n 阶系统的特征方程为

$$D(s) = a_0 s^n + a_1 s^{n-1} + \cdots + a_{n-1} s + a_n = 0 \tag{3-9}$$

则系统稳定的充分必要条件为

(1) 特征多项式中各项系数大于零，即

$$a_i > 0 \quad i = 1, 2, \cdots, n$$

(2) 在由特征多项式各项系数构造的 n 阶行列式 D_n 中，各奇数子行列式或各偶数子行列式大于零，即

$$D_1 > 0, D_3 > 0, D_5 > 0, \cdots$$

或

$$D_2>0,\ D_4>0,\ D_6>0,\ \cdots$$

其中：

$$D_1=a_1$$

$$D_2=\begin{vmatrix} a_1 & a_3 \\ a_0 & a_2 \end{vmatrix}$$

$$D_3=\begin{vmatrix} a_1 & a_3 & a_5 \\ a_0 & a_2 & a_4 \\ 0 & a_1 & a_3 \end{vmatrix}$$

$$\vdots$$

$$D_n=\begin{vmatrix} a_1 & a_3 & a_5 & \cdots & a_{2n-1} \\ a_0 & a_2 & a_4 & \cdots & a_{2n-2} \\ 0 & a_1 & a_3 & \cdots & a_{2n-3} \\ 0 & a_0 & a_2 & \cdots & a_{2n-4} \\ 0 & 0 & a_1 & \cdots & a_{2n-5} \\ \vdots & \vdots & \vdots & & \vdots \\ 0 & 0 & 0 & \cdots & a_n \end{vmatrix}$$

2）劳斯判据(Routh Criterion)

设线性系统的特征方程为

$$D(s)=a_0 s^n+a_1 s^{n-1}+\cdots+a_{n-1}s+a_n=0 \tag{3-10}$$

各项系数如表 3-7 所示，则线性系统稳定的充分必要条件为：劳斯表中第一列所有元素符号相同(大于零)。如果劳斯表中第一列出现负数，则第一列各项符号改变的次数代表系统特征方程具有正实部根的数目。

表 3-7 劳 斯 表

s^n	a_0	a_2	a_4	a_6	$\cdots$
s^{n-1}	a_1	a_3	a_5	a_7	$\cdots$
s^{n-2}	$c_{13}=\dfrac{a_1a_2-a_0a_3}{a_1}$	$c_{23}=\dfrac{a_1a_4-a_0a_7}{a_1}$	$c_{33}=\dfrac{a_1a_6-a_0a_7}{a_1}$		
s^{n-3}	$c_{14}=\dfrac{c_{13}a_3-a_1c_{23}}{c_{13}}$	$c_{24}=\dfrac{c_{13}a_5-c_{33}a_1}{c_{13}}$	$\cdots$		
$\vdots$	$\vdots$	$\vdots$	$\vdots$		
s^2	$c_{1,n-1}$	$c_{2,n-1}$			
s^n	a_0	a_2	a_4	a_6	$\cdots$
s	$c_{1,n}$				
s^0	$c_{1,n+1}=a_n$				

3）相对稳定性及稳定裕度

赫尔维茨和劳斯判据主要用于判断系统是否稳定和确定系统参数的允许范围，不能给出系统稳定的程度，即不能表明特征根s_i距离虚轴的远近。若一个控制系统负实部特征根紧靠虚轴，则尽管是在 s 平面左半平面，满足稳定的条件，但动态过程将响应缓慢，有时超调过大，甚至会由于内部参数发生微小的变化，使得特征根s_i转移到 s 平面左右半平面，导致系统不稳定。

为确保系统具有一定的稳定裕度，并且具有较好的动态性能，希望特征根s_i位于 s 平面左半平面，且与虚轴有一定距离 σ，称之为相对稳定性或稳定裕度。如图 3－22 所示，σ 表示系统的相对稳定性和稳定裕度。为了运用上述判据，引入 p 平面的概念，用新的变量 $p=s+\sigma$ 代入原系统的特征方程，即将 s 平面的虚轴左移一个值 σ。因此判断以 p 为变量的系统稳定性，相当于判断原系统的相对稳定性，若满足稳定条件，说明系统不但稳定，而且所有特征根s_i全部位于 $-\sigma$ 垂线的左边。

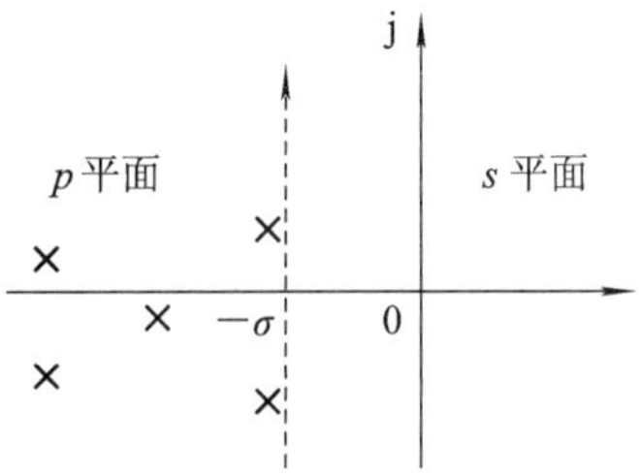

图 3－22　相对稳定性

3.2.4　实验模块二　光强闭环控制系统的比例积分控制实验

1. 实验目的

（1）掌握比例积分控制对系统性能的影响；

（2）归纳总结积分时间常数对系统性能的影响；

（3）掌握系统稳态误差的概念及一般计算方法。

2. 实验准备

按照表 3－4 准备实验材料并对实验设备进行熟悉。

3. 实验方法及步骤

（1）搭建光强闭环控制系统；

（2）将 PID 控制器设置为比例积分控制器，比例系数 $K_p=2$，积分时间常数 $T_i=0.2$ s；

（3）记录并观察光强闭环控制系统的输入量与输出量；

（4）固定比例系数，增大或减小积分时间常数，记录并观察光强闭环控制系统的输入量与输出量；

（5）给系统加入干扰信号（或用手遮挡光源），再次运行系统，观察系统输出量的变化。

4. 实验记录及分析

（1）绘制不同积分时间常数时光强闭环控制系统的输入量与输出量曲线。

(2) 分析相对于比例控制，当加入积分控制后系统的动态性能和稳态性能有何变化。

(3) 分析当积分时间常数不断减小(即积分作用不断增强)时系统的稳定性、准确性及快速性有何变化。

(4) 分析当给系统加入干扰时系统的输出量有何变化，当系统存在干扰时积分控制能否消除系统的稳态误差。

知识拓展 3　比例积分控制及其对系统性能的影响

PID 控制器积分部分的数学表达式为：$\frac{K_p}{T_i}\int_0^t e(t)\mathrm{d}t$，其实质为积分环节。从表达式中我们可以看出，只要偏差 $e(t)$存在，积分的作用就会不断增加；当偏差 $e(t)=0$ 时，积分保持为一个常数，具有"记忆"功能，其结果是对过去偏差的积累，因此，增加积分项有助于消除系统的静态误差。增加积分控制虽然会消除稳态误差，但同时也会降低系统的响应速度，增加系统的超调量。积分时间常数 T_i越大，积分的作用越小，系统在过渡时振荡越小，但消除稳态误差需要的时间越长；反之，积分时间常数 T_i越小，积分作用越大，系统在过渡时振荡越大，消除稳态误差需要的时间越短。所以必须选择合适的积分时间常数。图 3-23 所示为在比例积分控制下，当积分时间常数不同时某系统的阶跃响应曲线。

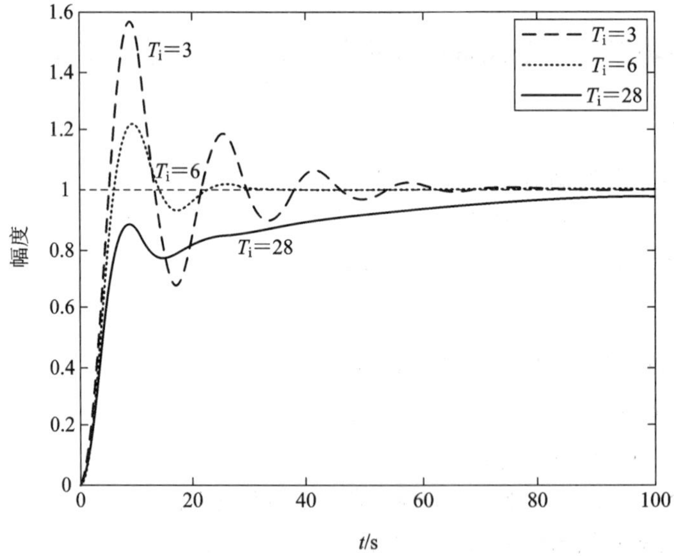

图 3-23　积分时间常数不同时某系统的单位阶跃响应(比例积分控制)

实际的控制系统中很少单独使用积分控制，常常与比例控制组合使用，能够使系统快速稳定并且没有稳态误差。比例-积分控制器又名 PI 调节器。图 3-24 所示为 PI 调节器的电路图。

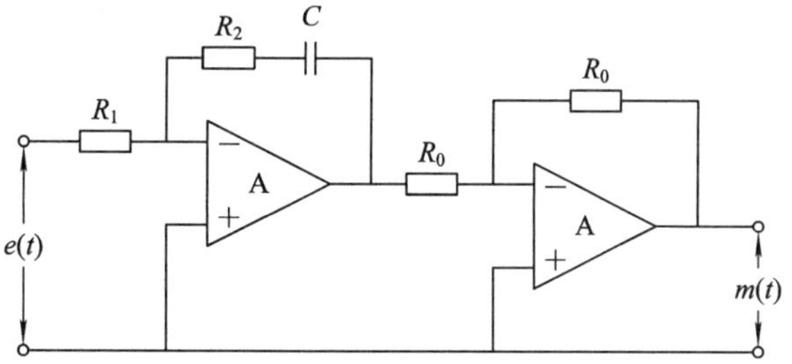

图 3-24 PI 调节器有源电路

图 3-24 中，第二个运放的作用是反相器，用于改变第一个运放输出信号的符号。在复数域对图 3-24 进行分析可推导出：

$$\frac{M(s)}{E(s)}=G_c(s)=\frac{R_2}{R_1}\left(1+\frac{1}{R_2Cs}\right)=K_p\frac{T_is+1}{T_is} \quad (3-11)$$

其对应的微分方程为

$$m(t)=K_pe(t)+\frac{K_p}{T_i}\int_0^t e(\tau)\mathrm{d}\tau \quad (3-12)$$

式中，$K_p=\frac{R_2}{R_1}$，$T_i=R_2C$。

PI 调节器的可调参数是T_i和K_p。如果仅从系统稳定性这个角度去考虑，显然T_i越大越好，K_p越小越好。但如果T_i值太大，K_p值过小，则使 PI 调节器的控制作用不灵敏，它的输出就不能及时地反映输入量 $e(t)$的变化，从而导致系统的输出响应缓慢。尤其是当系统受到突加负载时，就会产生输出幅度较大的动态速降。因此，对 PI 调节器参数的调整，应根据对系统性能的实际要求进行。

知识拓展 4　系统的稳态误差

1. 误差(Error)及稳态误差(Steady-State Error)

系统误差一般用 $e(t)$表示，泛指期望值与实际值之差。典型反馈控制系统的结构图如图 3-25 所示。

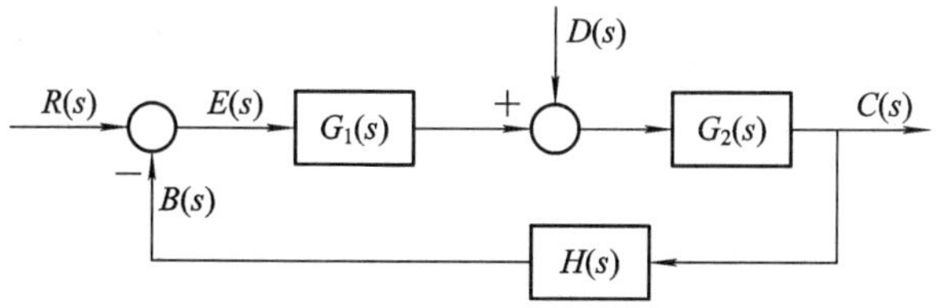

图 3-25 典型反馈控制系统结构图

图 3-25 中，$R(s)$为系统输入量 $r(t)$的拉氏表达式；$D(s)$为扰动信号 $d(t)$的拉氏表达式；$C(s)$为实际输出 $c(t)$的拉氏表达式；$B(s)$相当于实际输出 $c(t)$的测量值 $b(t)$(也称为反馈量)的拉氏表达式，$H(s)$为反馈通道传递函数，即检测元件的传递函数。

系统误差的定义有两种，一种是在系统的输出端定义，其计算公式为

$$e(t)=c'(t)-c(t) \tag{3-13}$$

式中，$c'(t)$为系统的期望输出量，系统误差定义为系统期望值与实际值之差。该定义方式虽然具有一定的数学意义，但是由于系统的实际输出值无法直接测量，因此通常采用另外一种定义方式，即在系统输入端定义，其计算公式为

$$e(t)=r(t)-b(t) \tag{3-14}$$

若系统为单位负反馈，即 $H(s)=1$，则

$$b(t)=c(t) \tag{3-15}$$

这种定义方式中的反馈量可以直接从系统的检测装置端获得，因此具有一定的实际物理意义。

误差 $e(t)$也称为系统的误差响应，它反映了系统跟踪输入信号 $r(t)$和抑制扰动信号 $d(t)$的能力和精度。图 3-26(a)为系统单位阶跃响应曲线，图(b)为系统误差曲线。

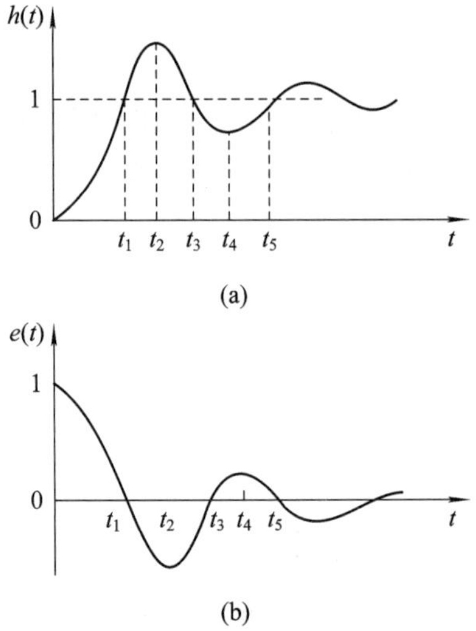

图 3-26　系统阶跃响应及误差信号

当给控制系统加入单位阶跃信号时，系统经过一段时间的动态过程最终进入稳态，在系统动态调整的过程中，系统误差随着时间不断变化，直到系统进入稳态，系统误差不再变化，因此将误差信号分为瞬态分量$e_{ts}(t)$和稳态分量$e_{ss}(t)$。其中瞬态分量$e_{ts}(t)$当时间趋向于无穷大时，最终趋于零，即

$$e_{ts}(\infty)=0 \tag{3-16}$$

瞬态分量在一定程度上反映了系统误差随着时间变化的规律，但是实际意义并不大，因此一般不做具体研究。实际中，主要是考虑控制过程平稳下来以后的误差，即稳态分量。

稳态分量即误差信号在时间 t 趋于无穷大时的值，称为稳态误差，即

$$e_{ss}(\infty)=\lim_{t\to\infty}e(t)=\lim_{s\to0}sE(s) \tag{3-17}$$

稳态误差是衡量系统最终控制精度的重要性能指标。

2. 稳态误差计算

误差响应 $e(t)$的求解与系统输出 $c(t)$一样，对于高阶系统是比较困难的。这里介绍一种稳态误差的计算方法。

根据系统开环传递函数中包含积分环节的个数，对系统进行分类，设某系统开环传递函数为

$$G(s)H(s)=\frac{K}{s^{v}}G_0(s) \tag{3-18}$$

式中，$G_0(s)$中不含积分环节，且$G_0(0)=1$；v 表示系统型别。

$v=0$ 时的系统称为 0 型系统；$v=1$ 时的系统称为Ⅰ型系统；$v=2$ 时的系统称为Ⅱ型系统；$v=3$ 时的系统称为Ⅲ型系统；依此类推。对于同一输入信号，一般情况下 v 越大，系统的稳态精度越高，但是系统的稳定性越差。实际应用中，一般采用 0 型、Ⅰ型和Ⅱ型系统。

各型系统在不同典型输入信号激励的情况下，稳态误差也不同，其大小与系统的稳态误差系数有关。按照系统输入信号的类型不同，常见的系统的稳态误差系数有：静态位置误差系数(Static Position Error Constant)K_p、静态速度误差系数(Static Velocity Error Constant)K_v和静态加速度误差系数(Static Acceleration Error Constant)K_a。

当输入为阶跃信号，即 $r(t)=R\cdot1(t)$时，各型系统的稳态误差系数称为静态位置误差系数，则

$$K_p=\lim_{s\to0}G(s)H(s) \tag{3-19}$$

此时，系统稳态误差为

$$e_{ss}(\infty)=\frac{R}{1+K_p} \tag{3-20}$$

当输入为斜坡信号，即 $r(t)=R\cdot t$ 时，各型系统的稳态误差系数称为静态速度误差系数，则

$$K_v=\lim_{s\to0}sG(s)H(s) \tag{3-21}$$

此时，系统稳态误差为

$$e_{ss}(\infty)=\frac{R}{K_v} \tag{3-22}$$

当输入为加速度信号，即 $r(t)=R\cdot t^2/2$ 时，各型系统的稳态误差系数称为静态加速度误差系数，则

$$K_a=\lim_{s\to0}s^2G(s)H(s) \tag{3-23}$$

此时，系统稳态误差为

$$e_{ss}(\infty)=\frac{R}{K_a} \tag{3-24}$$

在不同的参考输入信号下，常用各型系统的稳态误差系数及稳态误差如表 3-8 所示。

表 3-8 参考输入信号作用下系统的稳态误差系数及稳态误差

系统型别 v	输入量 $R(s)$			稳态误差系数		
	R/s	R/s^2	R/s^3	K_p	K_v	K_a
0	$\frac{R}{1+K_p}$	∞	∞	K	0	0
1	0	$\frac{R}{K_v}$	∞	∞	K	0
2	0	0	$\frac{R}{K_a}$	∞	∞	K

表 3-7 中，R 为常量。对于 0 型系统，当系统输入为单位阶跃信号时，其稳态位置误差信号K_p为开环增益 K，则系统的稳态误差为 $1/(1+K_p)=1/(1+K)$。同理，当输入为单位斜坡信号时，其稳态速度误差信号为 0，则系统稳态速度信号为 $1/K_v=\infty$。依此类推，各型系统在求得其开环增益后，即可通过查表的方法，获得系统的稳态误差。

3.2.5 实验模块三 光强闭环控制系统的比例微分控制实验

1. 实验目的

(1) 掌握比例微分控制对系统性能的影响；

(2) 归纳总结微分时间常数对系统性能的影响。

2. 实验准备

按照表 3-4 准备实验材料并对实验设备进行熟悉。

3. 实验方法及步骤

(1) 搭建光强闭环控制系统。

(2) 将 PID 控制器设置为比例微分控制器，比例系数 $K_p=2$，微分时间常数 $T_d=0.01$ s；

(3) 记录并观察光强闭环控制系统的输入量与输出量。

(4) 固定比例系数，增大或减小微分时间常数，记录并观察光强闭环控制系统的输入量与输出量。

4. 实验记录及分析

(1) 绘制不同微分时间常数时光强闭环控制系统的输入量与输出量曲线。

(2) 分析相对于比例控制，当加入微分控制后系统的动态性能和稳态性能有何变化。

(3) 分析当微分时间常数不断增加(即微分作用不断增强)时系统的稳定性、准确性及快速性有何变化。

知识拓展 5 比例微分控制及其对系统性能的影响

PID 控制器微分部分的数学表达式为 $K_p * T_d \frac{\mathrm{d}e(t)}{\mathrm{d}t}$，其实质为微分环节。控制系统除了希望消除稳态误差以外，还要求加快调节过程，使过渡过程尽量短。因此，在偏差出现的一瞬间，或在偏差发生变化的一瞬间，不但要求系统对偏差立即做出响应(比例控制的作用)，还要求系统对偏差的变化趋势做出预判并进行相应的纠正。基于这个目的，引入了微分控制。如图 3-27 所示为某系统在比例微分控制下，微分时间常数 t_{ou} 不同时的阶跃响应曲线。

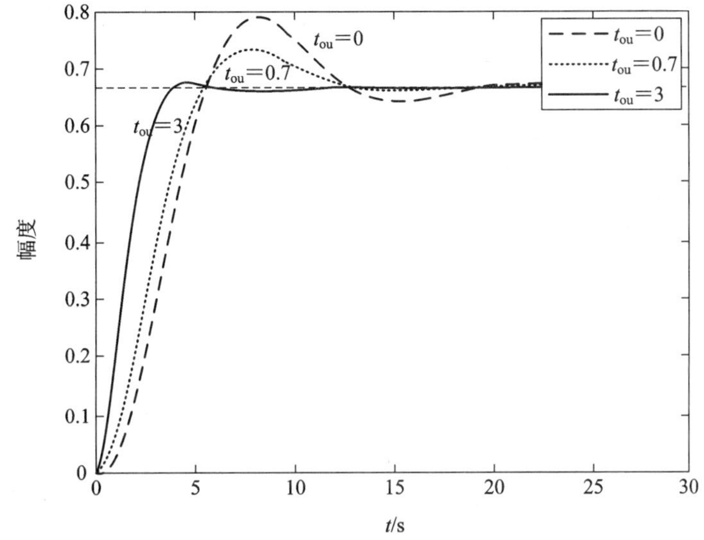

图 3-27　微分时间常数不同时某系统的单位阶跃响应(比例微分控制)

微分控制的目的是阻止偏差变化。偏差变化得越快，微分控制的作用越大，并能在偏差变大之前预先做出响应，从而阻止偏差的变化。微分项的引入，增加了控制器对误差信号的"预测"能力，当误差增加时，微分项使得控制量变大，这种预期增大了系统的阻尼，从而减小了系统的超调量，克服了振荡，使系统趋于稳定，尤其对高阶系统特别有利，提高了系统的控制速度。但是同样地，微分控制对噪声非常敏感，因此对于输入信号噪声较大的系统，一般不使用微分控制。实际控制系统很少单独使用微分控制，常常与比例控制组合使用，形成比例微分控制器。比例微分控制器又称为 PD 调节器，其电路原理如图 3-28 所示。

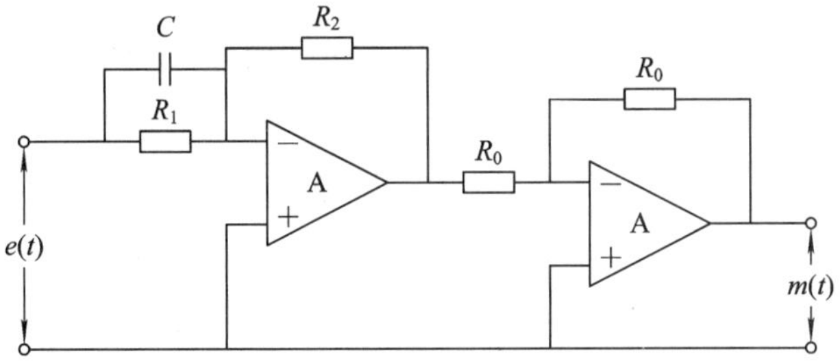

图 3-28　PD 调节器有源电路

根据该电路可得出其传递函数为

$$\frac{M(s)}{E(s)}=G_c(s)=\frac{R_2}{R_1}(1+R_1Cs)=K_p(1+T_ds) \tag{3-25}$$

其对应的微分方程为

$$m(t)=K_pe(t)+K_p\,T_d\,\frac{de(t)}{dt} \tag{3-26}$$

式中，$K_p=\dfrac{R_2}{R_1}$，$T_d=R_1C$，它们都是可调参数。

PD调节器能增加系统的阻尼，改善系统的稳定性，加快系统的响应，但不能提高系统的稳态精度。此外，T_d不能过大，会使微分对输入信号中噪声产生明显的放大作用。

3.2.6 实验模块四 光强闭环控制系统的比例积分微分控制实验

1. 实验目的

(1) 掌握比例积分微分控制对系统性能的影响；

(2) 归纳总结比例积分微分控制的优点。

2. 实验准备

按照表3-4准备实验材料并对实验设备进行熟悉。

3. 实验方法及步骤

(1) 搭建光强闭环控制系统。

(2) 令比例系数 $K_p=2$，积分时间常数 $T_i=0.5$ s，微分时间常数 $T_d=0.02$ s；

(3) 记录并观察光强闭环控制系统的输入量与输出量。

(4) 调节比例系数、积分时间常数和微分时间常数，得到一个比较满意的输出量(超调量小，调节时间短，上升速度快，振荡次数少，稳态误差小)，记录下你认为最优的系统输出曲线以及对应的 K_p、T_i 和 T_d。其中，最低要求超调量不超过15%，调节时间不超过10 s。

(5) 将该输入、输出量分别为实验模块二和实验模块三中的结果对比，总结PID控制的优点。

4. 实验记录及分析

(1) 绘制PID控制时光强闭环控制系统的输入量与输出量曲线。

(2) 计算该系统动态性能指标及稳态性能指标。

(3) 总结PID控制的优点。

知识拓展6 比例积分微分控制及其对系统性能的影响

比例积分微分控制器又称为PID调节器，其电路图如图3-29所示。

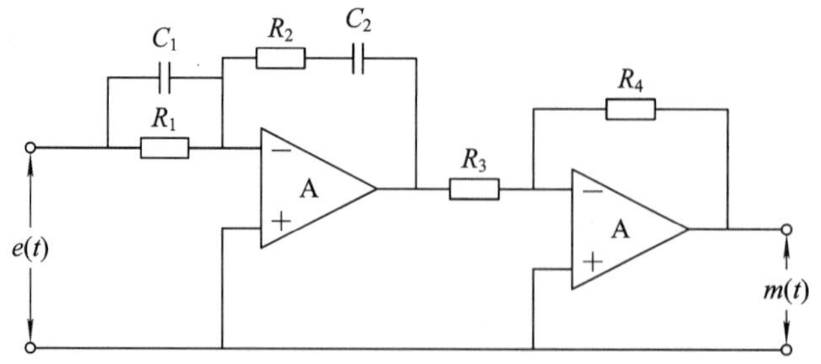

图3-29 PID调节器电路图

对电路图进行分析可以得到PID调节器的传递函数为

$$
\begin{aligned}
\frac{M(s)}{E(s)} = G_c(s) &= \frac{R_2 R_4}{R_3 R_1} \frac{(1+R_1 C_1 s)(1+R_2 C_2 s)}{R_2 C_2 s} \\
&= \frac{R_2 R_4}{R_1 R_3}\left(\frac{R_2 C_2 + R_1 C_1}{R_2 C_2} + \frac{1}{R_2 C_2 s} + R_1 C_1 s\right) \\
&= \frac{R_4 (R_2 C_2 + R_1 C_1)}{R_1 R_3 C_2}\left[1 + \frac{1}{(R_2 C_2 + R_1 C_1)s} + \frac{R_1 C_1 R_2 C_2}{R_2 C_2 + R_1 C_1} s\right] \\
&= K_p\left(1 + \frac{1}{T_i s} + T_d s\right)
\end{aligned} \tag{3-27}
$$

式中：

$$
K_p = \frac{R_4 (R_2 C_2 + R_1 C_1)}{R_1 R_3 C_2}
$$

$$
T_i = R_2 C_2 + R_1 C_1
$$

$$
T_d = \frac{R_1 C_1 R_2 C_2}{R_2 C_2 + R_1 C_1}
$$

K_p、T_i和T_d都为可调参数，若选取合适的T_i和T_d的值，使$G_c(s)$含有两个相异的实数零点，则

$$
G_c(s) = K_p \frac{(T_1 s+1)(T_2 s+1)}{T_i s} = \frac{K(T_1 s+1)(T_2 s+1)}{s} \tag{3-28}
$$

若令式(3-28)中的$K=2$，$T_1=1$ s，$T_2=0.1$ s，则相应的PID调节器的传递函数为

$$
G_c(s) = 2\frac{(s+1)(0.1s+1)}{s} \tag{3-29}
$$

PID调节器同时具有PI和PD两种调节器的作用，前者用于提高系统的稳态精度，后者用于改善系统的动态性能，两者相辅相成，使校正后的系统具有更优良的性能。

◇ 问题与思考

(1) 积分和微分控制是否可以单独作为控制器使用？为什么？

(2) 简述引入积分和微分控制的利弊。

(3) 一阶闭环控制系统都有哪些动态性能指标，分别反映了系统稳准快中的哪个性能？

(4) 一阶闭环系统如果只用比例控制，能否消除系统稳态误差？如果不能，应该如何减小或者消除稳态误差呢？

◇ 评价与考核

完成任务内容后，教师根据表3-9所示的评价与考核标准，根据学生表现进行评分，总分为100分。具体评价标准可参考表3-10所示的评价量表。

表 3-9 评价与考核标准

课程名称：自动控制原理		学习单元 3：LED 光强控制系统时域性能分析及 PID 控制		
任务 2：LED 光强闭环控制系统的 PID 控制		授课教师：	授课学时：	
课程性质：理实一体课程		综合评分：		
知识掌握情况评分(60 分)				
序号	知识考核点	教师评价	配分	实际得分
1	比例控制及比例系数对系统性能的影响		20 分	
2	积分控制及时间常数对系统性能的影响		20 分	
3	微分控制及时间常数对系统性能的影响		20 分	
工作任务完成情况评分(40 分)				
序号	能力考核点	教师评价	配分	实际得分
1	正确操作设备、仪器、仪表，独立完成光强闭环控制系统 PID 控制实验		10 分	
2	正确总结比例系数、积分时间常数及微分时间常数对系统性能的影响		30 分	

表 3-10 评 价 量 表

评价内容	评价要点	核心素养水平评价指标	自评	组评	师评
准备：理解基本概念	理解 PID 控制器的数学模型、基本类型；理解系统稳定的充要条件；理解稳态误差的概念	水平 1：能较为完整地描述 PID 控制器的数学模型，列举出 PID 控制器的常用基本类型；能较为完整地描述系统稳定的充要条件；能较为完整地描述稳态误差的概念			
		水平 2：能完整、准确地描述 PID 控制器的数学模型，列举出 PID 控制器的常用基本类型；能完整、准确地描述系统稳定的充要条件；能完整、准确地描述稳态误差的概念			
		水平 3：能完整、准确地描述 PID 控制器的不同域下的数学模型，列举出 PID 控制器的常用基本类型，说明其适用于哪类系统；能完整、准确地描述系统稳定的充要条件，并说出常用的稳定判据；能完整、准确地描述稳态误差的概念，并能说出误差及稳态误差的联系及区别			

续表

评价内容	评价要点	核心素养水平评价指标	自评	组评	师评
实施：形成工程思维	能完成LED光强闭环控制系统的搭建，并根据结果，分析比例、积分及微分控制对系统性能的影响，根据系统设计要求，选择PID控制器类型	水平1：能在老师的指导下，完成LED光强闭环控制系统的搭建，操作基本符合规范，并在老师的引导下，根据结果较为准确地分析出比例、积分及微分控制对系统性能的影响；并能在老师的引导下，根据系统设计要求，较为正确地选择PID控制器类型			
		水平2：能根据所学理论，查阅资料，独立完成LED光强闭环控制系统的搭建，操作符合规范，并能根据结果准确地分析出比例、积分及微分控制对系统性能的影响；并能根据系统设计要求，较为正确地选择PID控制器类型			
		水平3：能根据所学理论，查阅资料，独立完成LED光强闭环控制系统的搭建，操作完全符合规范，并能根据结果准确地分析出比例、积分及微分控制对系统性能的影响，总结出比例系数、积分时间常数、微分时间常数的大小对系统性能的影响；并能根据系统设计要求，正确选择PID控制器类型			
	提出问题：能提出系统中关键参数之间的联系等有关问题	水平1：具有问题意识，能提出问题			
		水平2：能分析相关原理，提出可探究的问题			
		水平3：能针对具体系统，从不同角度提出并准确表述可探究的问题			
自查：交流与反思	与其他同学交流合作并反思，虚心听取老师及其他同学的发言，积极交流讨论	水平1：具有与他人交流、讨论问题的意识			
		水平2：能聆听其他同学的问题，并较为完整地表述自己的观点及问题			
		水平3：能用专业术语准确描述问题，提出解决问题的思路，并能虚心听取老师、同学的发言，与老师同学进行交流与反思			
评价：科学态度	体会学习、交流过程中的科学严谨性以及实事求是的态度，客观地对自我及他人进行评价，培养合作精神、团队意识、创新精神以及精益求精的工匠精神	水平1：知道学习需要有实事求是、精益求精的态度，知道需要客观地认识自我及他人，有与他人合作的意愿			
		水平2：有学习和研究工程问题的兴趣，有实事求是、精益求精的科学态度，能与他人合作，并能较为客观地对自己和他人进行评价			
		水平3：有较强的学习和研究工程问题的内在动机，既能客观评价自己及他人，又能通过别人的评价反思并不断提高自己，坚持实事求是的态度、精益求精的 精神，能创造性地解决问题，合作中能坚持观点又能修正错误			

续表

评价内容	评价要点	核心素养水平评价指标	自评	组评	师评
学生总结	在本次任务中，我做得最出色的是 在本次任务中，我所做的努力是 在本次任务中，我所遇到的困难是				
教师评语					

小　　结

(1) 时域分析通常以系统阶跃响应的上升时间、调节时间、超调量和稳态误差等性能指标来评价系统的优劣。

(2) 控制系统的时域响应是由动态过程和稳态过程两部分组成的。

(3) 一阶系统单位阶跃响应无超调量，因此其重要的性能指标主要为调节时间，表征了系统过渡过程的快慢。当选取不同的误差带时，调节时间也不同。

$t_s=3T$，取±5%误差带

$t_s=4T$，取±2%误差带

(4) 稳态误差是系统控制精度的度量，系统的稳态误差既与系统的结构及参数有关，也与系统输入量的形式及作用点有关。

(5) 当一阶闭环控制系统中控制器只选择比例控制时，系统始终存在稳态误差。

(6) PID 控制器是由比例(Proportion)、积分(Integration)和微分(Differentiation)三个典型环节并联组成的。

比例控制器实质是一个可调增益的比例环节，增大其增益可以提高系统的稳态精度，但是会降低系统的相对稳定性。

积分控制器实质是一个可调时间常数的积分环节，增加积分环节可以提高系统的稳态性能，但是会降低系统的相对稳定性。积分控制器一般与比例环节组合使用，很少单独作为控制器使用。

微分控制的引入，主要为了改善系统的稳定性和响应速度。微分作用反映的是系统偏差的变化率，因此可以对偏差的变化做出超前预测，从而在偏差还未形成之时提前消除，因此微分作用可以改善系统的动态性能。

比例积分微分控制综合了比例、积分和微分的三个优点，既能在偏差形成时快速做出反应，也具有消除稳态误差和一定的抗高频干扰能力，从而使系统快速敏捷、平稳准确。

引入 PID 控制对系统性能的影响如表 3-11 所示。

表 3－11　PID 控制器参数对系统性能指标的影响

参数变化	上升时间t_r	超调量 $\sigma\%$	调节时间t_s	稳态误差e_{ss}
K_p ↑	↓	↑	～	↓
T_i ↓	↓	↑	↑	↓
T_d ↑	～	↓	↓	＝

注：“↓”表示下降，“↑”表示上升，“～”表示变化很小，“＝”表示无变化。

复习思考题

（1）控制系统的时域性能指标有哪些？

（2）什么是一阶系统？

（3）一阶系统微分方程和传递函数两种数学模型各有什么特点？

（4）一阶系统中惯性时间常数由什么来决定？其大小对系统的哪些性能及指标有影响？

（5）一阶闭环控制系统中，系统的稳态误差如何计算？与系统的哪个参数有关系？

（6）系统在什么情况下需要加入 PID 控制器？

（7）为什么 PID 控制器中 P、I 和 D 为并联连接，是否可以串联呢？

（8）调节系统在纯比例控制下已整定好，加入积分作用后，为保证原来的稳定度，此时应将比例系数增大还是减小？

（9）试说明比例、积分、微分控制作用的物理意义。

复习思考题答案

学习单元 4　直流电动机控制系统性能分析及 PID 控制器参数整定

“课程思政”经典教学案例 5

1. 单元任务说明

直流电动机具有优良的调速特性，调速平滑、方便，应用范围广泛，能够满足生产过程中自动化系统各种不同的特殊运行要求。

相对于学习单元 3 中的 LED 光强控制系统，直流电动机转速控制系统更为复杂，可以近似为一个二阶系统，在本单元的任务 4.1 和任务 4.2，学生基于前面章节的学习，通过直流电动机工作机理，推导出其数学模型，并通过仿真对直流电动机及其闭环控制系统进行时域及频域分析，进一步理解二阶系统及其时域响应特点。在任务 4.3 中，学生通过搭建简单的直流电动机控制系统，完成系统 PID 控制器参数整定的实验，了解对系统 PID 控制器参数进行整定的方法及步骤，并能够使用 CHR 法对系统控制器参数进行优化。

2. 教学目标及教学目标分解

教学目标

一般目标 Goals	具体目标 Objectives
知识：掌握直流电动机控制系统阶跃响应特点及其闭环控制系统时域性能指标，掌握对控制系统进行频域分析的方法及频域性能指标，掌握 PID 控制器参数整定的方法。 能力：能够对二阶系统进行时域及频域性能分析，并根据系统性能要求，对控制器参数进行整定优化。 素养：学思结合、知行合一，创新精神	目标 1：描述二阶系统的概念，并说明二阶系统数学模型的特点。 目标 2：说明二阶系统阻尼比、自然振荡角频率的物理意义，并能分析各自对二阶系统稳定性、动态性能的影响。 目标 3：描述频率特性的概念，并能列举系统的频率特性的三种图示方法。 目标 4：绘制系统 Bode 图，定量计算系统的稳定裕度，使用三频段法定性分析系统性能。 目标 5：列举 PID 参数工程整定的方法，说明各方法的适用范围，并能使用至少 1 种方法(CHR)进行 PID 参数整定优化。 目标 6：小组合作完成实验、讨论并进行展示，评估其他同学的陈述是否正确。 目标 7：能够学思结合、知行合一，在设计实验过程中体现创新精神

教学目标分解表

知识维度	认知过程维度					
	记忆/回忆 (Remenber)	理解 (Understand)	应用 (Apply)	分析 (Analyze)	评价 (Evaluate)	创造 (Create)
事实性知识 (Factual Knowledge)	目标 1	目标 1 目标 2		目标 2		
概念性知识 (Conceptual Knowledge)	目标 3	目标 3				
程序性知识 (Procedural Knowledge)		目标 5	目标 4 目标 5 目标 6	目标 4	目标 6	
元认知知识 (Metacognitive Knowledge)			目标 7			目标 7

任务 4.1 直流电动机数学模型及时域性能分析

◇ 任务内容及要求

根据直流电动机数学模型，对直流电动机控制系统进行时域性能仿真及定量分析，并在此基础上对系统进行定性分析，从而了解和掌握二阶系统数学模型的一般形式以及阻尼比系数对二阶系统时域性能的影响。

◇ 任务准备

在任务准备部分，所需掌握的基本概念及理论知识主要包括：直流电动机转速控制系统介绍、直流电动机数学模型及二阶系统概念。

4.1.1 直流电动机转速控制系统简介

与异步电动机相比，直流电动机的结构复杂，使用直流电源，使用和维护不如异步电动机方便。但是直流电动机有以下优点：调速范围广，易于平滑调节，启动、制动和过载转矩大，易于快速启动和停车，可靠性高，便于控制等。

直流电动机是根据通电导体在磁场中受力的原理来工作的。电动机的转子上绕有线圈，通入电流，定子作为磁场线圈也通入电流，产生定子磁场，通电流的转子线圈在定子磁场中产生电动力，从而被推动旋转。

直流电动机转速控制系统一般由电压比较器、功率放大(晶闸管触发器)、直流电动机及速度检测部分(直流测速发电机等)组成，如图 4-1 所示。输入信号和反馈信号通过电压比较器比较后得到系统的偏差，偏差信号通过功率放大器后驱动直流电动机调速，速度检测部分将电动机转速信号转化为反馈信号与输入信号比较。

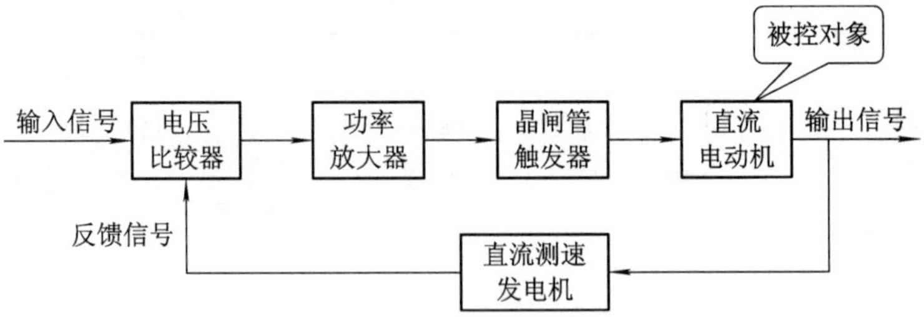

图 4－1　直流电动机转速控制系统图

直流电动机控制转速的方法主要有两种：对励磁磁通进行控制的励磁控制法和对电枢电压进行控制的电枢控制法，目前多数应用场合都采用电枢控制法。电枢控制直流电动机的原理图如图 4－2 所示。图中，电枢电压 v 为输入量，电动机转速 $\dot{\theta}$ 为输出量，R 和 L 分别为电枢电路等效电阻和电感，i 为电枢回路产生的电枢电流，J 为转子的转动惯量，b 为黏性摩擦系数，T 为电磁转矩。

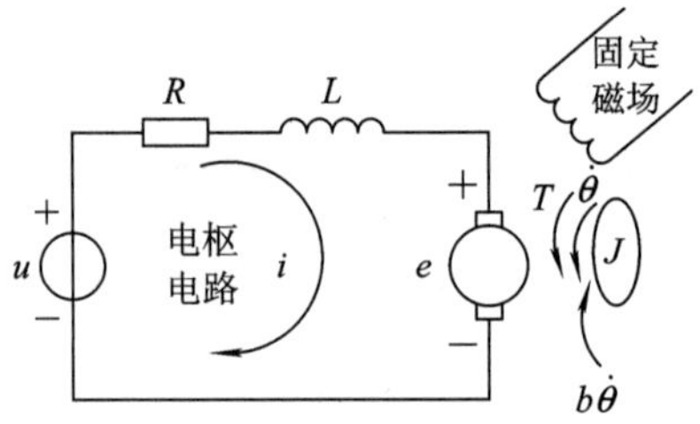

图 4－2　电枢控制直流电动机原理图

4.1.2　直流电动机数学模型

以图 4－2 所示的电枢控制直流电动机为例，根据其工作机理建立其数学模型。通常，由直流电动机产生的转矩与电枢电流和磁场强度成比例，在此假设磁场恒定，因此，电动机转矩仅与电枢电流 i 成比例。电磁转矩方程为

$$T = K_t i \tag{4-1}$$

式中，K_t 为电动机转矩系数。

反电动势 e 与轴的角速度成比例，则

$$e = K_e \dot{\theta} \tag{4-2}$$

式中，K_e 为反电势系数，在国际标准单位制中，$K_t = K_e$。

空载时，基于牛顿第二定律和基尔霍夫电压定律可以推导出：

$$J\ddot{\theta}(t) + b\dot{\theta}(t) = K_t i \tag{4-3}$$

$$L\frac{\mathrm{d}i(t)}{\mathrm{d}t} + Ri(t) = u - K_e\dot{\theta}(t) \tag{4-4}$$

化简可得电动机微分方程为：

$$JL \cdot \dddot{\theta}(t) + (bL + RJ) \cdot \ddot{\theta}(t) + (Rb + K_e K_t) \cdot \dot{\theta}(t) = K_t u \tag{4-5}$$

由此可知，电动机的微分方程为一个二阶微分方程，应用拉普拉斯变换，可得

$$s(Js + b)\Theta(s) = K_t I(s) \tag{4-6}$$

$$(Ls+R)I(s)=u(s)-K_e s\Theta(s) \tag{4-7}$$

消除中间变量 $I(s)$，得到其传递函数为

$$G(s)=\frac{\dot{\Theta}(s)}{u(s)}=\frac{K_t}{(Js+b)(Ls+R)+K_e K_t} \tag{4-8}$$

4.1.3　二阶系统

根据上述直流电动机的数学模型，可将直流电动机系统视为二阶系统进行分析。凡能用二阶微分方程描述的系统，都称为二阶系统。许多高阶系统在一定条件下，常常近似地作为二阶系统来研究，近似方法将在本书学习单元 5 中具体阐述。

二阶系统微分方程的一般形式为

$$\frac{d^2c(t)}{dt^2}+2\zeta\omega_n\frac{dc(t)}{dt}+\omega_n c(t)=r(t) \tag{4-9}$$

式中，$r(t)$和$c(t)$分别为系统的输入量和输出量，ζ为阻尼比或阻尼比系数，ω_n为自然振荡角频率或固有频率。初始条件为零时，二阶系统对应的传递函数为

$$G(s)=\frac{C(s)}{R(s)}=\frac{\omega_n^2}{s^2+2\zeta\omega_n s+\omega_n^2} \tag{4-10}$$

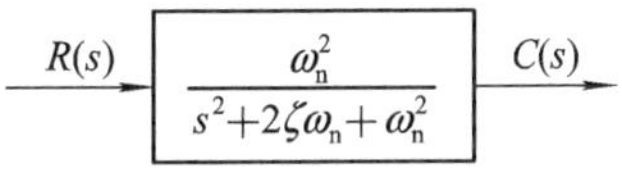

图 4-3　二阶系统系统框图

其系统框图如图 4-3 所示。

二阶系统是控制系统中应用最广泛、最具代表性的系统。同时，二阶系统的分析方法也是分析高阶系统的基础。

如图 4-4 所示的 RLC 电路即为典型的二阶系统，$u_o(t)$为输出量，$u_i(t)$为输入量。

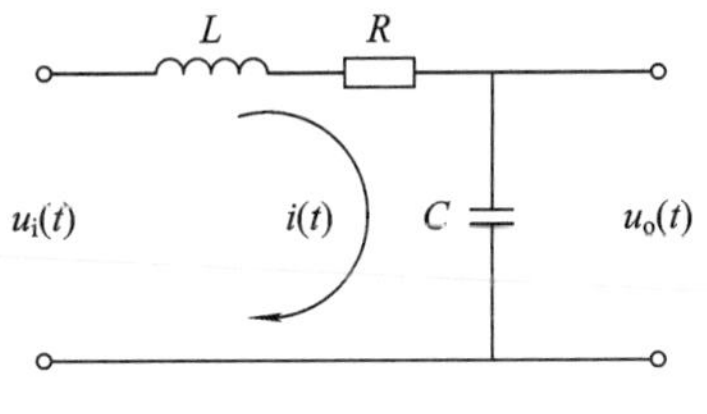

图 4-4　RLC 电路

建立输入、输出量的动态联系：

$$L\frac{di(t)}{dt}+Ri(t)+\frac{1}{C}\int i(t)dt=u_i(t) \tag{4-11}$$

$$u_o(t)=\frac{1}{C}\int i(t)dt \tag{4-12}$$

消去中间变量 $i(t)$，得到系统的数学模型：

$$LC\frac{d^2u_o(t)}{dt^2}+RC\frac{du_o(t)}{dt}+u_o(t)=u_i(t) \tag{4-13}$$

由式(4-13)可知，该二阶系统固有频率$\omega_n=1/\sqrt{LC}$，阻尼比 $\zeta=R\sqrt{C}/2\sqrt{L}$。

除此之外，还有很多机械系统也属于二阶系统，例如质量-弹簧-阻尼器组成的机械振动系统，如图 4-5 所示，(a)图为系统示意图，(b)图为系统受力分析图。

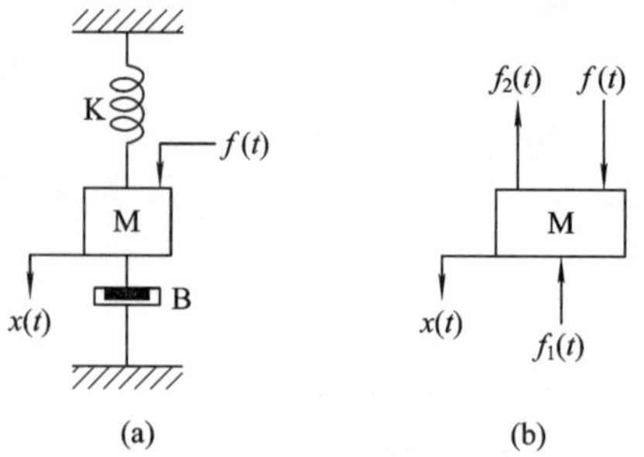

图 4-5　质量-弹簧-阻尼器机械振动系统

图中：$f(t)$为质量块受到的外力，单位为 N；$x(t)$为质量块产生的位移，单位为 m；M为质量块的质量，单位为 kg；K 为弹簧的劲度系数，单位为 N/m；B 为阻尼器阻尼系数，单位为 Ns/m。质量块 M 受到的阻尼力$f_1(t)$和弹力$f_2(t)$分别为

$$f_1(t)=B\frac{\mathrm{d}x(t)}{\mathrm{d}t} \tag{4-14}$$

$$f_2(t)=Kx(t) \tag{4-15}$$

选定外力 $f(t)$为系统输入量，位移 $x(t)$为系统输出量。根据牛顿第二定律，系统的运动方程为

$$f(t)-f_1(t)-f_2(t)=M\frac{\mathrm{d}^2x(t)}{\mathrm{d}t^2} \tag{4-16}$$

整理后得

$$M\frac{\mathrm{d}^2x(t)}{\mathrm{d}t^2}+B\frac{\mathrm{d}x(t)}{\mathrm{d}t}+Kx(t)=f(t) \tag{4-17}$$

由式(4-13)和式(4-17)可以看出，RLC 电路和质量-弹簧-阻尼器组成的机械振动系统数学模型很相似，称为相似系统，因此可用通过电子线路来模拟机械平移系统。这说明了看似完全不同的系统，如果当前具有相同的运动规律，就可以用相同的数学模型来描述。

◇ 任务实施

在任务实施部分，学生需要基于任务准备中对直流电动机控制系统及直流电动机数学模型的学习，完成关于直流电动机开环系统时域性能分析及仿真的实验，并在对实验结果分析的基础上，进一步理解知识拓展中关于二阶系统时域响应特点的内容，掌握阻尼比及零极点分布对二阶系统性能的影响。

4.1.4 实验模块　直流电动机开环系统时域性能仿真及分析

1. 实验目的

(1) 掌握直流电动机开环系统阶跃响应的特点；

(2) 掌握直流电动机开环系统动态性能指标；

(3) 掌握阻尼比对直流电动机开环系统动态性能的影响。

2. 实验准备

1) 计算直流电动机的传递函数

直流电动机参数值如表 4-1 所示。

表 4-1　直流电动机参数值

参数名称	参数值	参数名称	参数值
转子转动惯量 J	0.01 kg·m^2	黏性摩擦系数 b	0.1 N·m·s
电动势常数 K_e	0.01 V/(rad/s)	电机转矩常数 K_t	0.01 N·m/A
电阻 R	1 Ω	电感 L	0.5 H

当直流电动机的物理参数如表 4-1 时，得到该直流电动机传递函数为

$$G(s)=\frac{0.01}{0.005s^2+0.06s+0.1001}=\frac{2}{s^2+12s+20.02} \tag{4-18}$$

由此可知，该二阶系统的自然振荡角频率 $\omega_n=\sqrt{20.02}\approx4.47$ rad/s，阻尼比 $\zeta=6/\sqrt{20.02}\approx1.34$，增益$K_s=2/20.02\approx0.1$。

2) MATLAB 仿真介绍

MATLAB 程序包括三种类型的文件：脚本 M 文件、程序文件和函数文件。脚本 M 文件在命令窗口中直接输入并执行，运行结束后仍保留产生的变量。程序文件以.m 格式存储，通过命令窗口的"File"菜单"New">"Script"来创建，使用"Save"选项来保存。函数文件具有标准的基本结构。本书中只简单介绍程序文件的创建、使用以及控制中常用的语句。

对控制系统进行仿真时，首先需要建立传递函数模型。由控制系统微分方程的一般形式：

$$a_0\frac{d^nc(t)}{dt^n}+a_1\frac{d^{n-1}c(t)}{dt^{n-1}}+\cdots+a_{n-1}\frac{dc(t)}{dt}+a_nc(t)$$
$$=b_0\frac{d^mr(t)}{dt^m}+b_1\frac{d^{m-1}r(t)}{dt^{m-1}}+\cdots+b_m\frac{dr(t)}{dt}+b_mr(t) \tag{4-19}$$

可得系统传递函数的一般形式为

$$G(s)=\frac{C(s)}{R(s)}=\frac{b_0s^m+b_1s^{m-1}+\cdots+b_{m-1}s+b_m}{a_0s^n+a_1s^{n-1}+\cdots+a_{n-1}s+a_n} \tag{4-20}$$

对于线性定常系统，式(4-20)中 s 的系数均为常数，在 MATLAB 中使用分子和分母多项式系数组成两个向量，分别用 num 和 den 表示。

num = $[b_0, b_1, \cdots, b_m]$

den = $[a_0, a_1, \cdots, a_n]$

则传递函数表示为

$$G(s)=\frac{\text{num}(s)}{\text{den}(s)}$$

建立传递函数模型可使用函数 tf()，常用格式为

```
G=tf(num,den)
```

例如，使用 MATLAB 建立下列传递函数的模型：

$$G(s)=\frac{s^2+2s+1}{s^3+3s+10}$$

先创建.m 格式的文件，并输入以下程序代码：

```
num = [1,2,1];   den = [1,0,3,10];
G = tf(num,den)
```

再保存文件，然后运行程序，则命令窗口中显示如下：

```
G =
  s^2 + 2 s + 1
  -------------
  s^3 + 3 s + 1
```

使用 MATLAB 建立了系统的传递函数后，就可以使用单位阶跃响应函数 step()或单位脉冲响应函数 impulse()等获得模型的时域响应曲线。

step()函数的常见用法为

```
y=step(num,den,t)
```

其中 t 为时间向量；其一般格式为：t=[0:step:end]，其中 step 代表时间轴步长，end 代表时间轴终点。

impulse()函数的常见用法为

```
y=impulse(num,den,t)
```

其中 t 与 step()函数中的 t 定义相同。

3. 实验方法及步骤

(1) 根据式(4-18)直流电动机传递函数，在 MATLAB 中建立该直流电动机模型分子及分母的两个向量，代码如下：

```
num = [2];
den = [1,12,20.02];
```

(2) 绘制直流电动机的单位阶跃响应曲线，代码如下：

```
t=[0:0.1:10];
y1=step(num,den,t);
plot(t,y1)                          %plot()为绘制曲线函数
xlabel('time/s'); ylabel('y');      %xlabel()和 ylabel()为标注横纵坐标函数
title('直流电动机单位阶跃响应曲线')  %title()为添加图标题函数
```

直流电动机单位阶跃响应曲线如图 4-6 所示。

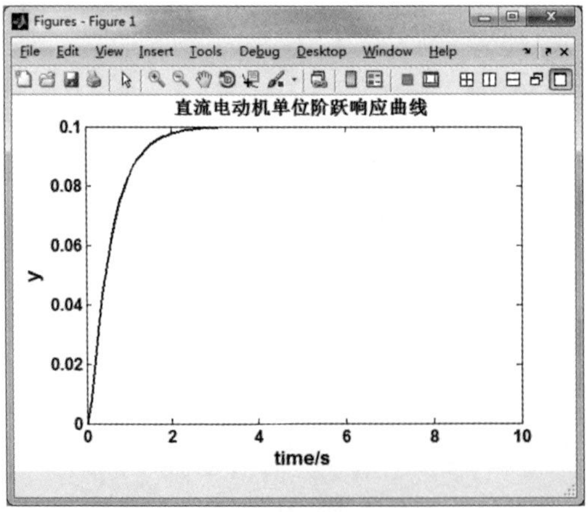

图 4-6 直流电动机单位阶跃响应曲线

(3) 固定自然振荡角频率，只改变系统的阻尼比 sigma，令其分别为 0、0.2、0.7、1 时，绘制其单位阶跃响应曲线，如图 4-7 所示。

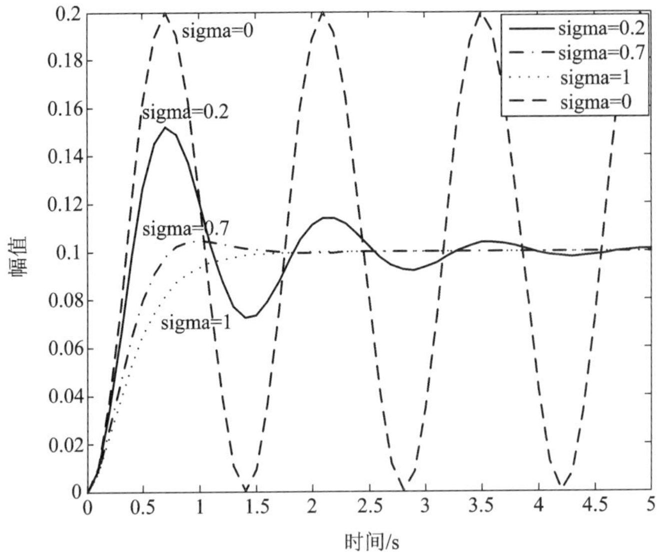

图 4-7 不同阻尼比时直流电动机单位阶跃响应曲线

4. 实验记录及分析

(1) 记录不同阻尼比时直流电动机的阶跃响应曲线。

(2) 描述不同阻尼比时，直流电动机控制系统阶跃响应特点。

(3) 计算阻尼比为 0.2 时，系统的上升时间、调节时间及超调量。

知识拓展 1 二阶系统时域响应

根据以上实验的结果及分析，对二阶系统时域响应特性总结如下：

当 $r(t)=R$(R 为常数)时，一阶系统的输出 $c(t)$称为阶跃响应；当 $r(t)=1(t)$时，输出称为单位阶跃响应，记作 $h(t)$。

假设初始条件为零时，有

$$C(s)=\frac{1}{s}\cdot\frac{\omega_n^2}{s^2+2\zeta\omega_n s+\omega_n^2} \tag{4-21}$$

则

$$h(t)=\mathscr{L}^{-1}[C(s)]=\mathscr{L}^{-1}\left[\frac{1}{s}-\frac{\omega_n^2}{s^2+2\zeta\omega_n s+\omega_n^2}\right] \tag{4-22}$$

二阶系统的响应特性完全由 ζ 和ω_n两个参数来描述，下面分别对不同的阻尼比情况进行分析讨论：

(1) 当 $\zeta<0$ 时，称为负阻尼状态，输出 $y(t)$为发散的，系统处于不稳定状态，在此不做讨论。

(2) 当 $\zeta=0$ 时，系统处于零阻尼状态，系统响应为持续的等幅振荡。零阻尼二阶系统的单位阶跃响应为

$$h(t)=\mathscr{L}^{-1}[C(s)]=1-\cos\omega_n t \tag{4-23}$$

此时，系统的单位阶跃响应是一条不断等幅振荡的曲线，如图 4-8(a)所示。

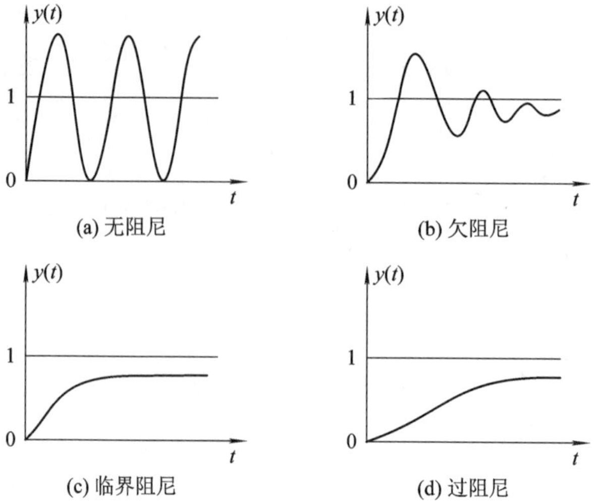

图 4-8　不同阻尼比时二阶系统单位阶跃响应

(3) 当 $0<\zeta<1$ 时，系统时间响应具有振荡特性，称为欠阻尼状态。欠阻尼二阶系统的单位阶跃响应为

$$h(t)=\mathscr{L}^{-1}[C(s)]=1-e^{-\zeta\omega_n^2}\left(\cos\sqrt{1-\zeta^2}\,\omega_n t+\frac{\zeta}{\sqrt{1-\zeta^2}}\sin\sqrt{1-\zeta^2}\,\omega_n t\right)$$

$$=1-\frac{1}{\sqrt{1-\zeta^2}}e^{-\zeta\omega_n^2}\sin(\omega_d+\theta),\ t\geqslant 0 \tag{4-24}$$

式中，$\omega_d=\sqrt{1-\zeta^2}\omega_n$，称为阻尼振荡角频率，或振荡角频率；$\theta=\arctan\dfrac{\sqrt{1-\zeta^2}}{\zeta}$，称为阻尼角。此时，系统的单位阶跃响应是一条振幅不断衰减的振荡曲线，如图 4-8(b)所示。这是因为二阶系统中包含两个储能元件，当输入量发生变化时，能量在两个储能元件之间相互交换，从而形成振荡。

(4) 当 $\zeta=1$ 时，称为临界阻尼状态。对于临界阻尼或过阻尼状态，系统的时间响应均无振荡。临界阻尼二阶系统的单位阶跃阶跃响应为

$$h(t)=\mathscr{L}^{-1}[C(s)]=1-e^{-\omega_n t}(1+\omega_n t) \tag{4-25}$$

此时，系统的单位阶跃响应是一条单调上升的指数曲线，如图 4-8(c)所示。

(5) 当 $\zeta>1$ 时，称为过阻尼状态。过阻尼二阶系统的单位阶跃响应为

$$h(t)=\mathscr{L}^{-1}[C(s)]=1-\frac{1}{2\sqrt{\zeta^2-1}}\left(\frac{e^{-(\zeta-\sqrt{\zeta^2-1})\omega_n t}}{\zeta-\sqrt{\zeta^2-1}}-\frac{e^{-(\zeta+\sqrt{\zeta^2-1})\omega_n t}}{\zeta+\sqrt{\zeta^2-1}}\right) \tag{4-26}$$

过阻尼二阶系统的响应速度比临界阻尼响应速度慢，其响应曲线如图 4-8(d)所示。

在不同的阻尼比条件下，二阶系统的动态响应有很大的区别。对于二阶系统，$0<\xi<1$ 处于欠阻尼状态时(实质为振荡环节)，是最具有实际物理意义的。对于欠阻尼动态响应过程，系统的性能参数指标如下：

上升时间：

$$t_r = \frac{\pi - \arccos\zeta}{\omega_n \sqrt{1-\zeta^2}} \tag{4-27}$$

峰值时间：

$$t_p = \frac{\pi}{\omega_n \sqrt{1-\zeta^2}} \tag{4-28}$$

最大超调量：

$$\sigma\% = e^{-\frac{\zeta\pi}{\sqrt{1-\zeta^2}}} \times 100\% \tag{4-29}$$

可知，最大超调量仅与 ζ 有关。

调节时间 t_s：取 2%误差带时，

$$t_s \approx \frac{4}{\zeta\omega_n} \tag{4-30}$$

取 5%误差带时，

$$t_s \approx \frac{3}{\zeta\omega_n} \tag{4-31}$$

振荡次数 N：

$$N = \frac{t_s}{2\,t_p} = \frac{2}{\pi}\sqrt{\frac{1}{\zeta^2} - 1} \tag{4-32}$$

知识拓展 2　闭环极点分布对二阶系统性能的影响

系统的稳定性及动态性能与闭环传递函数的零极点在复平面上的位置和分布有着直接的关系。下面，我们讨论对于无零点的二阶系统，其闭环极点与其动态性能之间的关系。

1. 零极点概念

系统的微分方程一般形式如下：

$$\begin{aligned}&a_0 \frac{d^n}{dt^n}c(t) + a_1 \frac{d^{n-1}}{dt^{n-1}}c(t) + \cdots + a_{n-1}\frac{d}{dt}c(t) + a_n c(t)\\ &= b_0 \frac{d^m}{dt^m}r(t) + b_1 \frac{d^{m-1}}{dt^{m-1}}r(t) + \cdots + a_{m-1}\frac{d}{dt}r(t) + b_m r(t)\end{aligned} \tag{4-33}$$

式中，$c(t)$为系统的输出量，$r(t)$为系统的输入量；$a_0 \sim a_n$，$b_0 \sim b_m$ 为实系数，且 $n>m$。则系统的闭环传递函数为

$$(s) = \frac{C(s)}{R(s)} = \frac{b_0 s^m + b_1 s^{m-1} + \cdots + b_{m-1}s + b_m}{a_0 s^n + a_1 s^{n-1} + \cdots + a_{n-1}s + a_m} \tag{4-34}$$

将其分子和分母因式分解，则可表示为

$$G(s) = \frac{b_0(s-z_1)(s-z_2)\cdots(s-z_m)}{a_0(s-p_1)(s-p_2)\cdots(s-p_n)} \tag{4-35}$$

式中，z_1，z_2，…，z_m 为系统闭环传递函数分子多项式的根，称为系统零点；p_1，p_2，…，p_n 为系统闭环传递函数分母多项式的根，称为系统极点。

2. 闭环极点对二阶系统性能影响

由二阶系统的闭环传递函数标准形式：

$$G(s)=\frac{C(s)}{R(s)}=\frac{\omega_n^2}{s^2+2\zeta\omega_n s+\omega_n^2} \tag{4-36}$$

可知，二阶系统闭环极点为其特征方程$s^2+2\zeta\omega_n s+\omega_n^2=0$的根，称为二阶系统的特征根，其值为

$$s_{1,2}=-\zeta\omega_n\pm\omega_n\sqrt{\zeta^2-1}$$

当ζ取不同值时，二阶系统的特征根(极点)的分布也有所不同，对应二阶系统的性能亦不同，如表4-2所示。

表4-2　不同阻尼比时二阶系统极点分布及性能

阻尼比	极点及分布	阶跃响应特性曲线($\omega_n=5$)	稳定性
$\zeta=0$ 无阻尼	$s_{1,2}=\pm j\omega_n$ 为一对虚数根 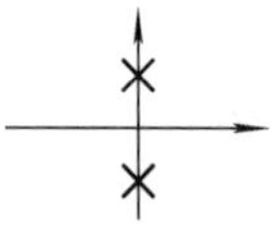	等幅振荡，属于不稳定系统 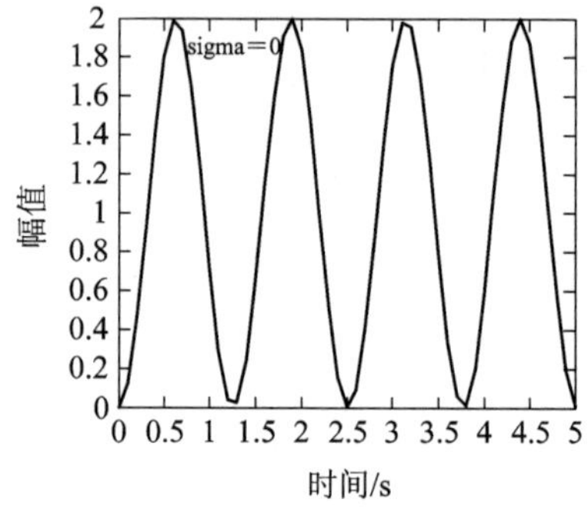 	临界稳定，归为不稳定系统
$0<\zeta<1$ 欠阻尼	$s_{1,2}=-\zeta\omega_n\pm\omega_n\sqrt{\zeta^2-1}$ 为一对实部为负数的共轭复数根 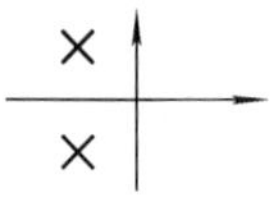	衰减振荡(ζ(sigma)=0.1,0.5,0.8) 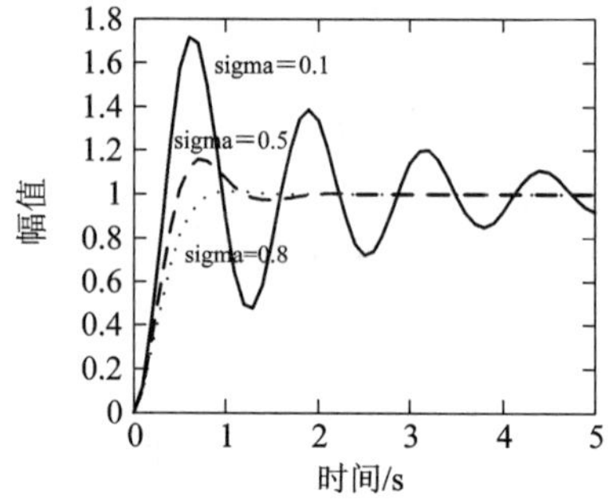 	稳定
$\zeta=1$ 临界阻尼	$s_{1,2}=-\omega_n$ 为两个相等的负实数根 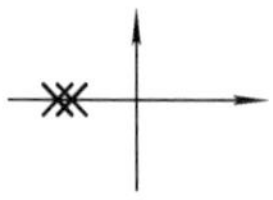	无振荡 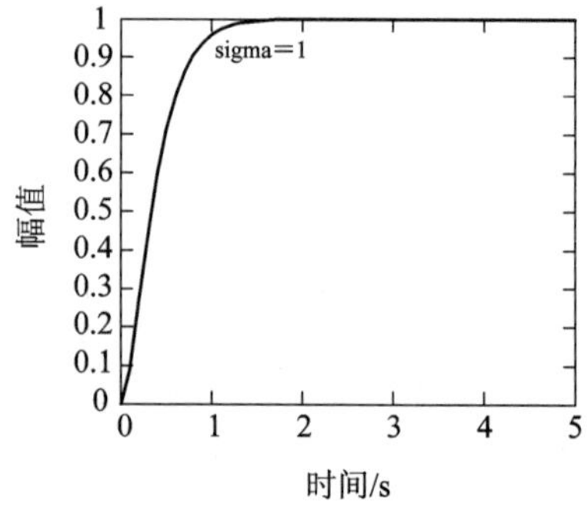 	稳定

续表

阻尼比	极点及分布	阶跃响应特性曲线($\omega_n=5$)	稳定性
$\zeta>1$ (过阻尼)	$s_{1,2}=-\xi\omega_n\pm\omega_n\sqrt{\xi^2-1}$ 为两个不相等的负实数根 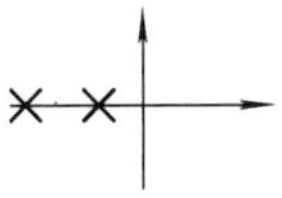	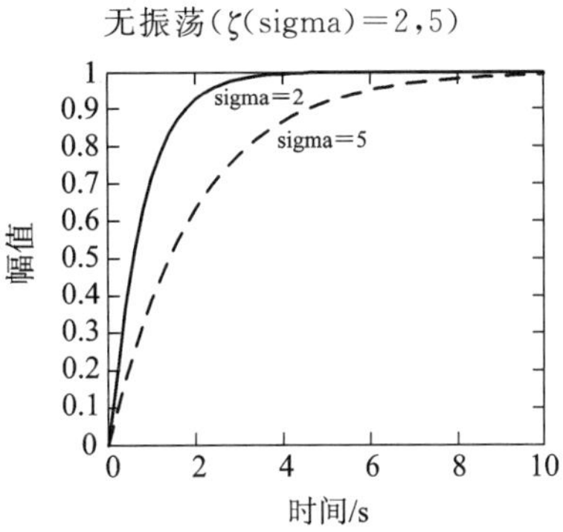	稳定

知识拓展3 最小相位系统

如果系统的开环传递函数在右半 S 平面上没有极点和零点，则称为最小相位传递函数。具有最小相位传递函数的系统，称为最小相位系统(Minimum Phase-Shift System)。

例如，具有下列开环传递函数的系统是最小相位系统。

$$G_1(s)=\frac{K(T_3s+1)}{(T_1s+1)(T_2s+1)}$$

式中，K、T_1、T_2、T_3 均为正数。

开环传递函数在右半 S 平面上有一个（或多个）极点和零点，称为非最小相位传递函数（若开环传递函数有一个或多个极点位于右半 S 平面，则意味着开环不稳定）。具有非最小相位传递函数的系统称为非最小相位系统(Non-Minimum Phase-Shift System)。

例如，具有下列开环传递函数的系统为非最小相位系统。

$$G_2(s)=\frac{K(T_3s-1)}{(T_1s+1)(T_2s+1)}$$

式中，K、T_1、T_2、T_3 均为正数。

$G_1(s)$和$G_2(s)$具有相同的幅频特性，即幅频特性为

$$A(\omega)=\frac{K\sqrt{1+T_3^2\omega^2}}{\sqrt{1+T_1^2\omega^2}\sqrt{1+T_1^2\omega^2}}$$

但它们的相频特性却大大不同。设$G_1(s)$和$G_2(s)$的相频特性分别为$\varphi_1(\omega)$和$\varphi_2(\omega)$，则

$$\varphi_1(\omega)=\arctan(T_3\omega)-\arctan(T_1\omega)-\arctan(T_2\omega)$$

$$\varphi_2(\omega)=\arctan(-T_3\omega)-\arctan(T_1\omega)-\arctan(T_2\omega)$$

当 $\omega=0$ 时，有

$$\varphi_1(\omega)=0^\circ,\qquad \varphi_2(\omega)=180^\circ$$

当 $\omega\to\infty$时，有

$$\varphi_1(\omega)=90^\circ-90^\circ-90^\circ=-90^\circ$$
$$\varphi_2(\omega)=90^\circ-90^\circ-90^\circ=-90^\circ$$

对于最小相位系统$G_1(s)$来说，当ω从0变化到∞时，其相角变化为

$$|\varphi_1(\infty)-\varphi_1(0)|=|-90^\circ-0^\circ|=90^\circ$$

对于非最小相位系统$G_2(s)$来说，当ω从0变化到∞时，其相角变化为

$$|\varphi_2(\infty)-\varphi_2(0)|=|-90^\circ-180^\circ|=270^\circ$$

显然，最小相位系统的相角变化比较小。对控制系统来说，相位纯滞后越大，对系统的稳定性越不利，因此要尽可能避免有非最小相位特性的元件。

◇ 问题与思考

(1) 二阶系统阻尼比ζ的大小对阶跃响应的性能指标有何影响?

(2) 二阶闭环控制系统有哪些动态性能指标?

(3) 二阶闭环系统如果只用比例控制，能否消除系统稳态误差？如果不能，应该如何减小或者消除稳态误差?

◇ 评价与考核

完成任务内容后，教师根据表4-3所示的评价与考核标准，根据学生表现进行评分，总分为100分。具体评价标准可参考表4-4所示评价量表。

表4-3 评价与考核标准

<table>
<tr><td colspan="2">课程名称：自动控制原理</td><td colspan="3">学习单元4：直流电动机控制系统性能分析及PID控制器参数整定</td></tr>
<tr><td colspan="2">任务1：直流电动机数学模型及时域性能分析</td><td colspan="2">授课教师：</td><td>授课学时：</td></tr>
<tr><td colspan="2">课程性质：理实一体课程</td><td colspan="3">综合评分：</td></tr>
<tr><td colspan="5">知识掌握情况评分(50分)</td></tr>
<tr><td>序号</td><td>知识考核点</td><td>教师评价</td><td>配分</td><td>实际得分</td></tr>
<tr><td>1</td><td>直流电动机数学模型</td><td></td><td>10分</td><td></td></tr>
<tr><td>2</td><td>二阶系统概念及时域性能指标</td><td></td><td>20分</td><td></td></tr>
<tr><td>3</td><td>二阶系统闭环极点对系统性能影响</td><td></td><td>20分</td><td></td></tr>
<tr><td colspan="5">工作任务完成情况评分(50分)</td></tr>
<tr><td>序号</td><td>能力考核点</td><td>教师评价</td><td>配分</td><td>实际得分</td></tr>
<tr><td>1</td><td>能够独立完成对直流电动机的仿真实验</td><td></td><td>10分</td><td></td></tr>
<tr><td>2</td><td>得到系统阶跃响应曲线，正确估算出系统增益，并对系统输出进行正确描述</td><td></td><td>20分</td><td></td></tr>
<tr><td>3</td><td>正确测量出系统的性能指标，并完成对系统的定量分析和定性分析</td><td></td><td>20分</td><td></td></tr>
</table>

表4-4　评价量表

<table>
<tr><th>评价内容</th><th>评价要点</th><th>核心素养水平评价指标</th><th>自评</th><th>组评</th><th>师评</th></tr>
<tr><td rowspan="3">准备：理解基本概念</td><td rowspan="3">知道直流电机开环控制系统的数学模型，知道二阶系统数学模型的一般形式，理解最小相位系统的概念。</td><td>水平1：能较为完整地描述直流电机开环控制系统的数学模型、二阶系统数学模型的一般形式以及最小相位系统的概念</td><td></td><td></td><td></td></tr>
<tr><td>水平2：能完整、准确地描述直流电机开环控制系统的数学模型、二阶系统数学模型的一般形式以及最小相位系统的概念</td><td></td><td></td><td></td></tr>
<tr><td>水平3：能完整、准确地描述直流电机开环控制系统的数学模型，并理解系统结构参数与数学模型系数之间的联系；能完整、准确地描述二阶系统数学模型的一般形式，理解阻尼比、自然振荡角频率的物理意义；能完整、准确地描述最小相位系统的概念，理解其含义</td><td></td><td></td><td></td></tr>
<tr><td rowspan="6">实施：形成工程思维</td><td rowspan="3">能使用Matlab对直流电动机开环系统进行仿真，分析系统时域性能，总结出系统极点对性能的影响</td><td>水平1：在老师的指导下，能使用Matlab对直流电动机开环系统进行仿真；在老师的引导下，能根据结果较为准确地分析系统的性能；在老师的引导下，能较为准确地分析系统极点分布对性能的影响</td><td></td><td></td><td></td></tr>
<tr><td>水平2：能根据所学理论，查阅相关资料，使用Matlab对直流电动机开环系统进行仿真；根据结果准确地分析系统的性能；准确地分析系统极点分布对性能的影响</td><td></td><td></td><td></td></tr>
<tr><td>水平3：能根据所学理论，查阅相关资料，使用Matlab对直流电动机开环系统进行仿真；根据结果准确地分析系统的性能，并总结出阻尼比对二阶系统稳定性及动态性能的影响；准确地分析极点分布对系统稳定性及动态性能的影响</td><td></td><td></td><td></td></tr>
<tr><td rowspan="3">提出问题：能提出系统中关键参数之间的联系等有关问题</td><td>水平1：具有问题意识，能提出问题</td><td></td><td></td><td></td></tr>
<tr><td>水平2：能分析相关原理，提出可探究的问题</td><td></td><td></td><td></td></tr>
<tr><td>水平3：能针对具体系统，从不同角度提出并准确地表述可探究的问题</td><td></td><td></td><td></td></tr>
<tr><td rowspan="3">自查：交流与反思</td><td rowspan="3">与其他同学交流合作并反思，虚心听取老师及其他同学的发言，积极交流讨论</td><td>水平1：具有与他人交流、讨论问题的意识</td><td></td><td></td><td></td></tr>
<tr><td>水平2：能聆听其他同学的问题，并较为完整地表述自己的观点及问题</td><td></td><td></td><td></td></tr>
<tr><td>水平3：能用专业术语准确描述问题，提出解决问题的思路，并能虚心听取老师、同学的发言，与老师同学进行交流与反思</td><td></td><td></td><td></td></tr>
</table>

续表

评价内容	评价要点	核心素养水平评价指标	自评	组评	师评
评价：科学态度	体会学习、交流过程中的科学严谨性以及实事求是的态度，客观地对自我及他人进行评价，培养合作精神、团队意识	水平 1：知道学习需要有实事求是、精益求精的态度，知道需要客观地认识自我及他人，有与他人合作的意愿			
		水平 2：有学习和研究工程问题的兴趣，有实事求是、精益求精的科学态度，能与他人合作，并能较为客观的对自己和他人进行评价			
		水平 3：有较强的学习和研究工程问题的内在动机，既能客观评价自己及他人，又能通过别人的评价反思并不断提高自己，坚持实事求是的态度、精益求精的精神，能创造性地解决问题，合作中能坚持观点又能修正错误			
学生总结	在本次任务中，我做得最出色的是 在本次任务中，我所做的努力是 在本次任务中，我所遇到的困难是				
教师评语					

任务 4.2　直流电动机控制系统频域性能分析与仿真

◇ 任务内容及要求

在任务 4.2 中，学生基于直流电动机控制系统数学模型，对其进行频域性能分析及仿真，从而掌握频率特性的概念以及对系统进行频域分析的方法，了解二阶系统开环、闭环频域性能指标与时域性能指标之间的关系。

◇ 任务准备

在任务准备部分，所需掌握的基本概念及理论知识主要包括：频率特性、对数频率特性的概念以及伯德图的绘制及特点。

由奈奎斯特(Nyquist)、伯德(Bode)和尼柯尔斯(Nichols)等人建立起来的频域分析法是控制系统分析与综合最为重要、有效的方法之一，可以直接测量系统或元器件的频率特性来对系统性能进行分析与综合，而不必推导出参数化的数学模型。频域分析法在抑制噪声干扰方面也能给出设计者指导性意见，对于二阶系统，其频率特性与其过渡过程的时域性能指标之间存在对应关系，因此频域分析法在工程中被广泛应用。

时域分析法和频域分析法是控制系统分析与设计中互补的两种重要方法，是控制工程师需要熟悉和掌握的方法。

4.2.1 频率特性

对于稳定的线性定常系统，设其传递函数为 $G(s)$，当输入量 $r(t)$是正弦信号，初始相位为 φ_r 时，即 $r(t)=y_0\sin(\omega t+\varphi_r)$，其输出信号 $c(t)$的稳态分量$c_s(t)$与输入量 $r(t)$是同一频率不同幅值和相位的正弦信号，设其初始相位为 φ_c，即$c_s(t)=x_0\sin(\omega t+\varphi_c)$，如图4-9所示。

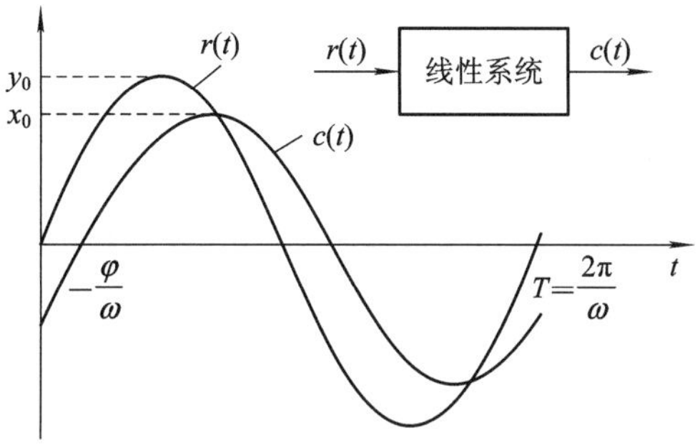

图 4-9 线性定常系统输入输出信号

保持输入信号幅值y_0不变，改变输入正弦信号的频率 ω，得到系统输出信号稳态分量的频率始终与输入信号频率保持一致，但是幅值和相位均发生了变化。输入信号频率不同时，输出信号稳态分量、输入信号的幅值比及相位差也不同，它们与系统的性能指标有关。根据这一特点，给出频率特性的定义：

对于稳定的线性定常系统，设其传递函数为 $G(s)$，在正弦输入下，幅频特性(Amplitude-frequency Characteristic)定义为系统稳态输出正弦量的幅值与输入正弦量的幅值之比，记作 $A(\omega)$；相频特性(Phase-frequency Characteristic)定义为系统稳态输出正弦量的相角与输入正弦量的相角之差，记作 $\varphi(\omega)$。

$$A(\omega)=|G(j\omega)|$$

$$\varphi(\omega)=\angle G(j\omega)$$

式中，$A(\omega)=\dfrac{x_0(\omega)}{y_0(\omega)}$，$\varphi(\omega)=\varphi_c(\omega)-\varphi_r(\omega)$，$\varphi_r(\omega)$为输入信号的相位，$\varphi_c(\omega)$为输出信号的相位。

它们都是频率 ω 的函数，幅频特性描述了系统对不同频率的正弦输入量的衰减(或放大)特性；相频特性描述了系统对不同频率正弦输入量在相位上的滞后(或超前)特性。系统的频率特性反映了系统内在的动态及静态性能，因此可以通过研究系统的频率特性，以及各参数对系统频率特性的影响，间接分析系统的性能，从而寻求改善系统性能的方法。

幅频特性和相频特性统称为幅相频率特性，记作：

$$G(j\omega)=|G(j\omega)|e^{j\angle G(j\omega)}=A(\omega)e^{j\varphi(\omega)} \tag{4-37}$$

频率特性常用以下三种图示方法：

(1) 幅频特性曲线、相频特性曲线：在直角坐标系中表示的一组曲线。横轴坐标是频率 ω，单位是弧度/秒(rad/s)；纵坐标分别是幅频特性 $A(\omega)$和相频特性 $\varphi(\omega)$，相频特性的单位是度(°)。

(2) 幅相频率特性曲线(极坐标图，Polar Plot)：常用的一种幅相频率特性的图示方法，又称奈氏图。其特点是将频率 ω 作为参变量，对每个给定的频率 ω，$G(j\omega)$在[$G(j\omega)$]复平面上表示一个点，当频率 ω 从零开始连续变化时，这些点便在复平面上形成一条连续的曲线，即幅相频率特性曲线。福相频率特性曲线上的每一个点都有一个确定的频率值与之对应。

(3) 对数频率特性曲线(伯德图，Bode Diagram)：包括对数幅频特性曲线和对数相频特性曲线，是应用最广的一组曲线。对数频率特性曲线的横轴坐标是频率 ω，横轴坐标是按对数分度的，纵坐标均匀分度，故称为半对数坐标。对数幅频特性曲线的纵坐标是幅频特性的分贝值(dB)，即 $L(\text{dB})=20\ \lg|G(j\omega)|$；对数相频特性曲线的纵坐标是相频特性 $\varphi(\omega)$，单位为度(°)。

4.2.2 对数频率特性及伯德图

频率特性中的极坐标图计算与绘制都比较麻烦，用对数坐标图不但计算简单，绘图容易，而且能直观地表现时间常数等参数变化对系统性能的影响。

频率特性对数坐标图是将开环幅相频率特性 $G(j\omega)H(j\omega)$写为

$$G(j\omega)H(j\omega)=M(\omega)e^{j\varphi(\omega)}$$

式中，$M(\omega)$为幅频特性，$\varphi(\omega)$为相频特性。将幅频特性 $M(\omega)$取以 10 为底的对数，并乘以 20 得 $L(\omega)$，单位为分贝(dB)，即 $L(\omega)=20\ \lg M(\omega)$，则对数幅频特性是 $L(\omega)$与频率 ω 的关系曲线；对数相频特性是 $\varphi(\omega)$与频率 ω 的关系曲线。

对数频率特性曲线又称伯德曲线或伯德(Bode)图，即将幅频和相频特性曲线分别画出，并按对数分度运算，从而使系统的分析和设计变得十分简便。伯德图是工程中广泛使用的一组曲线。

1. 伯德图的构成

对数频率特性曲线(即伯德图)坐标系如图 4-10 所示。

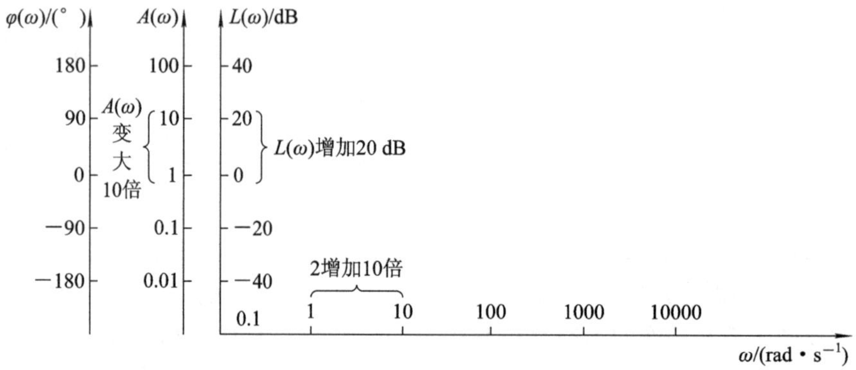

图 4-10 对数频率特性曲线坐标系

图中，对数幅频特性曲线的横坐标是对 ω 取以 10 为底的对数进行分度的，但标注时用角频率的真值以方便读数，如图 4-11 所示。

ω 每变化十倍，横坐标 $\lg\omega$ 就增加一个单位长度，记为 decade(或简写 dec)，称之为“十倍频”或“十倍频程”。横坐标对于 ω 是不均匀的，但对 $\lg\omega$ 却是均匀的线性分度。由于 0 频无法表示，因此横坐标的最低频率是由所需的频率范围来确定的。若横轴上有两点 ω_1 与 ω_2，则该两点的距离不是 $\omega_2-\omega_1$，而是 $\lg\omega_2-\lg\omega_1$。如 2 与 20、10 与 100 之间的距离均为

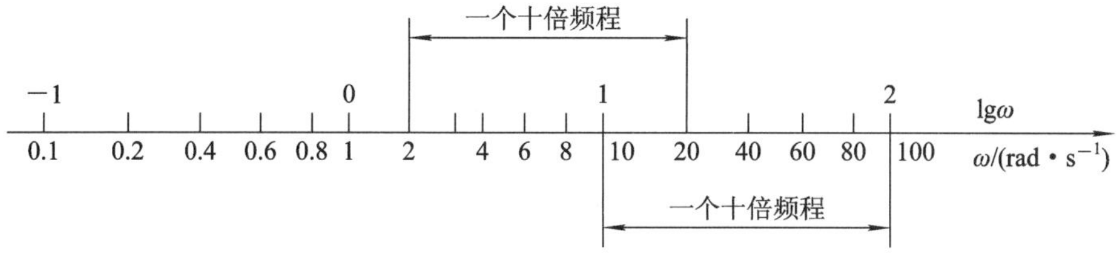

图 4－11　ω 轴分布图

一个单位长度，即一个十倍频程。对数幅频特性图的纵坐标是对幅值分贝(dB)数进行分度，用 $L(\omega)=20\ \lg M(\omega)$表示。

对数相频特性曲线中，以 $\varphi(\omega)$为纵坐标，以 ω 为横坐标，横坐标与对数幅频特性曲线相同，也是以对数分度，纵坐标用等刻度分度，单位为度(°)。这样，与对数幅频特性曲线一样，对数相频特性曲线也形成一个半对数坐标系。

2. 伯德图的特点

对系统进行频域性能分析时，采用对数频率特性有以下优点：

(1) 横坐标按频率 ω 取对数分度，低频部分展宽，而高频部分缩小，与对实际控制系统(一般为低频系统)的频率分辨要求吻合。

(2) 一个复杂的控制系统可以视为由多个简单的典型环节串联而成(传递函数相乘)，幅频特性取分贝数 $20\ \lg|GH|$后，使系统传递函数中各因子间的乘除运算变为加减运算。因此，在伯德图上表现为各因子代表的典型环节的幅频特性曲线的叠加，从而大大简化了作图过程，使系统设计和分析变得容易。

一个复杂的控制系统可以视为由多个简单的典型环节串联而成，则系统的幅相频率特性为

$$G(j\omega)=G_1(j\omega)G_2(j\omega)\cdots G_n(j\omega)=A(\omega)e^{j\varphi(\omega)}$$

式中，$G_1(j\omega)$,$G_2(j\omega)\cdots G_n(j\omega)$为组成该系统的典型环节的幅相频率特性，若

$$G_1(j\omega)=A_1(\omega)e^{j\varphi_1(\omega)},\ G_2(j\omega)=A_2(\omega)e^{j\varphi_2(\omega)},\ \cdots,\ G_n(j\omega)=A_n(\omega)e^{j\varphi_n(\omega)}$$

则

$$A(\omega)=A_1(\omega)A_2(\omega)\cdots A_n(\omega)$$

得到

$$\begin{cases}L(\omega)=20\ \lg A_1(\omega)+20\ \lg A_2(\omega)+\cdots+20\ \lg A_n(\omega)\\ \varphi(\omega)=\varphi_1(\omega)+\varphi_2(\omega)+\cdots+\varphi_n(\omega)\end{cases}$$

(3) 可采用由直线段构成的渐近特性(或稍加修正)代替精确伯德图，使绘图十分简便。

(4) 在控制系统的设计和调试中，开环放大系数 K 是最常变化的参数，而 K 的变化不影响对数幅频特性的形状，只会使幅频特性曲线作上下平移。

4.2.3　频域性能指标

与时域响应中衡量系统性能采用时域性能指标类似，频率特性在数值和曲线形状上的特点通常可用频域性能指标(Performance Specifications in the Frequency Domain)来反映，它们在很大程度上能够间接地表明系统动/静态特性。系统频率特性曲线如图 4－12 所示。

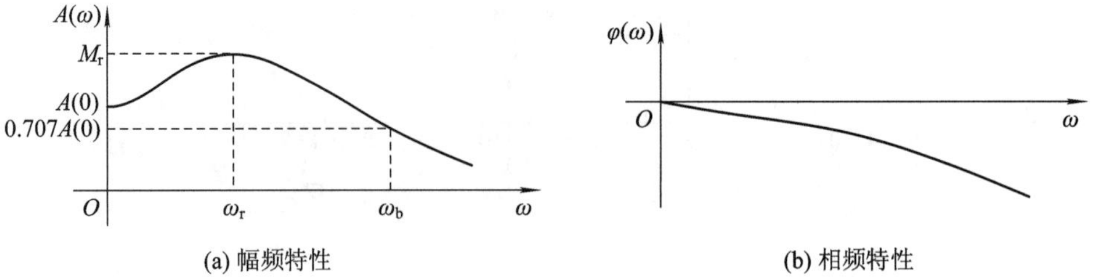

(a) 幅频特性　　(b) 相频特性

图 4-12　频率特性曲线

常见的频域性能指标主要有以下几项：

(1) 谐振频率(Resonant Frequency)ω_r：幅频特性 $A(\omega)$ 出现最大值时所对应的频率。

(2) 谐振峰值(Resonant Magnitude)M_r：幅频特性的最大值。M_r 大表明系统对频率的正弦信号反应强烈，即系统的平稳性差，阶跃响应的超调量大。

(3) 频带(Bandwidth)ω_b：幅频特性 $A(\omega)$ 的幅值衰减到起始值的 0.707 倍时所对应的频率。ω_b 大表明系统复现快速变化信号的能力强，失真小，即系统快速性好，阶跃响应上升时间短，调节时间短。

(4) 零频 $A(0)$：频率 $\omega=0$ 时的幅值。$A(0)$ 表示系统阶跃响应的终值，$A(0)$ 与 1 之间的差反映了系统的稳态精度，$A(0)$ 越接近 1，系统的精度越高。

4.2.4　稳定裕度

在实际的控制系统中，由于控制系统元部件参数会随着时间以及环境的变化而变得不确定。为了使系统能够在变化的情况下维持稳定性，在设计系统时需要考虑留出一定的稳定裕度，即相对稳定性的概念。只有这样才能不因系统参数变化而导致系统性能变差甚至不稳定。

通常情况下，稳定裕度是以相位裕量(Phase Margin，PM)和幅值裕量(Gain Margin，GM)来表示的。在对数幅相频率特性曲线中，相位裕度及幅值裕度如图 4-13 所示。

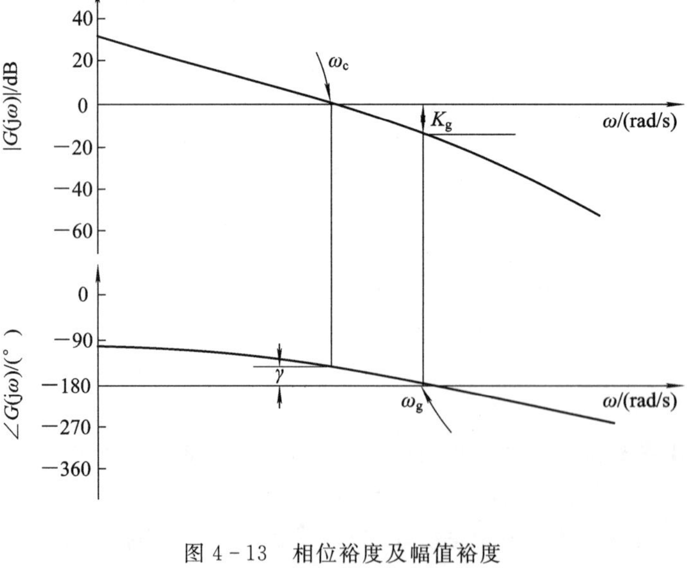

图 4-13　相位裕度及幅值裕度

对于最小相位系统，相位裕度 γ 为截止频率 ω_c 处的相角与 $-180°$ 线之间的距离，即

$$\gamma = 180° + \varphi(\omega_c) \tag{4-38}$$

式中，截止频率 ω_c 为对数幅频特性 $L(\omega)=0$ 时的角频率。系统的相位裕度表示了系统至临界稳定状态尚可滞后的角度。即若系统开环相频特性滞后角度大于等于 γ 度，则系统变得不稳定。当 $\gamma>0$ 时，表示相位裕量是正的；当 $\gamma<0$ 时，表示相位裕量是负的。为了使闭环系统稳定，要求相位裕量是正的。

设系统的开环传递函数为 $G(s)H(s)$，幅值裕度定义为

$$h = \frac{1}{|G(j\omega_g)H(j\omega_g)|} \tag{4-39}$$

式中，ω_g 称为穿越频率，为对数相频特性 $\varphi(\omega)=-180°$ 时的角频率。系统的幅值裕度表示了系统至临界稳定状态时开环幅频特性尚可扩大的倍数。即若系统开环幅频特性再增大超过 h 倍，则系统变得不稳定。

在对数坐标系下，幅值裕度定义为

$$h(\mathrm{dB}) = -20\lg|G(j\omega_g)H(j\omega_g)| \tag{4-40}$$

当 $h>1$，$h(\mathrm{dB})>0$ 时，系统稳定；当 $h<1$，$h(\mathrm{dB})<0$ 时，系统不稳定。

◇ 任务实施

在任务实施部分，学生需要根据任务准备中对频率特性、伯德图以及频域性能指标的介绍，完成关于直流电动机及其开环控制系统时域性能分析及仿真的实验，并在对实验结果分析的基础上，进一步掌握使用 MATLAB 绘制伯德图的方法以及阻尼比不同时，二阶系统伯德图的变化。

4.2.5　实验模块一　直流电动机的伯德图

1. 实验目的

(1) 了解使用 MATLAB 绘制系统伯德图的方法；

(2) 掌握阻尼比不同时，二阶系统伯德图特点。

2. 实验准备

1) 伯德图绘制函数

MATLAB 中绘制伯德图的函数为 bode()，常见用法为：bode(num,den)或 bode(num,den,w)，其中 w 规定了伯德图横轴的频率范围。

2) 对数矢量函数

MATLAB 中生成对数间隔矢量的函数为 logspace()，常见用法为：

```
y=logspace(a,b)
```

用于在 $10^a \sim 10^b$ 之间产生 50 个对数间隔点的行向量 y；y=logspace(a,b,n)，用于在 $10^a \sim 10^b$ 之间产生 n 个对数间隔点的行向量。

3. 实验方法及步骤

直流电动机的传递函数为

$$G(s) = \frac{0.01}{0.005s^2 + 0.06s + 0.1001} = \frac{2}{s^2 + 12s + 20.02}$$

(1) 根据直流电动机传递函数，在 MATLAB 中建立该直流电动机模型。代码如下：

```
num=[2]; den=[1,12,20.02];
sys=tf(num,den);
```

(2) 绘制直流电动机的伯德图，代码如下：

```
w=[0,logspace(-1,2,200)]; bode(sys,w);
title('直流电机伯德图');
```

直流电动机的伯德图如图 4-14 所示。

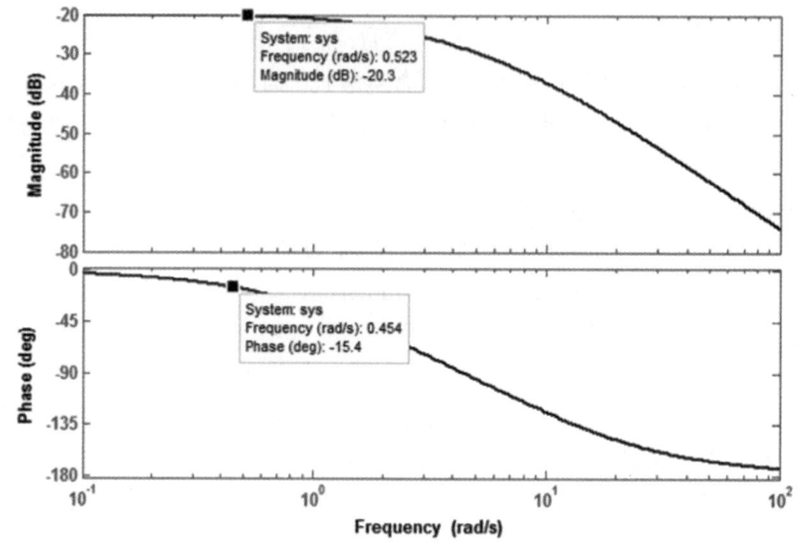

图 4-14　直流电动机伯德图

(3) 不改变自然振荡角频率，只改变系统的阻尼比，令其分别为 0.2、0.7、1 时，绘制伯德图，如图 4-15 所示。

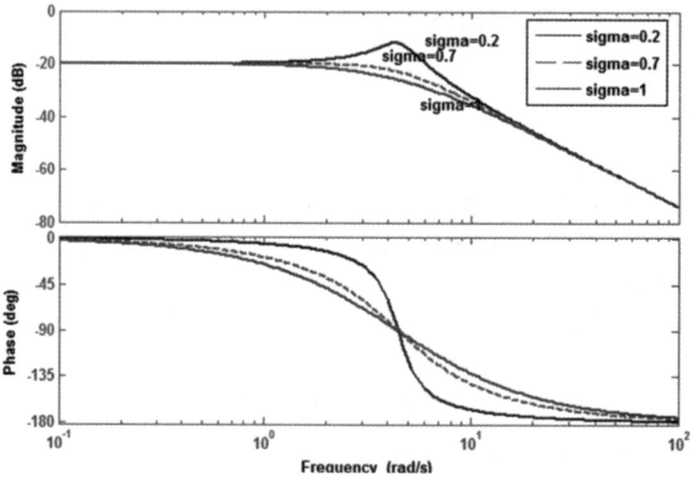

图 4-15　不同阻尼比时直流电动机伯德图

4. 实验记录及分析

(1) 记录不同阻尼比时直流电动机的伯德图；

（2）分析不同阻尼比时直流电动机伯德图特点。

知识拓展4 典型环节的频率特性

控制系统由若干典型环节组成，常见的典型环节有比例环节、惯性环节、积分环节、微分环节、比例微分环节、振荡环节和滞后环节等。下面分别讨论典型环节的对数频率特性。

1. 比例环节的频率特性

由比例环节的传递函数 $G(s)=K$，可得其幅相频率特性为

$$G(\mathrm{j}\omega)=K\Rightarrow\begin{cases}A(\omega)=K\\ \varphi(\omega)=0^\circ\end{cases}$$

比例环节的幅相频特性均与频率 ω 无关。取对数后得到比例环节的对数频率特性为

$$G(\mathrm{j}\omega)=K\Rightarrow\begin{cases}L(\omega)=20\ \lg A(\omega)=20\ \lg K\\ \varphi(\omega)=0^\circ\end{cases}$$

由此可知，比例环节的对数幅频特性 $L(\omega)$为平行于横轴的一条直线，如图 4-16 所示。当 $K>1$ 时，直线在 0 轴以上，表示该比例环节为放大环节；当 $K<1$ 时，直线在 0 轴以下，表示该比例环节为缩小环节。相频特性 $\varphi(\omega)=0^\circ$，相当于相频特性的横轴，表示输出量与输入量相角一致，既不超前也不滞后。

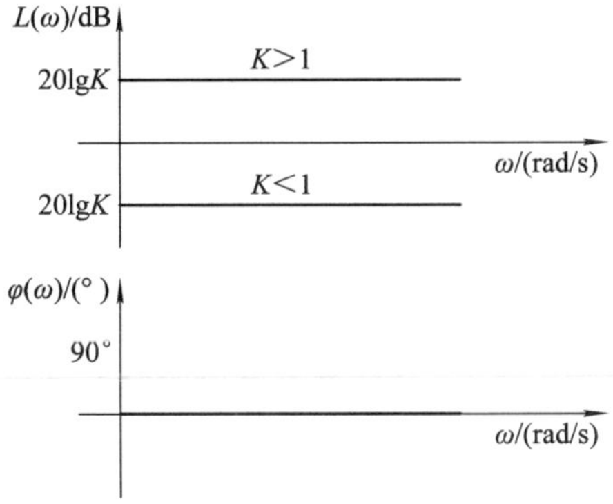

图 4-16 比例环节伯德图

2. 积分环节的频率特性

由积分环节的传递函数 $G(s)=1/s$，可得其幅相频率特性为

$$G(\mathrm{j}\omega)=\frac{1}{\mathrm{j}\omega}\Rightarrow\begin{cases}A(\omega)=\dfrac{1}{\omega}\\ \varphi(\omega)=-90^\circ\end{cases}$$

积分环节的幅频特性为负虚轴。取对数后得到积分环节的对数频率特性为

$$G(\mathrm{j}\omega)=\frac{1}{\mathrm{j}\omega}\Rightarrow\begin{cases}L(\omega)=20\ \lg A(\omega)=20\ \lg\left|\dfrac{1}{\omega}\right|=-20\ \lg\omega\\ \varphi(\omega)=-90^\circ\end{cases}$$

由此可知，积分环节的对数幅频特性 $L(\omega)$曲线是一条斜率为 -20 dB/dec 的直线，如

图 4-17 所示。在 $\omega=1$ 这一点穿过零分贝线，表示当输入信号角频率 $\omega<1$ 时，输出量幅值大于输入量；输入信号角频率 $\omega>1$ 时，输出量幅值小于输入量。相频特性 $\varphi(\omega)=-90°$，与频率无关，是一条平行于横轴的直线，表示输出量相位滞后于输入量 90°。

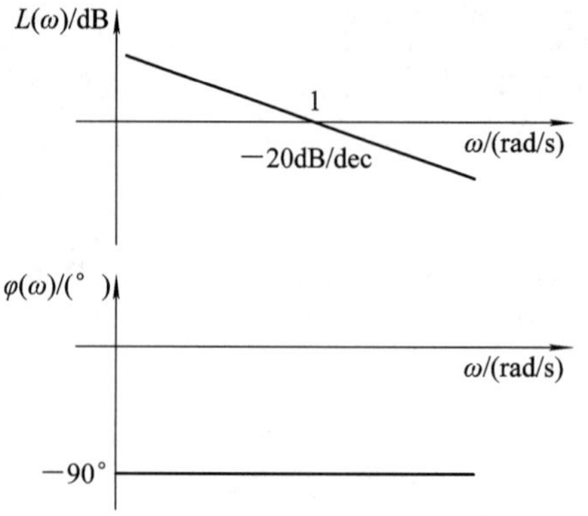

图 4-17 积分环节伯德图

3. 微分环节的频率特性

由微分环节的传递函数 $G(s)=s$，可得其幅相频率特性为

$$G(\mathrm{j}\omega)=\mathrm{j}\omega \Rightarrow \begin{cases} A(\omega)=\omega \\ \varphi(\omega)=90° \end{cases}$$

微分环节的幅频特性为正虚轴。得到微分环节的对数频率特性为

$$G(\mathrm{j}\omega)=\mathrm{j}\omega \Rightarrow \begin{cases} L(\omega)=20\ \lg A(\omega)=20\ \lg\omega \\ \varphi(\omega)=90° \end{cases}$$

由此可知，微分环节的对数幅频特性 $L(\omega)$ 曲线是一条斜率为 +20 dB/dec 的直线，如图 4-18 所示。在 $\omega=1$ 这一点穿过零分贝线，表示当输入信号角频率 $\omega<1$ 时，输出量幅值小于输入量；输入信号角频率 $\omega>1$ 时，输出量幅值大于输入量。相频特性 $\varphi(\omega)=90°$，与频率无关，是一条平行于横轴的直线，表示输出量相位超前于输入量 90°。

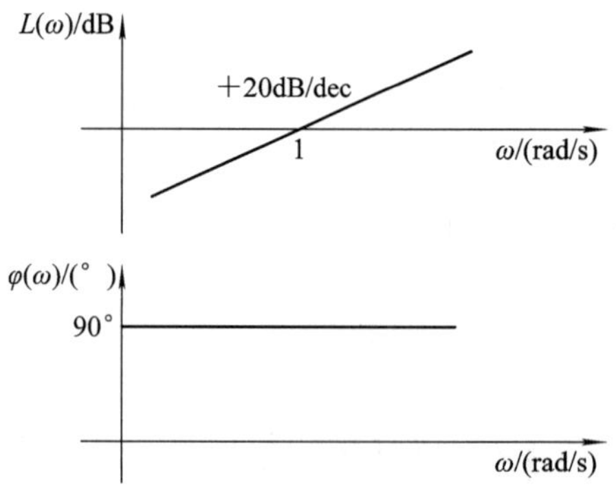

图 4-18 微分环节伯德图

4. 惯性环节的频率特性

由惯性环节的传递函数 $G(s)=1/(Ts+1)$，可得其幅相频率特性为

$$G(\mathrm{j}\omega)=\frac{1}{\mathrm{j}\omega T+1}\Rightarrow\begin{cases}A(\omega)=\dfrac{1}{\sqrt{T^2\omega^2+1}}\\ \varphi(\omega)=-\arctan(\omega T)\end{cases}$$

可以证明，惯性环节的幅相特性是一个圆心在$(K/2，0)$、半径为$K/2$的下半圆。取对数可得惯性环节的对数频率特性为

$$G(\mathrm{j}\omega)=\frac{1}{\mathrm{j}\omega T+1}\Rightarrow\begin{cases}L(\omega)=20\lg A(\omega)=20\lg\dfrac{1}{\sqrt{T^2\omega^2+1}}\\ \qquad=-20\lg\sqrt{T^2\omega^2+1}\\ \varphi(\omega)=-\arctan(\omega T)\end{cases}$$

由此可知，惯性环节的对数幅频特性$L(\omega)$曲线和相频特性$\varphi(\omega)$曲线随着角频率ω的增大不断减小。在工程应用中，为了简化对数幅频特性曲线的作图，常常将特性曲线用低频段和高频段的渐近线来表示，称为对数幅频渐近特性曲线。

惯性环节的对数幅频特性曲线可近似为两段直线，如图4-19所示。在$\omega<1/T$时，忽略$L(\omega)$中ωT的影响，则惯性环节相当于比例系数为1的比例环节，对数幅频渐近特性曲线是一条零分贝线；在$\omega>1/T$时，忽略$L(\omega)$中1的影响，则惯性环节相当于积分时间常数为T的积分环节，对数幅频渐近特性曲线是一条斜率为-20 dB/dec的直线。两直线相交，交点处频率$\omega=1/T$，称为转折频率。

惯性环节的相频特性初始角度为0°，终值角度为$-90°$，在转折频率处为$-45°$。

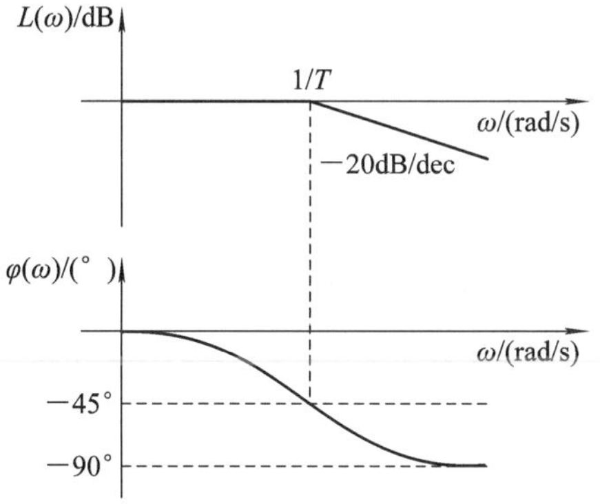

图4-19　惯性环节伯德图

5. 比例微分环节的频率特性

由比例微分环节的传递函数$G(s)=\tau s+1$，可得其幅相频率特性为

$$G(\mathrm{j}\omega)=\mathrm{j}\omega\tau+1\Rightarrow\begin{cases}A(\omega)=\sqrt{\tau^2\omega^2+1}\\ \varphi(\omega)=\arctan(\omega\tau)\end{cases}$$

可以证明，比例微分环节的幅相特性是一条与正虚轴平行的、起点为(1，0)的直线。取对数可得比例微分环节的对数频率特性为

$$G(\mathrm{j}\omega)=\mathrm{j}\omega\tau+1\Rightarrow\begin{cases}L(\omega)=20\lg A(\omega)=20\lg\sqrt{\tau^2\omega^2+1}\\ \qquad=20\lg\sqrt{\tau^2\omega^2+1}\\ \varphi(\omega)=\arctan(\omega\tau)\end{cases}$$

由此可知，比例微分环节的对数幅频特性曲线可近似为两段直线，如图4-20所示。在$\omega<1/T$时，忽略$L(\omega)$中ωT的影响，则比例微分环节相当于比例系数为1的比例环节，对数幅频渐近特性曲线是一条零分贝线；在$\omega>1/T$时，忽略$L(\omega)$中1的影响，则比例微分环节相当于微分时间常数为τ的微分环节，对数幅频渐近特性曲线是一条斜率为20 dB/dec的直线。两直线相交，转折频率为$\omega=1/\tau$。

比例微分环节的相频特性初始角度为0°，终值角度为90°，在转折频率处为45°。

6. 二阶振荡环节的频率特性

二阶振荡环节的传递函数为

$$G(s)=\frac{1}{1+2\zeta Ts+T^2s^2}$$

式中，T为时间常数，ζ为阻尼比。可得其幅相频率特性为

$$G(\mathrm{j}\omega)=\frac{1}{(\mathrm{j}\omega T)^2+\mathrm{j}2\zeta T\omega+1}\Rightarrow\begin{cases}A(\omega)=\dfrac{1}{\sqrt{(1-T^2\omega^2)^2+(2\zeta\omega T)^2}}\\ \varphi(\omega)=-\arctan\dfrac{2\zeta\omega T}{1-T^2\omega^2}\end{cases}$$

二阶振荡环节的对数频率特性为

$$G(\mathrm{j}\omega)=\frac{1}{(\mathrm{j}\omega T)^2+\mathrm{j}2\zeta T\omega+1}\Rightarrow\begin{cases}L(\omega)=20\lg A(\omega)\\ \qquad\quad=-20\lg\sqrt{(1-T^2\omega^2)^2+(2\zeta\omega T)^2}\\ \varphi(\omega)=-\arctan\dfrac{2\zeta\omega T}{1-T^2\omega^2}\end{cases}$$

二阶振荡环节的对数相频特性曲线在低频段近似为$L(\omega)=0$的一条直线，这条直线与横坐标重合；在高频段近似为一条斜率为-40 dB/dec的直线，如图4-21所示。当$0<\zeta<1$时，在$\omega=1/T$附近，对数幅频特性将出现谐振峰值M_{p}，其大小与阻尼比有关。

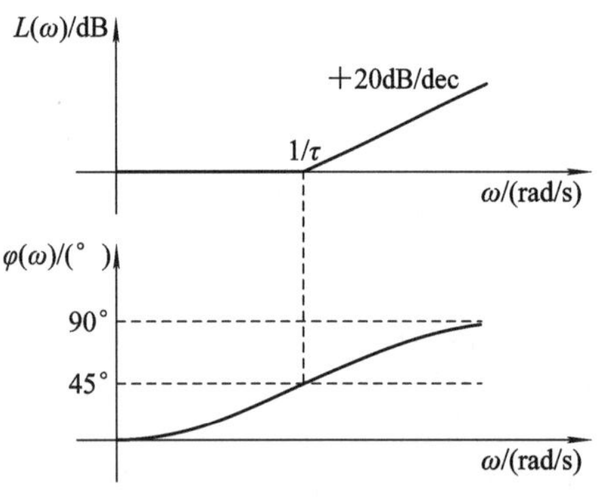

图4-20　比例微分环节伯德图

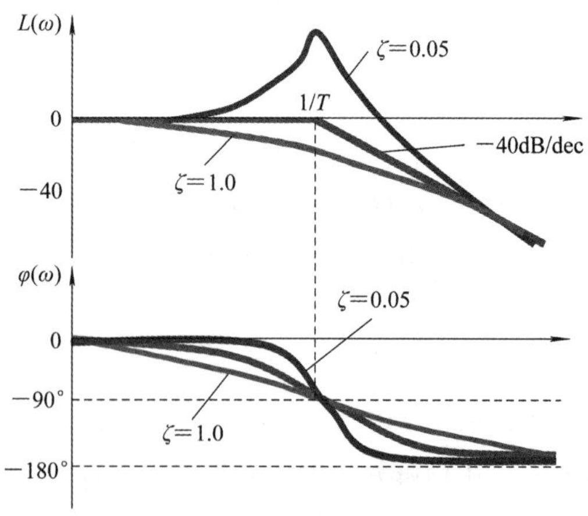

图4-21　二阶振荡环节伯德图

4.2.6 实验模块二 直流电动机控制系统开环频率特性分析

1. 实验目的

(1) 能够使用 MATLAB 得到系统的谐振幅值和谐振频率；

(2) 能够使用 MATLAB 对计算系统稳定裕度；

2. 实验准备

MATLAB 中用于计算系统稳定裕度的函数为 margin()，常见用法为

margin(num,den)

用于计算系统幅值裕度和相角裕度，并绘制伯德图。

[gm,pm,wcg,wcp]=margin(sys)

用于得到系统幅值稳定裕度 gm、相角稳定裕度 pm、相角穿越频率 wcg 和幅值穿越频率(截止频率)wcp。

3. 实验方法及步骤

(1) 绘制阻尼比为 0.6 时直流电动机的伯德图，在右键菜单中点击“Characteristics”中的“Peak Response”，如图 4-22 所示。

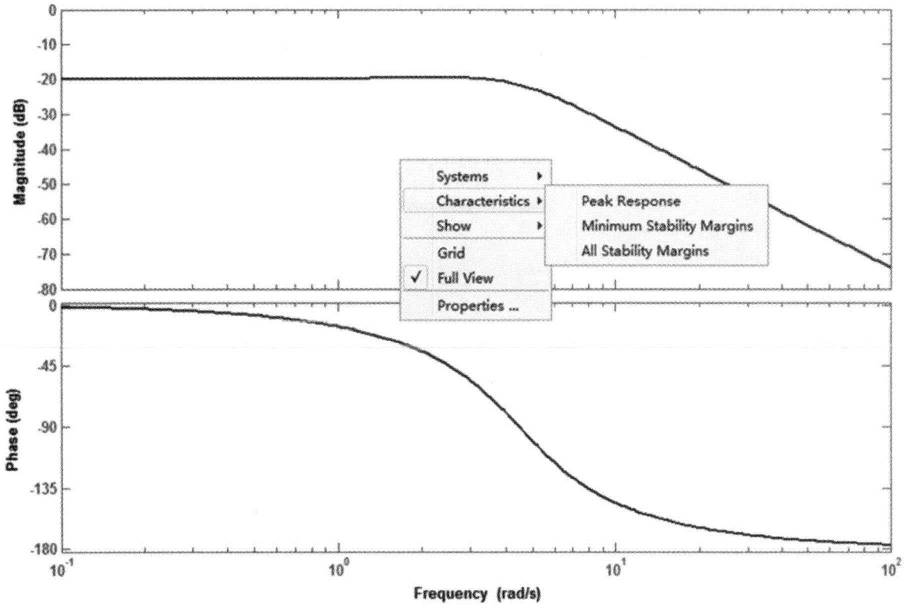

图 4-22 阻尼比为 0.6 时直流电动机伯德图

此时伯德图中出现一个圆点，该点就是系统的谐振频率处，单击该圆点，输出显示如图 4-23 所示。

从图中可得到该系统的谐振峰值为−19.7 dB，谐振频率为 2.35 rad/s。

(2) 绘制直流电动机比例控制时开环系统伯德图，如图 4-24 所示，其中比例系数为 70。

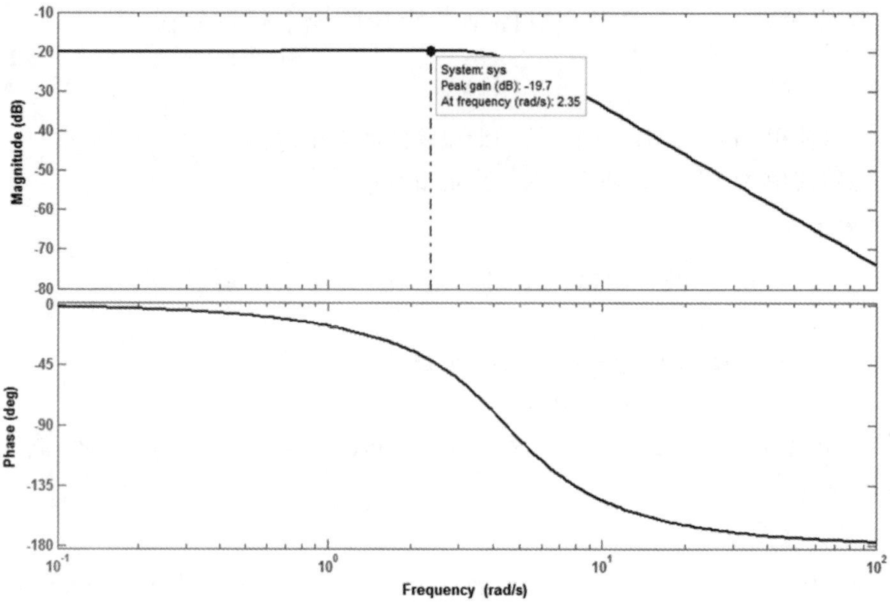

图 4-23　阻尼比为 0.6 时直流电动机伯德图(显示谐振峰值及谐振频率)

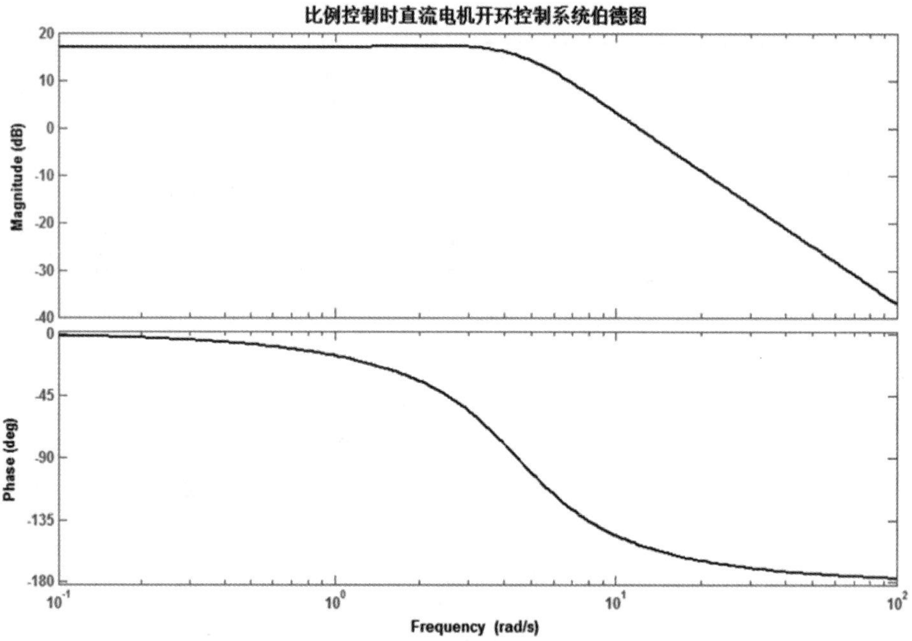

图 4-24　比例控制时直流电动机开环控制系统伯德图

(3) 得到系统稳定裕度。

gm = Inf

pm = 27.5828

wcg = Inf

wcp = 12.0045

可知，该系统幅值稳定裕度和相角穿越频率为无穷大，相角稳定裕度为 27.5828°，幅值截止频率为 12.0045 rad/s。

4. 实验记录及分析

(1) 记录直流电动机比例控制时开环系统的谐振幅值和谐振频率；

(2) 记录系统的稳定裕度；

(3) 试通过系统开环频率特性分析系统稳定性、准确性和快速性。

知识拓展 1　开环对数频率特性与时域响应的关系

实际系统的开环对数幅频特性 $L(\omega)$ 一般都符合如图 4-25 所示的特征：左端(频率较低的部分)高，右端(频率较高的部分)低。因此，根据系统开环对数频率特性对系统性能的不同影响，将系统开环对数频率特性分为 3 个频段加以分析，即低频段、中频段和高频段。低频段主要指第一个转折点以前的频段，中频段指截止频率 ω_c 附近的频段，高频段指频率远大于 ω_c 的频段。低频段反映了系统的稳态性能；中频段反映了系统的动态性能；高频段则反映了系统抗高频干扰的能力，对系统的动态性能影响不大。

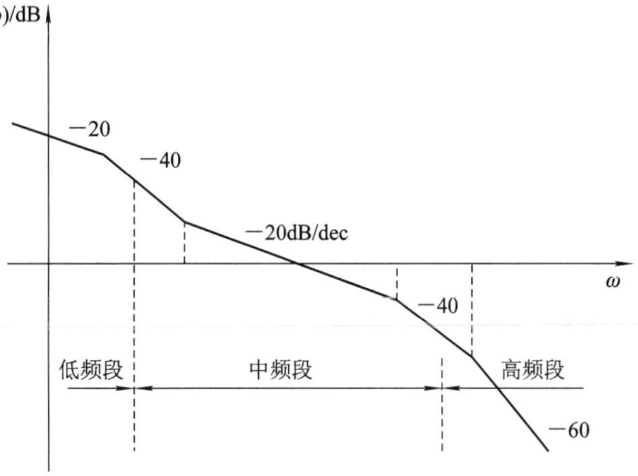

图 4-25　对数频率特性三频段的划分

需要指出，开环对数频率特性三频段的划分是相对的，各频段之间没有严格的界限。一般控制系统的频段范围在 0.01～100 Hz 之间。

1. 低频段(Low-frequency Portion)

低频段通常指 $L(\omega)=20\lg|G(j\omega)|$ 的渐近线在第一个转折频率之前的频段，这一频段的特性完全由积分环节和开环放大倍数决定。

低频段对数幅频特性为

$$L_d(\omega) = 20\lg K - 20v\lg\omega$$

式中，K 为开环放大倍数，v 为开环传递函数中积分环节的个数。

若已知低频段的开环对数幅频特性曲线，则很容易得到 K 值和积分环节数 v，故低频段的频率特性决定了系统的稳态性能。

低频段的斜率越小，位置越高，对应系统积分环节的数目越多(系统型号越高)，开环放大倍数 K 越大，则在闭环系统稳定的条件下，其稳态误差越小，动态响应的跟踪精度越高。

2. 中频段(Middle-frequency Portion)

中频段指开环对数幅频特性曲线在开环截止频率 ω_c附近(0 dB 附近)的区段，这一频段的特性集中反映了闭环系统动态响应的平稳性和快速性。

时域响应的动态特性主要取决于中频段的形状。

反映中频段形状的三个参数为：开环截止频率 ω_c、中频段斜率、中频段宽度。ω_c的选择取决于系统暂态、响应速度的要求；中频段越长，相位裕量越大。

开环对数幅频特性中频段斜率最好为－20 dB/dec，而且希望其长度尽可能长，以确保系统有足够的相角裕量。当中频段斜率为－40 dB/dec 时，中频段占据的频率范围不宜过长，否则相位裕量会很小；若中频段斜率更小(如－60 dB/dec)，则系统难以稳定。另外，截止频率 ω_c越高，系统复现信号的能力越强，系统快速性也就越好。

3. 高频段(High-frequency Portion)

高频段指开环对数幅频特性在中频段以后的频段，高频段的形状主要影响时域响应的起始段。

在进行分析时，可以将高频段进行近似处理，即用一个小惯性环节来等效地替代多个小惯性环节，等效的小惯性环节的时间常数等于被替代的多个小惯性环节的时间常数之和。

系统开环对数幅频特性在高频段的幅值，直接反映了系统对高频干扰信号的抑制能力。高频部分的幅值越低，系统的抗干扰能力越强。

总之，为了使系统满足一定的稳态和动态要求，对开环对数幅频特性曲线的形状有如下要求：低频段要有一定的高度和斜率；中频段的斜率最好为－20 dB/dec，且具有足够的宽度；高频段采用迅速衰减的特性，以抑制不必要的高频干扰。

需要注意的是，3 个频段的划分并没有严格的确定准则，但是 3 个频段的概念为直接运用开环频率特性来判别、估算系统性能指出了方向。

知识拓展 2　闭环频率特性与时域响应的关系

对于二阶系统，其频域性能指标与时域性能指标之间存在一定的数学关系。

二阶系统的闭环传递函数为

$$\phi(s)=\frac{\omega_n^2}{s^2+2\zeta\omega_n s+\omega_n^2}$$

系统的闭环频率特性为

$$\phi(j\omega)=\frac{\omega_n^2}{(j\omega)^2+j2\zeta\omega_n\omega+\omega_n^2}$$

系统的闭环幅频特性为

$$M(\omega)=\frac{\omega_n^2}{\sqrt{(\omega_n^2-\omega^2)^2+(2\zeta\omega_n\omega)^2}}$$

系统的闭环相频特性为

$$\varphi(\omega)=-\arctan\frac{2\zeta\omega_n\omega}{\omega_n^2-\omega^2}$$

二阶系统的谐振峰值 M_r 与时域超调量 M_p 之间的关系为

$$M_p=e^{-\zeta\pi/\sqrt{1-\zeta^2}}\times100\%$$

$$M_r=\frac{1}{2\zeta\sqrt{1-\zeta^2}}$$

从上面的式子可以看出：

(1) 谐振峰值 M_r 仅与阻尼比 ζ 有关，超调量 M_p 也仅取决于阻尼比 ζ；

(2) ζ 越小，M_r 增加得越快，此时超调量 M_p 会很大，超过 40%，这样的系统一般不符合瞬态响应指标的要求；

(3) 当 $0.4<\zeta<0.707$ 时，M_r 与 M_p 的变化趋势基本一致，此时谐振峰值 $M_r=1.2\sim1.5$，超调量 $M_p=20\%\sim30\%$，系统响应结果比较理想；

(4) 当 $\zeta>0.707$ 时，无谐振峰值，M_r 与 M_p 的对应关系不再存在，通常在设计中 ζ 取值在 0.4～0.7 之间。

二阶系统的谐振频率 ω_r 与峰值时间 t_p 之间的关系为

$$t_p\omega_r=\frac{\pi\sqrt{1-2\zeta^2}}{\sqrt{1-\zeta^2}}$$

从上式可以看出，当 ζ 为常数时，谐振频率 ω_r 与峰值时间 t_p 成反比，ω_r 值越大，t_p 越小，表示系统时间响应越快。

二阶系统的闭环截止频率 ω_b 与过渡过程时间 t_s 之间的关系为

$$\omega_b t_s=\frac{3\sim4}{\zeta}\sqrt{1-2\zeta^2+\sqrt{2-4\zeta^2+4\zeta^4}}$$

从上式可以看出，当阻尼比 ζ 给定后，闭环截止频率 ω_b 与过渡过程时间 t_s 成反比。换言之，ω_b 越大(频带宽度越宽)，系统的响应速度越快。

◇ 问题与思考

(1) 增大系统的开环增益，对系统的稳定裕度有什么影响？为什么？

(2) 二阶系统在什么情况下会出现谐振？谐振幅值和谐振频率与系统哪些参数有关？

◇ 评价与考核

完成任务内容后，教师根据表 4-5 所示的评价与考核标准，根据学生表现进行评分，总分为 100 分。具体评价标准可参考表 4-6 所示的评价量表。

表 4-5 评价与考核标准

课程名称：自动控制原理		学习单元 4：直流电动机控制系统性能分析及 PID 控制器参数整定		
任务 2：直流电动机控制系统频域性能分析与仿真		授课教师：		授课学时：
课程性质：理实一体课程		综合评分：		
知识掌握情况评分(60 分)				
序号	知识考核点	教师评价	配分	实际得分
1	频率特性及对数频率特性		10 分	
2	频域性能指标		15 分	
3	稳定裕度		15 分	
4	典型环节伯德图		10 分	
5	开环频率特性与时域性能关系		10 分	
工作任务完成情况评分(40 分)				
1	能够独立完成对直流电动机控制系统的仿真实验		10 分	
2	能够通过仿真得到直流电动机控制系统的开环性能指标		15 分	
3	能够通过仿真得到直流电动机控制系统的稳定裕度		15 分	

表 4-6 评 价 量 表

评价内容	评价要点	核心素养水平评价指标	自评	组评	师评
准备：理解基本概念	理解频率特性、稳定裕度的概念，知道频率特性常用的图示方法	水平 1：能较为完整地描述频率特性、稳定裕度的概念；能较为完整地说出频率特性常用的图示方法			
		水平 2：能完整、准确地描述频率特性、稳定裕度的概念；能完整、准确地说出频率特性常用的图示方法			
		水平 3：能完整、准确地描述率特性、稳定裕度的概念，并说明其物理意义；能完整、准确地说出频率特性常用的图示方法，并说明各方法的组成及特点			

续表

评价内容	评价要点	核心素养水平评价指标	自评	组评	师评
实施：形成工程思维	能使用Matlab绘制直流电动机控制系统的Bode图，分析典型环节的对数频率特性，使用三频段法分析系统性能	水平1：在老师的指导下，能使用Matlab绘制直流电动机控制系统的Bode图；在老师的指导下，能分析典型环节的对数幅频及相频特性；在老师的指导下，能使用三频段法分析系统性能			
		水平2：能根据所学理论，查阅相关资料，使用Matlab绘制直流电动机控制系统的Bode图；能分析典型环节的对数幅频及相频特性；能使用三频段法分析系统性能			
		水平3：能根据所学理论，查阅相关资料，使用Matlab绘制直流电动机控制系统的Bode图，并得到系统的稳定裕度；能分析典型环节的对数幅频及相频特性，并理解其物理意义；能使用三频段法分析系统性能，理解开环频率特性与时域响应的关系			
	提出问题：能提出系统中关键参数之间的联系等有关问题	水平1：具有问题意识，能提出问题			
		水平2：能分析相关原理，提出可探究的问题			
		水平3：能针对具体系统，从不同角度提出并准确地表述可探究的问题			
自查：交流与反思	与其他同学交流合作并反思，虚心听取老师及其他同学的发言，积极交流讨论	水平1：具有与他人交流、讨论问题的意识			
		水平2：能聆听其他同学的问题，并较为完整地表述自己的观点及问题			
		水平3：能用专业术语准确地描述问题，提出解决问题的思路，并能虚心听取老师、同学的发言，与老师同学进行交流与反思			
评价：科学态度	体会学习、交流过程中的科学严谨性以及实事求是的态度，客观地对自我及他人进行评价，培养合作精神、团队意识	水平1：知道学习需要有实事求是、精益求精的态度，知道需要客观地认识自我及他人，有与他人合作的意愿			
		水平2：有学习和研究工程问题的兴趣，有实事求是、精益求精的科学态度，能与他人合作，并能较为客观地对自己和他人进行评价			
		水平3：有较强的学习和研究工程问题的内在动机，既能客观评价自己及他人，又能通过别人的评价反思并不断提高自己，坚持实事求是的态度、精益求精的精神，能创造性地解决问题，合作中能坚持观点又能修正错误			

续表

评价内容	评价要点	核心素养水平评价指标	自评	组评	师评
学生总结	在本次任务中，我做得最出色的是 在本次任务中，我所做的努力是 在本次任务中，我所遇到的困难是				
教师评语					

任务 4.3 直流电动机控制系统 PID 控制器参数整定

◇ 任务内容及要求

通过搭建直流电动机控制系统，在对系统进行时域性能测试及分析(即对于直流电动机调速控制系统响应的稳定性、准确性、快速性进行分析)的基础上，通过加入 PID 控制器，调整 PID 控制器参数，提高系统的综合性能，达到输出稳定、响应快速、实际输出与给定输出偏差小的效果。

◇ 任务准备

在任务准备部分，所需掌握的基本概念及理论知识主要包括：PID 参数整定的概念、参数整定 ZN 法和 CHR 法的一般步骤。

4.3.1 PID 参数整定

PID 控制器的定义及其具体应用参见学习单元 3 任务 3.2。PID 控制器的参数整定是控制系统设计的核心内容，它是根据被控过程的特性确定 PID 控制器的比例系数、积分时间常数和微分时间常数的大小。PID 控制器参数整定的方法很多，概括起来有两大类：理论计算整定法和工程整定法。

1. 理论计算整定法

理论计算整定法主要是根据系统的数学模型，通过理论计算的方法来确定控制器参数。由于数学模型一般都是对实际系统近似得到的，因此使用这种方法所得到的计算数据一般不可以直接使用，还必须通过工程实验进行调整和修改。

2. 工程整定法

工程整定法主要依赖工程经验，直接对控制系统进行试验，之后按照总结出的经验公式对控制器的比例系数(或比例度)、积分时间常数(或积分常数)和微分时间常数进行整定。这种方法应用起来比较简单，易于掌握，因此在工程实践中被广泛采用。目前国内常用的 PID 控制器参数的工程整定法主要有临界比例法、反应曲线法和衰减法，而这些方法都是在 ZN 整定法(齐格勒-尼科尔斯方法)基础上的改进。类似的工程整定方法还有很多，无论采用哪一种方法所得到的控制器参数，都需要根据实际情况进行最后的调整与完善。

PID 参数整定到最佳参数的步骤如下：

(1) 整定比例控制。参数整定时，首先将积分时间常数调至最大(或者关掉积分控制)，微分时间常数调为 0。其次将比例控制作用(比例系数)由小到大不断调整，同时观察系统的响应曲线，直至得到反应快、超调小的响应曲线。

(2) 整定积分控制。在只加入比例控制时，若稳态误差不能满足设计对系统的要求，则需要并联加入积分控制，构成 PI 控制。首先将步骤(1)中得到的比例系数减小至原来的 50%～80%，同时观测系统的响应曲线，然后加入积分控制，将积分时间常数从大到小不断调整(即不断增大积分的作用)，同时可微调比例系数。反复调试，直至得到较满意的响应曲线，从而确定比例和积分控制的参数。

(3) 整定微分控制。若经过以上步骤后，系统的动态过程不能达到设计的要求，则需要并联加入微分控制，构成 PID 控制。将微分时间常数设为 0，逐渐增大(即增加微分控制作用)，同时相应地微调比例系数和积分时间常数，反复调试，直至获得满意的控制效果，此时 PID 控制参数整定完成。

PID 参数的设定依靠工程师的经验以及对生产工艺的熟悉，参考测量值跟踪设定值曲线，从而调整 P、I、D 的参数大小。

工程中常用的口诀是：

参数整定找最佳，从小到大顺序查；先是比例后积分，最后再把微分加；

曲线振荡很频繁，比例度盘要放大；曲线漂浮绕大弯，比例度盘往小扳；

曲线偏离回复慢，积分时间往下降；曲线波动周期长，积分时间再加长；

曲线振荡频率快，先把微分降下来；动差大来波动慢，微分时间应加长；

理想曲线两个波，前高后低 4 比 1；一看二调多分析，调节质量不会低。

“先是比例后积分，最后再把微分加”是指 PID 参数整定的一般步骤。首先只加入比例控制，使系统响应达到稳定快速；其次再引入积分控制，用于消除稳态误差；最后加入微分控制，调整系统动态性能。

“曲线振荡很频繁，比例度盘要放大”的意思是当系统的响应曲线出现短周期的剧烈振荡，而且振荡的衰减很慢时，说明比例度太小(即比例系数太大)，则此时需要调大比例度(即减小比例系数)，使曲线快速平缓下来。

“曲线漂浮绕大弯，比例度盘往小扳”的意思是当系统的响应曲线长时间偏离设定值，形状像绕大弯儿，即调节时间过长时，说明比例度过大(即比例系数太小)，需要将比例度调小(即增大比例系数)。

“曲线偏离回复慢，积分时间往下降”的意思是当系统的响应曲线振荡后，返回设定值的速度很慢时，说明积分时间常数过大，这时应减小积分时间常数。

“曲线波动周期长，积分时间再加长”的意思是当系统的响应曲线振荡周期过长，且衰减得很慢，振荡次数较多时，说明积分时间常数太小，这时应该增大积分时间常数。

4.3.2 PID 参数整定——ZN 法

Ziegler 和 Nichols 于 1942 年提出了两种实用的 PID 控制器参数整定方法：阶跃响应曲

线法和频率响应法，它是通过测量开环动态响应中某些特征参数而进行的 PID 参数整定。如今这种 PID 参数整定方法在工业控制领域依然被广泛使用，简称 ZN 方法(齐格勒—尼科尔斯方法)，是处于经验法和计算法之间的一种方法，下面对阶跃响应曲线法和频率响应法分别进行介绍。

1. 阶跃响应曲线法

Ziegler 和 Nichols 提出的第一种方法是基于一阶纯滞后系统的开环阶跃响应曲线的，该曲线由两个过程特性参数描述，如图 4-26 所示。

首先确定阶跃响应曲线上最大斜率点，然后由过该点的切线分别与纵轴和横轴的交点得到参数 a 与 T_u，依照表4-7 对控制系统 PID 控制器参数进行整定。

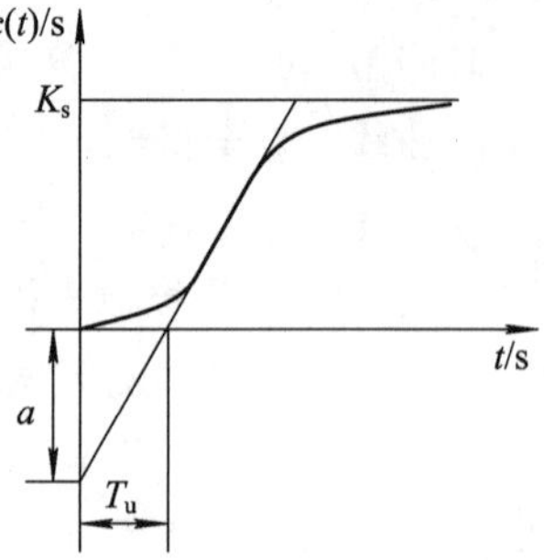

图 4-26 ZN 阶跃响应特性

表 4-7 ZN 阶跃响应的 PID 控制器参数

控制器类型	K_p	T_i	T_d
P	$1/a$	—	—
PI	$0.9/a$	$3T_u$	—
PID	$1.2/a$	$2T_u$	$T_u/2$

当一个平衡系统带载运行时的阶跃响应曲线呈 S 型时，如图 4-27 所示，则可测出该系统的稳态值 K_s、延迟时间 τ 和平衡时间常数 T_S。.

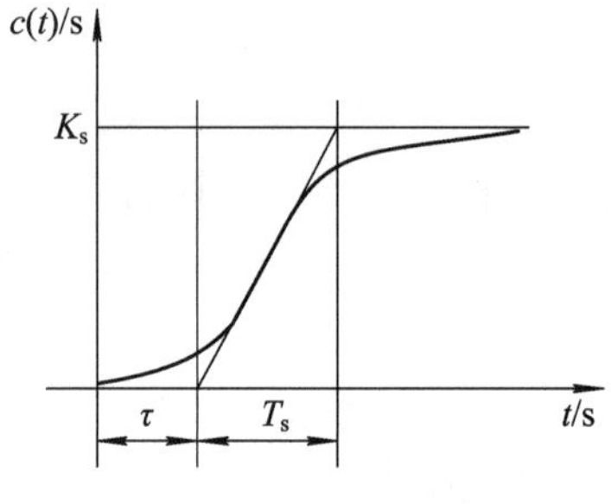

图 4-27 阶跃响应曲线

依照表 4-8 对控制系统的 PID 控制器参数进行整定。

表 4-8 ZN 整定法 PID 参数

控制器类型	K_p	T_i	T_d
P	$(K_s T_s)/\tau$	—	—
PI	$0.9(K_s T_s)/\tau$	$\tau/0.3$	—
PID	$1.2(K_s T_s)/\tau$	2τ	$\tau/2$

2. 频率响应曲线法(ZN 临界比例法)

频率响应曲线法是基于过程传递函数 $G(s)$ 的 Nyquist 曲线与负实轴(—180°)的交点的

信息，该点可由两个特性参数 K_s 和 T 来表示，其中 K_s 称为临界增益，T 称为临界周期。K_s 和 T 的值可由如下实验步骤得到：

（1）置控制器积分时间 T_i 到最大值（$T_i \to \infty$），微分时间 T_d 为零（$T_d = 0$），比例增益 K_s 设置为较小值，使控制系统投入运行。

（2）待系统运行稳定后，逐渐增大比例系数 K，直到系统输出出现等幅振荡，即临界稳定状态，如图 4-28 所示。

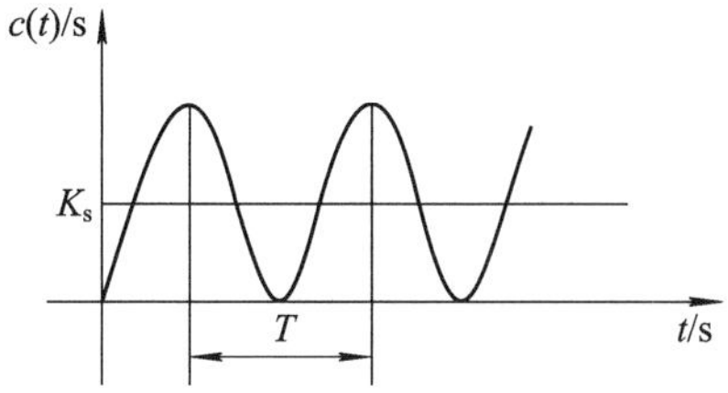

图 4-28　系统输出等幅振荡

记录下此时的比例系数 K_s（临界增益），并计算两个波峰间的时间 T（临界周期）。由实验获得 K_s 和 T 的值后，再根据表 4-9 可得 PID 控制器参数的值。

表 4-9　ZN 方法计算公式

控制类型	K_p	K_i	K_d
比例	$K_s/2$		
比例积分	$K_s/2.2$	$T/1.2$	
比例积分微分(PID)	$0.60K_s$	$T/2$	$T/8$

ZN 频率响应曲线法的缺陷：工业现场很多情况下不能做临界振荡的实验，这样会使系统或者仪表等造成损坏。由于现场中有很多干扰等的不确定性和对象本身的不确定性，等幅振荡实验测量出来的数据不一定能真实反应对象本身的特性。有些被控对象由于自身的原因不能进行等幅振荡实验，这种方法将变得没有任何意义。

4.3.3 PID 参数整定——CHR 法

基于一般被动系统提出的 Chien-Hrones-Reswick（CHR）整定算法，是传统的 Ziegler-Nichols(ZN)算法的一种改进。表 4-10 给出了给定控制时 CHR 整定公式。

表 4-10　给定控制时 CHR 整定公式(表中 *T* 为系统时间常数)

超调量 控制器	有 0%超调量			有 20%超调量		
	K_p	T_i	T_d	K_p	T_i	T_d
P	$0.3/a$	—	—	$0.7/a$	—	—
PI	$0.35/a$	$1.2T$	—	$0.6/a$	T	—
PID	$0.6/a$	T	$0.5T_u$	$0.95/a$	$1.4T$	$0.47T_u$

对于允许带有较大的阻尼，以确保没有超调量的快速响应的系统，则对应于表中标识为“有0%超调量”，该表中还允许设计出带20%超调量的快速响应，对应于表中标识为“有20%超调量”。与传统的ZN整定算法相比，CHR算法中直接使用了时间常数T。CHR算法还将给定控制和扰动控制区别对待，如表4-11所示为扰动控制时的CHR整定公式。

表 4-11　扰动控制时 CHR 整定公式

超调量 控制器	有0%超调量			有20%超调量		
	K_p	T_i	T_d	K_p	T_i	T_d
P	$0.3/a$	—	—	$0.7/a$	$2.3T_u$	—
PI	$0.6/a$	$4T_u$	—	$0.7/a$	$1.2T_u$	—
PID	$0.95/a$	$2.4T_u$	$0.42T_u$	$1.2/a$	—	$0.42T_u$

◇ 任务实施

在任务实施部分，学生需要根据任务准备中对PID参数整定以及ZN法和CHR法的学习，完成对直流电动机闭环控制系统的PID参数整定实验，从而掌握工程中对控制系统进行参数整定的一般方法及步骤。

4.3.4　实验模块　直流电动机控制系统PID控制器参数整定——CHR法

1. 实训目的

掌握使用CHR法进行PID参数整定的方法及步骤。

2. 实验准备

本实验主要使用德国莱宝公司的直流电动机模块为被控对象。按照表4-12准备实验材料并对实验设备进行熟悉。

表 4-12　实验材料清单

序号	名　称	数量	单位	备　注
1	直流电源	1	块	给其他模块供电
2	给定单元	1	个	给LED光源设置输入量
3	PID控制器模块	1	个	
4	直流电动机模块	1	个	被控对象
5	数据采集模块	1	套	连接电脑及被控对象
6	电脑	1	套	用于显示输入、输出信号
7	导线	若干	根	

实验不限于表4-10中提供的材料及模块，只要能够完成相同的功能即可。直流电动机模块示例如图4-29所示。该模块为功率为10 W的永磁直流电动机带动一个测速电动

机，同时带有一个电子负载，负载大小可使用外部电压调节。该模块内置功率放大器，可显示当前速度以及扭矩。

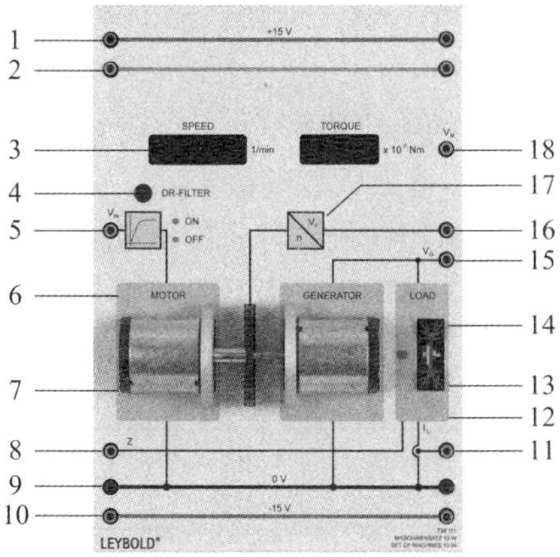

1—+15 V供电电压；2—+5 V总线，内部没有连接；3—5位7段码显示速度；
4—激活前置滤波器，LED显示ON/OFF；5—电机输入VIN控制；6—电机；7—光学测速发电机的辐条；
8—输入Z，激活电子负载；9—接地；10—－15 V供电电压；11—负载电流IL的电压输出；12—发电机；
13—发电机输出的LED显示；14—发电机负载的散热片；15—发电机输出VG；16—测速发电机输出Vn；
17—速度-电压转换器；18—5位7段码转矩显示，测试端口VM

图 4-29　直流电动机模块示例

3. 实训方法及步骤

（1）按照图 4-30 搭建直流电动机控制系统，检查接线是否正确；

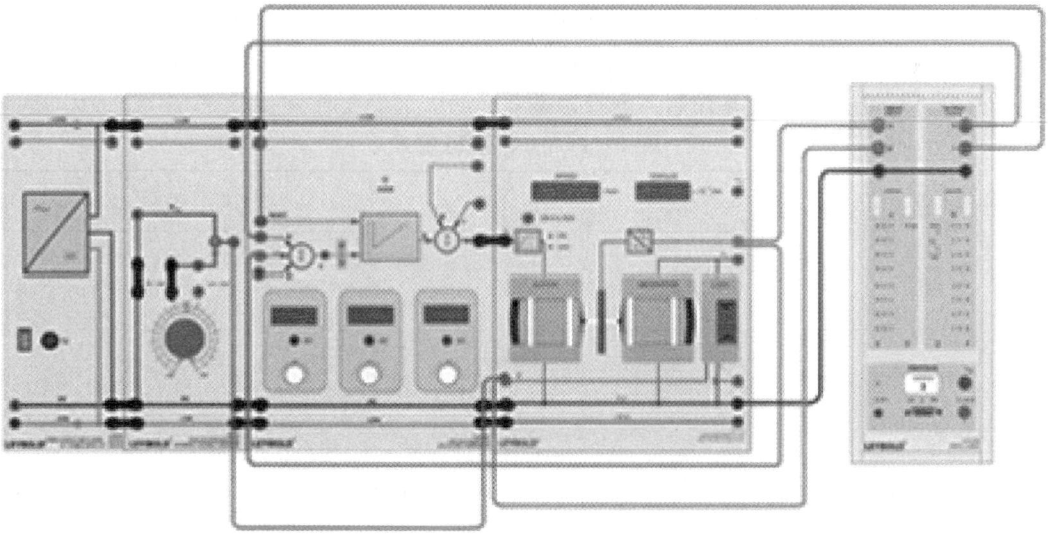

图 4-30　直流电机闭环控制系统接线示意图

（2）空载情况下，测量并记录系统开环阶跃响应曲线，测量参数 a、K 和 T_u；

（3）按照 CHR 法提供的经验公式表格，计算给定控制时采用 PID 控制的最优比例系

数、积分时间常数和微分时间常数(无超调和 20%超调时);

(4) 按照计算结果，设置 PID 控制器参数(无超调和 20%超调时)，并测量系统阶跃响应曲线。

4. 实训数据及分析

(1) 记录空载时系统的开环阶跃响应曲线。

(2) 根据实验结果，得到 CHR 整定所需参数 $a=$__________，$T_u=$____________。

(3) 根据 CHR 整定公式，计算 PID 控制时的各参数值，填写表 4-13。

表 4-13 CHR 整定 PID 控制器参数

	无超调(0%)	有 20%超调
比例系数 K_p		
积分时间常数 T_i		
微分时间常数 T_d		

(4) 记录整定后系统阶跃响应。

知识拓展 1 PID 控制器的 Cohen-Coon(CC)整定公式

1953 年，Cohen 和 Coon 提出了一种整定方法，类似于 ZN 整定算法的方法，也是通过测量系统在开环状态下其被控对象的动态特性，根据其阶跃响应曲线得到一些可以反映被控对象动态特性的参数，其中 K_0 为被控对象增益，T_s 为延时时间，T_u 为时间常数。利用表4-14 的 CC 整定公式计算控制器的控制参数。

表 4-14 CC 整定公式

控制器类型	K_p	T_i	T_d
P	$\frac{T_u}{K_0 T_s}\left(1+\frac{T_s}{3T_u}\right)$	—	—
PI	$\frac{T}{K_0 T_s}\left(0.9+\frac{T_s}{12T_u}\right)$	$\left(\frac{30+3T_s/T_u}{9+12T_s/T}\right)T_s$	—
PID	$\frac{T}{K_0 T_s}\left(\frac{4}{3}+\frac{T_s}{4T_u}\right)$	$\left(\frac{32+6T_s/T_u}{13+8T_s/T_u}\right)T_s$	$\left(\frac{4}{11+2T_s/T_u}\right)T_s$

知识拓展 2 PID 参数整定——衰减曲线法

PID 参数整定方法很多，常见的工程整定方法有临界比例度法和衰减曲线法。其中临界比例度法即为本实验模块中的ZN临界比度法，衰减曲线法整定调节器参数通常会按照4∶1和10∶1两种衰减方式进行，两种方法操作步骤相同，但分别适用于不同工况的调节器参数整定。

1. 4∶1衰减曲线法

4∶1衰减曲线法是在纯比例度作用下的自动调节系统，在比例度逐渐减小时，出现4∶1衰减振荡过程，此时比例度为4∶1衰减比例度 δ_s（比例系数 K_p 的倒数），两个相邻同向波峰之间的距离为4∶1衰减操作周期 T_S，如图4－31所示。

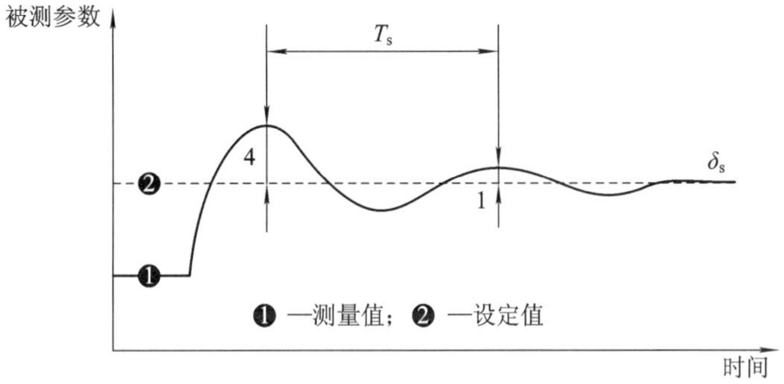

图4－31　调节系统4∶1衰减

4∶1衰减曲线法整定PID参数的具体操作如下：

（1）在闭合的控制系统中，将PID调节器变为纯比例作用，比例度设为较大的数值。

（2）系统达到稳定后，通过外界干扰或使PID调节器设定值作一阶跃变化，观察记录曲线的衰减比。

（3）从大到小改变比例度，直至出现4∶1衰减比为止，记下此时的比例度 δ_s（称为4∶1衰减比例度）并从曲线上得出衰减周期 T_s（在4∶1曲线中为峰-峰时间）。对有些控制对象，控制过程进行较快，难以从记录曲线上找出衰减比。这时只要被控量波动2次就能达到稳定状态，可近似认为是4∶1的衰减过程，其波动1次时间为 T_s。

（4）得到了衰减比例度 δ_s 和衰减周期 T_s 后，就可根据表中的经验公式求出PID调节器的PID参数。

4∶1衰减曲线法PID参数整定经验公式如表4－15所示。

表4－15　4∶1衰减曲线法PID参数整定经验公式

调节规律	调节器参数		
	比例度 δ/%	积分时间 T_i/min	微分时间 T_d/min
P	δ_s	—	—
PI	$0.2\times\delta_s$	$0.5\times T_s$	—
PID	$0.8\times\delta_s$	$0.3\times T_s$	$0.1\times T_s$

(5) 将比例度设为比计算值略大的数值，逐步引入积分和微分作用。

(6) 将比例度降低至计算值，观察运行，适当调整。

2. 10∶1 的衰减曲线法

在部分调节系统中，由于采用 4∶1 衰减法时振荡仍然比较严重，可能超出系统所能承受的最大阈值，因而可采用 10∶1 的衰减法，如图 4-32 所示。这种情况下由于衰减太快，测量操作周期比较困难，因此可通过测取从施加干扰开始至第一个波峰的峰值时间 T_r 来对系统参数进行估计。

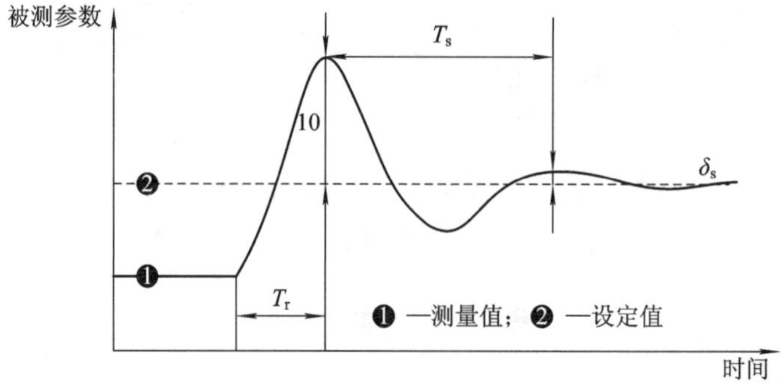

图 4-32　调节系统 10∶1 衰减

10∶1 衰减曲线法整定调节参数步骤和 4∶1 衰减曲线法完全一致，仅采用的整定参数和经验公式不同，其整定经验公式如表 4-16 所示。

表 4-16　10∶1 衰减曲线法 PID 参数整定经验公式

调节规律	调节器参数		
	比例度 δ/%	积分时间 T_i/min	微分时间 T_d/min
P	δ_s	—	—
PI	$1.2\times\delta_s$	$2\times T_r$	—
PID	$0.8\times\delta_s$	$1.2\times T_r$	$0.4\times T_r$

衰减曲线法比较简便，适用于一般情况下的各种参数的控制系统。但对于干扰频繁、记录曲线不规则、不断有小摆动的情况，由于不易得到正确的衰减比例度 δ_s 和衰减周期 T_s，因而使得这种方法难于应用。

◇ 问题与思考

相对于 ZN 频率响应曲线整定法，CHR 法有什么优势？

◇ 评价与考核

完成任务内容后，教师根据表 4-17 所示的评价与考核标准，根据学生表现进行评分，总分为 100 分。具体评价标准参考表 4-18 所示的评价量表。

表 4-17 评价与考核标准

<table>
<tr><td colspan="2">课程名称：自动控制原理</td><td colspan="3">学习单元 4：直流电动机控制系统性能分析及 PID 控制器参数整定</td></tr>
<tr><td colspan="2">任务 3：直流电动机控制系统 PID 控制器参数整定</td><td colspan="2">授课教师：</td><td>授课学时：</td></tr>
<tr><td colspan="2">课程性质：理实一体课程</td><td colspan="3">综合评分：</td></tr>
<tr><td colspan="5">知识掌握情况评分(60 分)</td></tr>
<tr><td>序号</td><td>知识考核点</td><td>教师评价</td><td>配分</td><td>实际得分</td></tr>
<tr><td>1</td><td>PID 参数整定的概念</td><td></td><td>10 分</td><td></td></tr>
<tr><td>2</td><td>PID 参数 ZN 整定法</td><td></td><td>15 分</td><td></td></tr>
<tr><td>3</td><td>PID 参数 CHR 整定法</td><td></td><td>10 分</td><td></td></tr>
<tr><td>4</td><td>PID 参数其他整定方法</td><td></td><td>15 分</td><td></td></tr>
<tr><td colspan="5">工作任务完成情况评分(40 分)</td></tr>
<tr><td>序号</td><td>能力考核点</td><td>教师评价</td><td>配分</td><td>实际得分</td></tr>
<tr><td>1</td><td>正确操作设备、仪器、仪表，独立完成直流电动机闭环控制系统搭建</td><td></td><td>10 分</td><td></td></tr>
<tr><td>2</td><td>能够正确测量得到 CHR 整定法的参数</td><td></td><td>20 分</td><td></td></tr>
<tr><td>3</td><td>通过 CHR 法对控制系统进行整定</td><td></td><td>20 分</td><td></td></tr>
</table>

表 4-18 评 价 量 表

<table>
<tr><td>评价内容</td><td>评价要点</td><td>核心素养水平评价指标</td><td>自评</td><td>组评</td><td>师评</td></tr>
<tr><td rowspan="3">准备：理解基本概念</td><td rowspan="3">理解 PID 参数整定的概念，知道工程 PID 参数整定的方法</td><td>水平 1：能较为完整地描述 PID 参数整定的概念；能较为完整地说出工程 PID 参数整定的方法</td><td></td><td></td><td></td></tr>
<tr><td>水平 2：能完整、准确地描述 PID 参数整定的概念；能完整、准确地说出工程 PID 参数整定的方法</td><td></td><td></td><td></td></tr>
<tr><td>水平 3：能完整、准确地描述 PID 参数整定的概念，并理解其整定的意义；能完整、准确地说出工程 PID 参数整定的方法，并理解不同方法的适用范围</td><td></td><td></td><td></td></tr>
</table>

续表

评价内容	评价要点	核心素养水平评价指标	自评	组评	师评
实施：形成工程思维	能搭建直流电机闭环控制系统开展 PID 参数整定实验，计算整定后的 PID 控制器参数	水平 1：在老师的指导下，能搭建直流电机闭环控制系统开展 PID 参数整定实验；在老师的指导下，能计算整定后的 PID 控制器参数			
		水平 2：能根据所学理论，查阅相关资料，独立搭建直流电机闭环控制系统开展 PID 参数整定实验；并能计算整定后的 PID 控制器参数			
		水平 3：能根据所学理论，查阅相关资料，独立搭建直流电机闭环控制系统开展 PID 参数整定实验；并能计算整定后的 PID 控制器参数；在系统性能指标不能满足设计要求时，能够通过对参数微调使系统达标			
	提出问题：能提出系统中关键参数之间的联系等有关问题	水平 1：具有问题意识，能提出问题			
		水平 2：能分析相关原理，提出可探究的问题			
		水平 3：能针对具体系统，从不同角度提出并准确地表述可探究的问题			
自查：交流与反思	与其他同学交流合作并反思，虚心听取老师及其他同学的发言，积极交流讨论	水平 1：具有与他人交流、讨论问题的意识			
		水平 2：能聆听其他同学的问题，并较为完整地表述自己的观点及问题			
		水平 3：能用专业术语准确地描述问题，提出解决问题的思路，并能虚心听取老师、同学的发言，与老师同学进行交流与反思			
评价：科学态度	体会学习、交流过程中的科学严谨性以及实事求是的态度，客观地对自我及他人进行评价，培养合作精神、团队意识	水平 1：知道学习需要有实事求是、精益求精的态度，知道需要客观地认识自我及他人，有与他人合作的意愿			
		水平 2：有学习和研究工程问题的兴趣，有实事求是、精益求精的科学态度，能与他人合作，并能较为客观地对自己和他人进行评价			
		水平 3：有较强的学习和研究工程问题的内在动机，既能客观评价自己及他人，又能通过别人的评价反思并不断提高自己，坚持实事求是的态度、精益求精的精神，能创造性地解决问题，合作中能坚持观点又能修正错误			

续表

评价内容	评价要点	核心素养水平评价指标	自评	组评	师评
学生总结	在本次任务中，我做得最出色的是 在本次任务中，我所做的努力是 在本次任务中，我所遇到的困难是				
教师评语					

小　　结

（1）可以用二阶微分方程描述的系统称为二阶系统。

（2）在不同阻尼比时，二阶系统的动态响应有很大的区别，因此阻尼 ζ 是二阶系统的重要参数。当 $\zeta \leqslant 0$ 时，系统不能正常工作；在 $\zeta \geqslant 1$ 时，系统动态响应过程持续时间又太长。因此，对于二阶系统，$0<\zeta<1$ 处于欠阻尼状态时(实质为惯性环节)，是最具有实际物理意义的。

（3）二阶系统在欠阻尼状态时，虽然存在振荡，但是工程上如果选择合适的阻尼比(一般选择约为0.707)，既可以使得响应速度比较快，也可以得到相对比较平稳的过渡过程。

（4）对于稳定的线性定常系统，设其传递函数为 $G(s)$，在正弦输入下，幅频特性定义为系统稳态输出正弦量的幅值与输入正弦量的幅值之比，记作 $A(\omega)$；相频特性定义为系统稳态输出正弦量的相角与输入正弦量的相角之差，记作 $\varphi(\omega)$。

（5）对数频率特性曲线(伯德图)的横坐标是对 ω 取以10为底的对数进行分度的，纵坐标为 $20\lg M(\omega)$。对于由各典型环节串联组成的复杂系统，伯德图可表示为各环节伯德图的叠加。

（6）控制系统参数整定首要是系统稳定，必须确保系统具有一定的稳定裕度，稳定裕度一般是以相位裕量和增益裕量来表示的。

（7）将系统开环对数频率特性分为3个频段加以分析：低频段反映了系统的稳态性能；中频段反映了系统的动态性能；高频段则反映了系统抗高频干扰的能力，对系统的动态性能影响不大。

（8）系统控制品质取决于PID各参数的整定，一般有理论计算整定法和工程整定法。后者不需要获取被控对象的精确动态特征，方法简单、方便。

（9）PID控制器CHR参数整定法是在ZN阶跃响应法的基础上改进而成的。相对ZN法，CHR法给出了0%超调和20%超调两种情况下不同PID参数的值。

复习思考题

（1）什么是二阶系统？

（2）二阶系统微分方程和传递函数两种数学模型有什么特点？

(3) 二阶系统中惯性时间常数由什么来决定？其大小对系统哪些性能及指标有影响？

(4) 二阶闭环控制系统中，系统稳态误差如何计算？它与系统哪些参数有关系？

(5) 阻尼比和自然振荡角频率由哪些因素决定？

(6) 进行参数整定时，如何选择整定方法？CHR 法适用于哪些系统的参数整定？

复习思考题答案

学习单元5　直流伺服电动机控制系统性能分析及校正

"课程思政"经典教学案例6

1. 单元任务说明

工程实践中，几乎所有的控制系统都是高阶系统。对高阶系统进行动态性能分析非常复杂，工程上常采用对高阶系统进行降阶处理的方法将系统简化为二阶系统甚至一阶系统。

本单元的学习中，由直流伺服电动机的数学模型可知该系统为一个高阶系统。通过完成任务5.1，初步了解直流伺服电动机系统单位阶跃响应的特点，以及高阶系统降阶处理的方法，了解零、极点对系统性能的影响以及对降阶后的结果进行修正。通过任务5.2的学习，掌握系统校正的基本概念，了解如何使用频率法对系统进行超前及滞后校正。

2. 教学目标及教学目标分解

教学目标

一般目标 Goals	具体目标 Objectives
知识：了解高阶系统单位阶跃响应特点及降阶处理的方法，了解零、极点分布对系统性能的影响，掌握控制系统校正的基本概念及常用的校正方式、校正装置，了解频率法对控制系统进行校正的步骤。 能力：能够对高阶系统进行性能分析，并对系统进行降阶处理，能够根据设计要求，设计串联校正装置。 素养：辩证思维，创新精神	目标1：描述高阶系统的概念，并说明高阶系统阶跃响应特点。 目标2：说明零、极点分布对系统性能的影响。 目标3：描述主导极点的概念，并能说明系统降阶处理的基本原则及步骤。 目标4：描述系统校正的概念，列举校正方式及装置，说明不同校正方式及装置使用的范围。 目标5：根据设计要求，设计串联校正装置，对系统进行超前、滞后校正。 目标6：小组合作完成实验、讨论并进行展示，评估其他同学的陈述是否正确。 目标7：对系统进行分析及设计时，能够抓住主要矛盾、创造性地分析问题、解决问题

教学目标分解表

知识维度	认知过程维度					
	记忆/回忆 (Remenber)	理解 (Understand)	应用 (Apply)	分析 (Analyze)	评价 (Evaluate)	创造 (Create)
事实性知识 (Factual Knowledge)	目标 1 目标 3	目标 1 目标 3				
概念性知识 (Conceptual Knowledge)	目标 4	目标 2 目标 4				
程序性知识 (Procedural Knowledge)			目标 5 目标 6		目标 6	目标 5
元认知知识 (Metacognitive Knowledge)			目标 7			目标 7

任务 5.1　直流伺服电动机数学模型及时域性能分析

◇ 任务内容及要求

通过直流伺服电动机数学模型，对直流伺服电动机控制系统进行时域性能分析，从而了解和掌握高阶系统数学模型的一般形式，了解高阶系统单位阶跃响应特点以及高阶系统进行降阶处理的方法。

◇ 任务准备

5.1.1　直流伺服电动机数学模型

直流伺服电动机的等效电路图如图 5－1 所示。

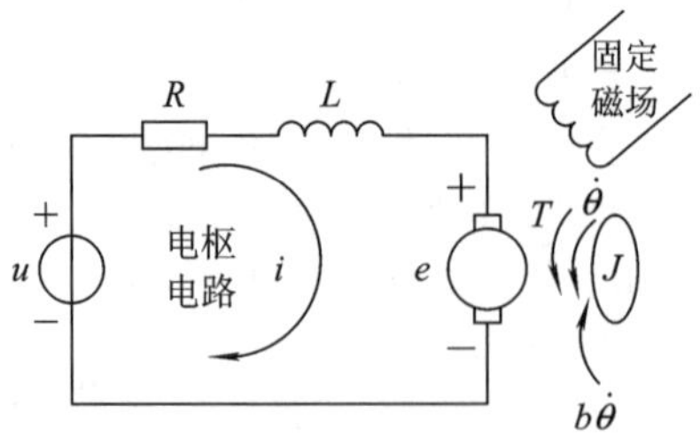

图 5－1　直流伺服电动机的等效电路图

如果将转速$\dot{\theta}$视为输出量，电枢的电压 u 视为输入量，由学习单元 4 中直流电动机的数学模型可知：

$$P(s)=\frac{\dot{\theta}(s)}{V(s)}=\frac{K_t}{(Js+b)(Ls+R)+K_e K_t} \tag{5-1}$$

在实际应用中，我们一般以直流伺服电动机转动的位置作为输出量，可以通过速度的积分来获得位置，因此，只需要将上述传递函数除以 s，便可得到直流伺服电动机的传递函数为

$$\frac{\theta(s)}{V(s)}=\frac{K_t}{s((Js+b)(Ls+R)+K_e K_t)} \tag{5-2}$$

由此可知，直流伺服电动机为一个Ⅰ型系统。

5.1.2　高阶系统

高于二阶的系统称为高阶系统(High-Order System)。工程实践中，几乎所有的控制系统都是高阶系统。通常情况下，对高阶系统进行动态性能分析非常复杂，很难得到如一阶、二阶系统的性能指标一样的简单表达式。不过，工程中可以采用合理降阶的方式，将高阶系统简化为二阶系统甚至一阶系统来进行性能分析，或者使用计算机辅助软件如 Matlab 进行高阶系统性能分析。

高阶系统微分方程的一般形式如下：

$$\begin{aligned} & a_0\frac{d^n c(t)}{dt^n}+a_1\frac{d^{n-1}c(t)}{dt^{n-1}}+\cdots+a_{n-1}\frac{dc(t)}{dt}+a_n c(t) \\ = & b_0\frac{d^m r(t)}{dt^m}+b_1\frac{d^{m-1}r(t)}{dt^{m-1}}+\cdots+b_m\frac{dr(t)}{dt}+b_m r(t) \end{aligned} \tag{5-3}$$

式中，$c(t)$为系统的输出量，$r(t)$为系统的输入量，$a_0\sim a_n$，$b_0\sim b_m$ 为实系数，且一般 $n\geqslant m$。系统的传递函数的一般形式为

$$G(s)=\frac{C(s)}{R(s)}=\frac{b_0 s^m+b_1 s^{m-1}+\cdots+b_{m-1}s+b_m}{a_0 s^n+a_1 s^{n-1}+\cdots+a_{n-1}s+a_n} \tag{5-4}$$

将其分子分母因式分解，则可表示为

$$G(s)=\frac{b_0(s-z_1)(s-z_2)\cdots(s-z_m)}{a_0(s-p_1)(s-p_2)\cdots(s-p_n)} \tag{5-5}$$

式中，z_1，z_2，…，z_m为系统传递函数分子多项式的根，称为系统零点(Zeros)；p_1，p_2，…，p_n为系统传递函数分母多项式的根，称为系统极点(Poles)。

◇ 任务实施

5.1.3　实验模块一　直流伺服电动机控制系统时域性能仿真及分析

1. 实验目的

(1) 掌握直流伺服电动机开环系统阶跃响应的特点；

(2) 掌握直流伺服电动机闭环控制系统阶跃响应的特点。

2. 实验准备

1) 计算直流伺服电动机的开环传递函数

表 5-1 直流伺服电动机参数值

参数名称	参数值
转子转动惯量 J	0.01 kg·m²
电动势常数 K_e	0.03 V/(rad/s)
电阻 R	0.2 Ω
黏性摩擦系数 b	0.01 N/(m/s)
电机转矩常数 K_t	0.03 N·m/A
电感 L	0.01 H

当直流电动机的物理参数如表 5-1 所示时，得到该直流伺服电动机的开环传递函数为

$$G(s)=\frac{0.03}{0.0001s^3+0.0021\,s^3+0.002s} \tag{5-6}$$

2) 计算直流伺服电动机的闭环传递函数

对于单位负反馈系统，闭环传递函数为

$$\Phi(s)=\frac{G(s)}{1+G(s)}=\frac{0.03}{0.0001s^3+0.0021\,s^3+0.002s+0.03} \tag{5-7}$$

也可用 feedback()函数在 Matlab 中直接得到闭环传递函数。该函数常见的用法为

```
[num,den]=feedback(num1,den1,num2,den2,sign)
```

或

```
sys=feedback(sys1,sys2,sign)
```

其中 sign 取+1(代表系统为正反馈)或-1(代表系统为负反馈)。

3. 实验方法及步骤

(1) 根据直流伺服电动机的传递函数，在 Matlab 中建立该直流伺服电动机模型。代码如下：

```
num=[0.03]; den=[0.0001,0.0021,0.002,0];
```

(2) 绘制直流伺服电动机开环系统的单位阶跃响应曲线，代码如下：

```
y1=step(num,den);
plot(y1)                                  %plot()为绘制曲线函数
xlabel('time/s'); ylabel('y');            %xlabel()和 ylabel()为标注横纵坐标函数
title('直流伺服电动机开环系统单位阶跃响应')    %title()为添加图标题函数
```

直流伺服电动机开环系统单位阶跃响应如图 5-2 所示。

在直流伺服电动机的实际应用中，我们希望当给电动机施加一定电压时，伺服电机能够转动一定行程后停止，即使电动机转动到某一位置。由以上结果可知，当给直流伺服电动机加入 1V 的电压时，电动机位置无限增大，这显然与使用伺服电动机的要求不一致，说

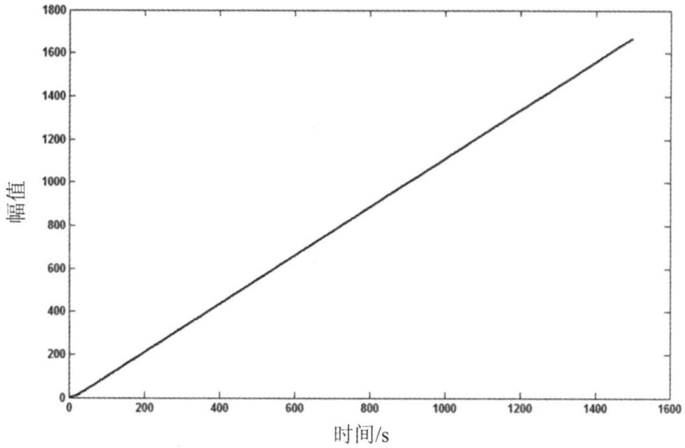

图 5-2 直流伺服电动机开环系统单位阶跃响应

明该开环系统不稳定。

(3) 根据直流伺服电动机闭环控制系统的传递函数，仿真得到直流伺服电动机闭环系统的单位阶跃响应曲线，如图 5-3 所示。

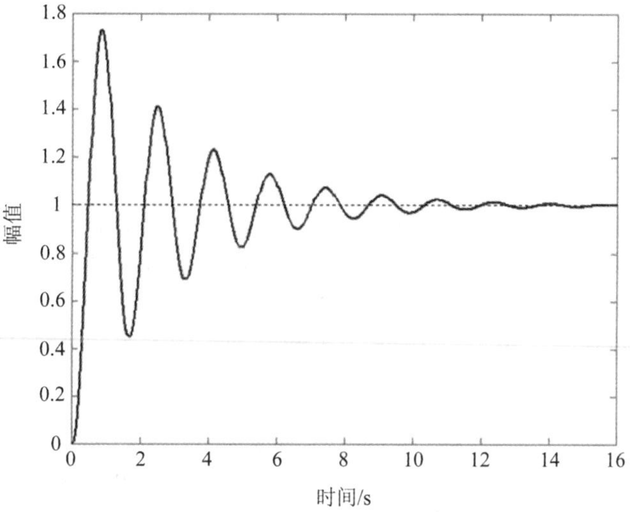

图 5-3 直流伺服电动机闭环控制系统的单位阶跃响应

由上述闭环系统的阶跃响应可知，增加反馈后可使系统变得稳定。但这引起系统的超调量比较大，调节时间比较长，因此在实际应用时，需要对系统进行调节和校正。

4. 实验记录及分析

(1) 记录直流伺服电动机的阶跃响应曲线。

(2) 描述直流伺服电动机开环系统及闭环系统的单位阶跃响应特点。

(3) 计算直流伺服电动机闭环控制系统的上升时间 t_r=______ s，调节时间 t_s=______ s，超调量 $\sigma\%$=________，稳态误差 e_{ss}=________。

5.1.4 实验模块二　直流伺服电动机闭环控制系统降阶实验

1. 实验目的

(1) 掌握零、极点对系统性能的影响；

(2) 掌握对高阶系统降阶的方法。

2. 实验准备

对于高阶系统，如果不借助计算机仿真软件，通过对传递函数进行因式分解，进而用拉普拉斯反变换求取系统阶跃响应并不容易，阶次越高，越不易得到。因此，工程中往往采用降阶的方式，即忽略掉次要因素对系统性能的影响，抓住主要因素，从而降低系统的阶次，近似地估算出系统的阶跃响应特性，而后再做部分修正，这样就降低了对高阶系统分析的难度。下面介绍降阶的方法。

1) 主导极点(Dominant Pole)

闭环系统零极点的分布对系统性能有着直接影响。若某极点距离虚轴较其他零极点远很多，则该极点只在响应的起始部分作用比较大，之后其作用迅速减小。而距离虚轴最近且附近没有零点存在的极点对系统动态过程的影响最大，因此在整个响应过程中起到的作用最大，称为主导极点。

工程上，常用主导极点来估算系统的动态性能，即将系统近似为一个一阶或二阶系统来分析。一般认为当其他极点距离虚轴较主导极点距离虚轴大 5 倍以上时，则该极点的影响可以忽略不计。

2) 偶极子(Dipole)

如果闭环系统的某个零点和极点距离很近，则称这样的闭环零点、极点为偶极子。只要这对偶极子距离原点不十分接近，则它们对系统动态性能的影响可以忽略不计，因此可在闭环传递函数中将该对偶极子消掉，从而实现对系统的降阶处理。工程上当某对偶极子之间的距离小于本身模值一个数量级时，则可忽略其影响。

偶极子在工程中还被应用于系统的校正，当某些极点对系统性能有不利影响时，我们可以适当地加入与该极点十分接近的零点，从而抵消该极点的不利影响，改善系统的性能。

3) 绘制传递函数零极点的函数

MATLAB 中提供了绘制某传递函数零极点的函数 pzmap()，该函数常见用法为：

[p, z]=pzmap(num, den)：用于返回 num 和 den 表示的传递函数所描述的系统的极点矢量和零点矢量，但是不绘制零极点圆。

3. 实验方法及步骤

(1) 已知直流伺服电动机控制系统的闭环传递函数为

$$\Phi(s)=\frac{0.03}{0.0001s^3+0.0021s^3+0.002s+0.03}$$

(2) 分析直流伺服电动机控制系统的零极点分布，如图 5-4 所示。

(3) 对该高阶系统进行降阶处理，舍去距离原点较远的极点 −20.7，得到近似的二阶系统传递函数为

$$\Phi(s)=\frac{300}{20.7\times(s+0.133-3.8i)\times(s+0.133+3.8i)}$$

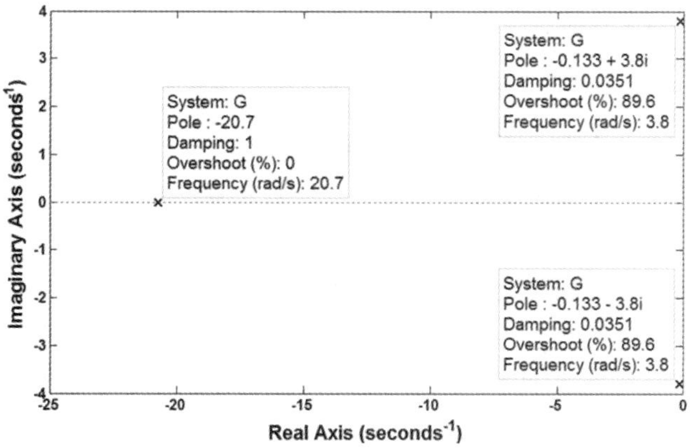

图 5-4　直流伺服电动机控制系统零极点分布图

(4) 用 MATLAB 对降阶后的系统进行建模，并得到系统单位阶跃响应，将其与原系统单位阶跃响应进行对比，如图 5-5 所示。

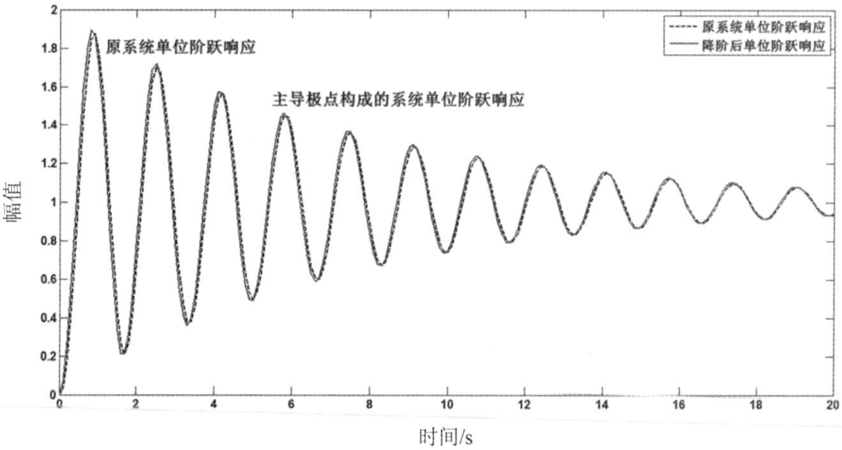

图 5-5　降阶前后阶跃响应对比

由图 5-5 可知，使用主导极点构成的系统的单位阶跃响应几乎与原系统的单位阶跃响应重合，这是因为舍去的极点与原点的距离远远大于另外两个共轭极点与原点的距离。

4. 实验记录及分析

(1) 记录系统降阶前后的阶跃响应曲线。

(2) 简述本实验的降阶过程。

(3) 对比降阶前后得到的单位阶跃响应曲线，分析降阶处理后系统的动态性能有哪些不同。

知识拓展　零、极点对系统性能的影响

工程中对系统进行降阶处理的过程中，会忽略掉一些不重要的零点和极点，从而用简化的数学模型对系统进行性能分析，得到近似的分析结果。为了更加准确地估计系统性能，我

们有必要了解这些被忽略掉的零点和极点对系统性能的影响，从而对分析结果进行修正。

1. 零点对系统阶跃响应的影响

在 S 平面的左半平面增加零点时，相当于在系统中串联了一个一阶微分环节，微分环节的加入会增加系统响应的超调量，减小系统的调节时间，从而加快反应速度，提高系统对输入作用的灵敏度。该零点距离虚轴越近，对系统影响越大。

若在 S 平面的右半平面增加零点，则该系统称为一个非最小相位系统。若非最小相位系统存在过大的相位滞后，则影响系统的稳定性和响应的快速性。相位滞后使得输出响应变得缓慢，因此，若控制对象是非最小相位系统，其控制效果特别是快速性一般比较差，而且校正也困难。

由以上分析可知，当降阶处理时忽略的是 S 左半平面的零点，则实际系统的阶跃响应较求取的阶跃响应快一些，超调量也会大一些；反之，如果降阶处理时忽略的是 S 右半平面的零点，则实际系统的阶跃响应较求取的阶跃响应慢一些，超调量也会小一些。忽略的零点距离虚轴越近，则实际系统的阶跃响应与求取的响应之间的偏差越大。

2. 极点对系统阶跃响应的影响

在 S 左半平面增加极点时，相当于在系统中串联了一个惯性环节，从而使得系统超调量减小，调整时间变长；而在 S 右半平面增加极点会导致系统不稳定。

由以上分析可知，当降阶处理时忽略的是 S 左半平面的极点，则实际系统的阶跃响应较求取的阶跃响应会慢一些，超调量也会小一些，系统的灵敏度会稍微低一些。

◇ 问题与思考

(1) 如何选择高阶系统的主导极点？

(2) 高阶系统中零点和极点分别对系统的哪些性能有影响？

◇ 评价与考核

完成任务内容后，教师根据表 5-2 所示的评价与考核标准，根据学生表现进行评分，总分为 100 分。具体评价标准可参考表 5-3 所示的评价量表。

表 5-2 评价与考核标准

<table>
<tr><td colspan="2">课程名称：自动控制原理</td><td colspan="3">学习单元 5：直流伺服电动机控制系统性能分析及校正</td></tr>
<tr><td colspan="2">任务 1：直流伺服电动机数学模型及时域性能分析</td><td>授课教师：</td><td colspan="2">授课学时：</td></tr>
<tr><td colspan="2">课程性质：理实一体课程</td><td colspan="3">综合评分：</td></tr>
<tr><td colspan="5">知识掌握情况评分(50 分)</td></tr>
<tr><td>序号</td><td>知识考核点</td><td>教师评价</td><td>配分</td><td>实际得分</td></tr>
<tr><td>1</td><td>直流伺服电动机数学模型</td><td></td><td>10 分</td><td></td></tr>
<tr><td>2</td><td>高阶系统概念及降阶方法</td><td></td><td>20 分</td><td></td></tr>
<tr><td>3</td><td>零、极点分布对系统性能影响</td><td></td><td>20 分</td><td></td></tr>
</table>

续表

工作任务完成情况评分(50分)				
序号	能力考核点	教师评价	配分	实际得分
1	能够独立完成对直流伺服电动机的仿真实验		10分	
2	得到系统阶跃响应曲线，并对系统输出进行正确描述		20分	
3	能够正确找出系统的主导极点，并对系统进行降价处理		20分	

表5-3　评价量表

评价内容	评价要点	核心素养水平评价指标	自评	组评	师评
准备：理解基本概念	理解高阶系统、主导极点、偶极子的概念	水平1：能较为完整地描述高阶系统、主导极点、偶极子的概念			
		水平2：能完整、准确地描述高阶系统、主导极点、偶极子的概念			
		水平3：能完整、准确地描述高阶系统、主导极点、偶极子的概念，并能根据数学模型辨别出高阶系统、主导极点以及偶极子			
实施：形成工程思维	能使用Matlab对直流伺服电动机控制系统进行时域性能分析及降解实验，总结系统零、极点对系统性能的影响	水平1：在老师的指导下，能使用Matlab对直流伺服电动机控制系统进行时域性能分析及降解实验；在老师的引导下，能总结出系统零、极点对系统性能的影响			
		水平2：根据所学理论，通过查阅资料能使用Matlab对直流伺服电动机控制系统进行时域性能分析及降解实验；并能总结出系统零、极点对系统性能的影响			
		水平3：根据所学理论，通过查阅资料能使用Matlab对直流伺服电动机控制系统进行时域性能分析及降解实验，并能能分析出讲解处理后系统动态性能有哪些不同；能总结出系统零、极点对系统性能的影响			
	提出问题：能提出系统中关键参数之间的联系等有关问题	水平1：具有问题意识，能提出问题			
		水平2：能分析相关原理，提出可探究的问题			
		水平3：能针对具体系统，从不同角度提出并准确地表述可探究的问题			

续表

<table>
<tr><th>评价内容</th><th>评价要点</th><th>核心素养水平评价指标</th><th>自评</th><th>组评</th><th>师评</th></tr>
<tr><td rowspan="3">自查：交流与反思</td><td rowspan="3">与其他同学交流合作并反思，虚心听取老师及其他同学的发言，积极交流讨论</td><td>水平 1：具有与他人交流、讨论问题的意识</td><td></td><td></td><td></td></tr>
<tr><td>水平 2：能聆听其他同学的问题，并较为完整地表述自己的观点及问题</td><td></td><td></td><td></td></tr>
<tr><td>水平 3：能用专业术语准确地描述问题，提出解决问题的思路，并能虚心听取老师、同学的发言，与老师同学进行交流与反思</td><td></td><td></td><td></td></tr>
<tr><td rowspan="3">评价：科学态度</td><td rowspan="3">体会分析问题、解决问题过程中体现的辩证思维（抓住主要矛盾，忽略次要矛盾），客观地对自我及他人进行评价，培养合作精神、团队意识以及创新精神</td><td>水平 1：知道解决问题需要首先抓住主要矛盾，知道需要客观地认识自我及他人，有与他人合作的意愿</td><td></td><td></td><td></td></tr>
<tr><td>水平 2：有学习和研究工程问题的兴趣，分析问题、解决问题过程中能抓住主要矛盾，能与他人合作，并能较为客观地对自己和他人进行评价</td><td></td><td></td><td></td></tr>
<tr><td>水平 3：有较强的学习和研究工程问题的内在动机，既能客观评价自己及他人，又能通过别人的评价反思并不断提高自己，分析问题、解决问题时能抓大放下，创造性地解决问题，合作中能坚持观点又能修正错误</td><td></td><td></td><td></td></tr>
<tr><td>学生总结</td><td colspan="5">在本次任务中，我做得最出色的是
在本次任务中，我所做的努力是
在本次任务中，我所遇到的困难是</td></tr>
<tr><td>教师评语</td><td colspan="5"></td></tr>
</table>

任务 5.2　直流伺服电动机控制系统基于频域法的校正

◇ 任务内容及要求

基于对直流伺服电动机的对数频率特性及性能指标之间联系的认识，使用频率法对控制系统进行串联校正实验，从而了解控制系统的校正方式、常用校正装置以及设计校正电路的一般步骤。

◇ 任务准备

在任务准备部分，所需掌握的基本概念及理论知识主要包括：控制系统的校正方式及常用校正装置，基于频率法的串联校正电路等。

5.2.1　控制系统的校正方式及常用校正装置

1. 控制系统校正方式

在对控制系统进行设计之初，工程师常常会根据实际需求，对系统的性能指标进行限定。一个好的控制系统应具有一定的稳定裕度，同时响应速度和稳态误差满足实际工程需要，并且对外界干扰具有一定的抑制作用。

反馈控制系统中，按照校正装置在系统中的连接方式，可分为串联校正(Cascade Compensation)、反馈校正(Feedback Compensation)、前馈校正和复合校正，其中常用的校正方式为前三种。不同的校正方式可单独使用，也可同时使用。

通常情况下，优先选择串联校正，学习单元3中任务3.2介绍的PID控制器的连接方式即为一种串联校正，连接方式如图5-6所示。

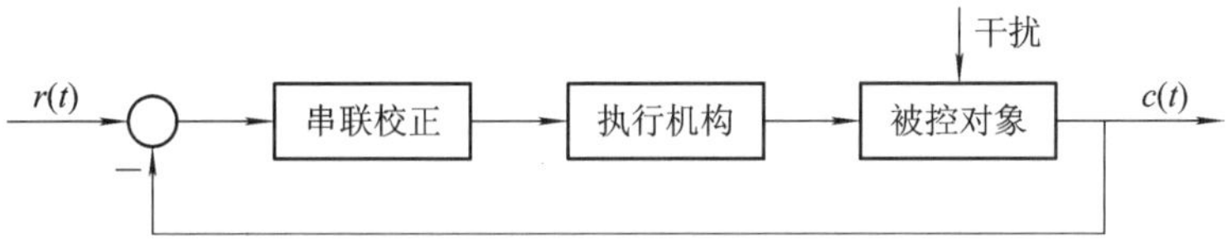

图5-6　串联校正结构图

当串联校正无法满足系统设计要求时，工程师需要辅助选用其他校正方式。反馈校正在实际控制系统中的应用也比较广泛，主要用于改善系统局部环节性能。其结构图如图5-7所示。

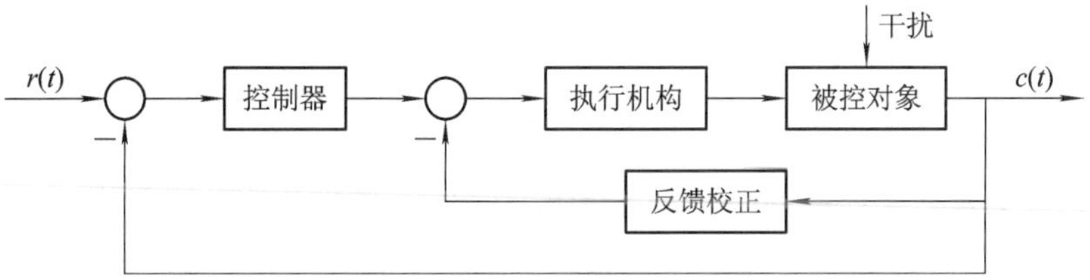

图5-7　反馈校正结构图

前馈校正又称顺馈校正，可分为两种方式，如图5-8所示：前馈校正连接在系统的输入端及反馈比较点之间，相当于对输入信号进行滤波，用以改善参考输入的响应特性，见图5-8(a)；前馈校正连接在扰动输入端，相当于对扰动信号进行补偿，在系统扰动信号可测的情况下，可用于改善系统的抗干扰性能，见图5-8(b)。

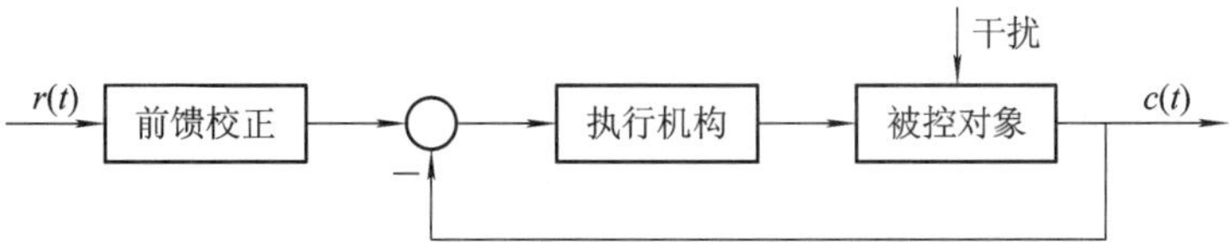

(a)

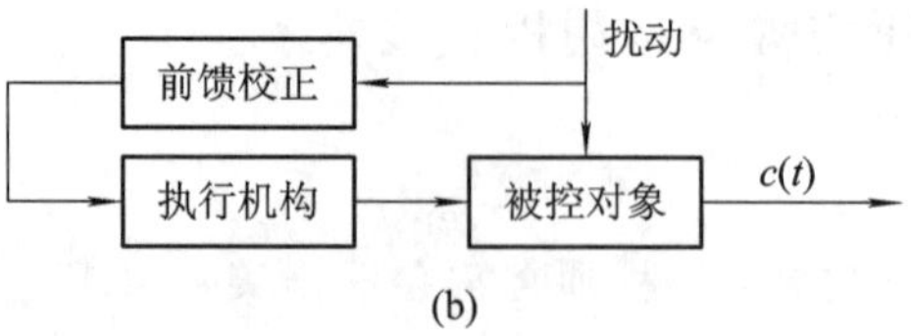

(b)

图 5-8　前馈校正结构图

在反馈控制回路中加入前馈校正，就构成了复合校正方式。其结构如图 5-9 所示。

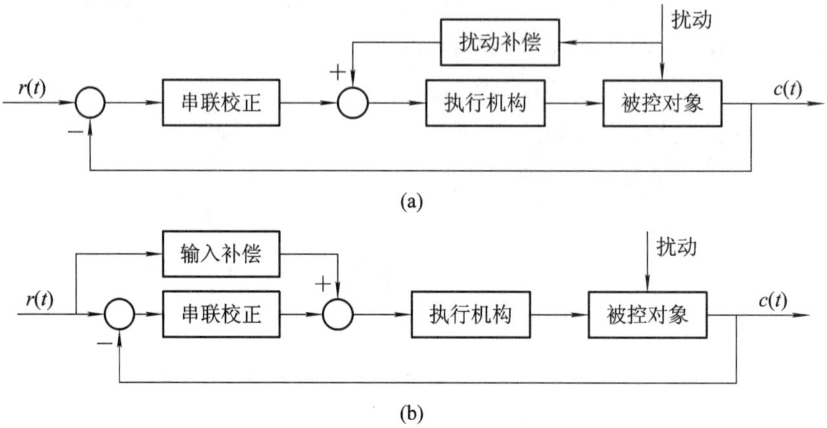

图 5-9　复合校正结构图

图 5-9(a)为按照扰动补偿的复合控制，图 5-9(b)为按照输入补偿的复合控制。其中扰动补偿和输入补偿不限于图中所示的切入点，可以根据实际控制系统的设计需求选择在系统中的任何位置。

2. 常用校正装置

控制系统中，根据校正装置中元件是否含有有源元器件，可将校正装置分为无源校正装置和有源校正装置两大类。其中，无源校正装置一般是由电阻、电容和电感元件组成的；有源校正装置一般由电阻、电容、电感及线性运算放大器组成。

无源校正装置一般分为无源滞后校正网络、无源超前校正网络和无源滞后-超前校正网络。无源校正装置结构简单，但是由于电路存在负载效应，使得系统各环节之间相互存在影响，因此使用起来不太方便。有源校正装置常用的有比例(P)控制、积分(I)控制、比例积分(PI)控制、比例微分(PD)控制和比例积分微分(PID)控制。由于运算放大器输入阻抗高，输出阻抗低，负载效应可以忽略不计，因此调节起来相对比较简单。有源校正装置在学习单元 3 的任务 3.2 中已经涉及，在此不再赘述，在本任务中主要讲述无源校正装置。

1) 无源超前校正(Phase-lead Compensation)

无源超前校正电路如图 5-10 所示。

其传递函数为

$$G_c(s)=\frac{U_2(s)}{U_1(s)}=\frac{R_1}{R_0+R_1}\cdot\frac{R_0C_0s+1}{\dfrac{R_0R_1}{R_0+R_1}C_0s+1}=\frac{1}{a}\cdot\frac{aTs+1}{Ts+1}\tag{5-8}$$

式中：

$$a=\frac{R_0+R_1}{R_1}>1;\quad T=\frac{R_0R_1}{R_0+R_1}C_0$$

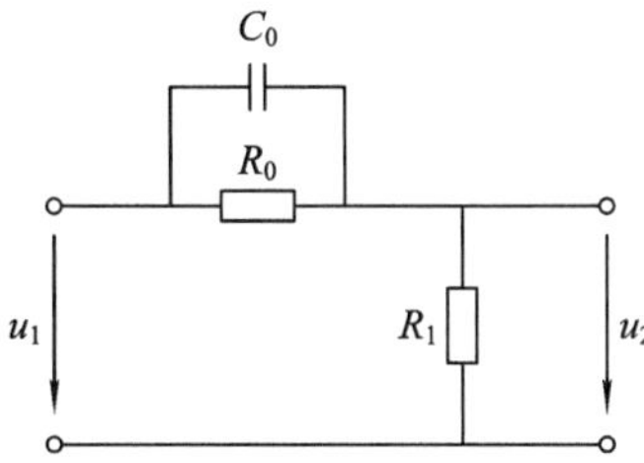

图 5－10　无源超前校正电路

将 a 称为超前校正电路的分度系数，T 称为时间常数。画出其伯德图，如图 5－11 所示。

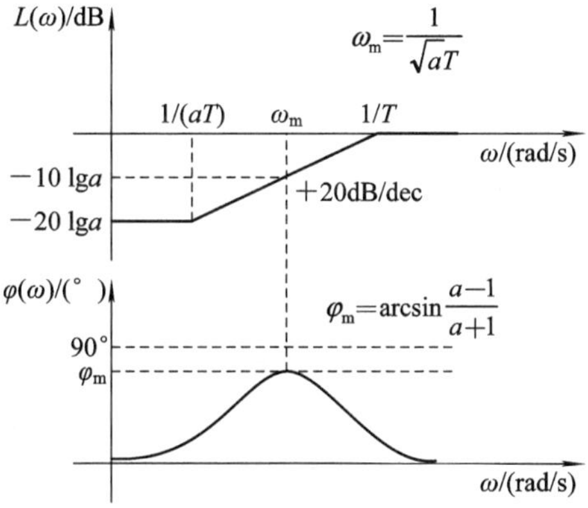

图 5－11　无源超前校正电路伯德图

由图 5－11 可知，将无源超前校正电路串联在控制系统中后，系统在低频段的对数幅频特性下降了 20 lg$a$，即系统的开环增益变为原来的 $1/a$。在中频段对数幅频特性斜率增加了 20 dB/dec，幅频特性最大超前了φ_m°，因此，通过选择合适的参数 a 和 T，将超前校正安排在系统的中频段，可以有效提高系统的相位裕度和幅值穿越频率，改善了系统的稳定性和快速性。在高频段对数的幅频率特性变化不大，相频特性有一定角度的超前。由此可知，超前校正电路适用于需要改善稳定性和快速性、而稳态精度无需改变的控制系统。

2) 无源滞后校正(Phase-lag Compensation)

无源滞后校正电路如图 5－12 所示。

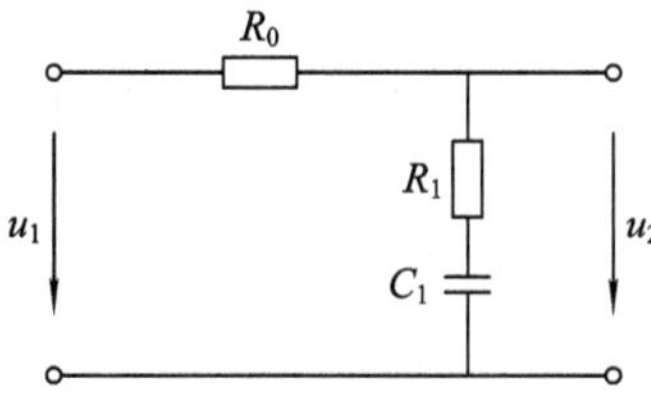

图 5－12　无源滞后校正电路

其传递函数为

$$G_c(s)=\frac{U_2(s)}{U_1(s)}=\frac{R_1C_1s+1}{(R_0+R_1)C_1s+1}=\frac{bTs+1}{Ts+1} \tag{5-9}$$

式中：

$$b=\frac{R_1}{R_0+R_1}<1;\quad T=(R_0+R_1)C_1$$

将 b 称为滞后网络的分度系数，T 称为时间常数。画出其伯德图，如图 5－13 所示。

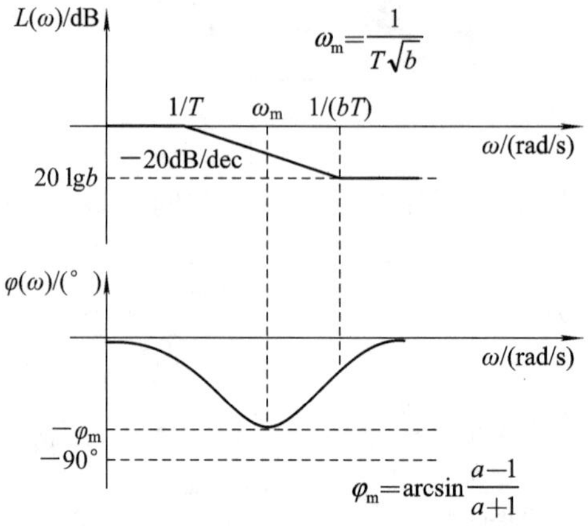

图 5－13　无源滞后校正电路伯德图

由图 5－13 可知，将无源滞后校正电路串联在控制系统中后，整个系统的相位都会滞后一定角度，尤其在ω_m附近，滞后角度达到最大，对系统的稳定性非常不利，因此应避免将滞后校正安排在系统的中频段。滞后校正在低频段对系统影响不大；在中频段对数幅频特性斜率减小了 20 dB/dec，幅频特性最大滞后了φ_m°；在高频段对数的幅频率特性下降 20 lg(1/b)，即系统的开环增益减小至原来的 1/b 倍。因此适当选择参数 b 和 T，可降低系统的开环截止频率，提高系统稳定性。无源滞后校正电路相当于低通滤波器，一般适用于对快速性和准确性要求不高的系统。

3）无源滞后-超前校正(Phase Lag-lead Compensation)

无源滞后-超前校正电路如图 5－14 所示。

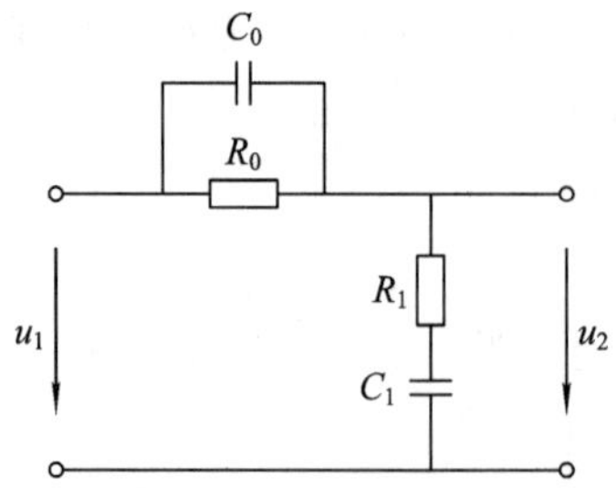

图 5－14　无源滞后-超前校正电路

其传递函数为

$$G_c(s)=\frac{U_2(s)}{U_1(s)}=\frac{(R_0C_0s+1)(R_1C_1s+1)}{(R_0C_0s+1)(R_1C_1s+1)+R_0C_1s}$$
$$=\frac{(T_0s+1)(T_1s+1)}{(bT_0s+1)\left(\frac{T_1}{b}s+1\right)} \tag{5-10}$$

式中：

$$b=\frac{R_1}{R_0+R_1}<1$$
$$T_0=R_0C_0$$
$$T_1=R_1C_1$$
$$T_1>T_0$$

画出其伯德图，如图 5-15 所示。

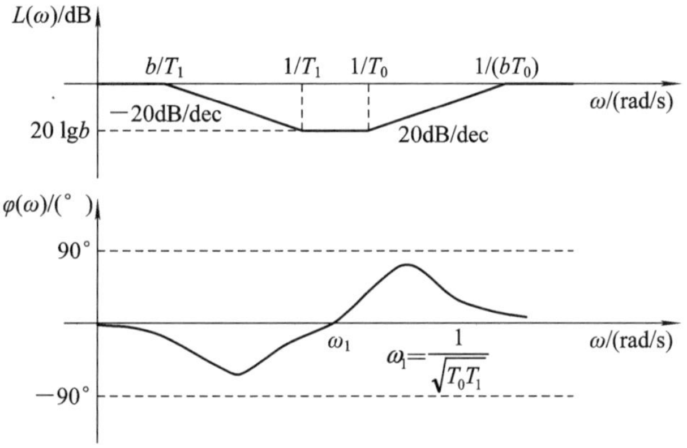

图 5-15　无源滞后-超前校正电路伯德图

由图 5-15 可知，将无源滞后-超前校正电路串联在控制系统中后，在低频段和高频段幅值频率特性均影响不大，随着频率不断增加，幅频特性低频段滞后，高频段超前，因此称为滞后-超前校正电路。

5.2.2　基于频域法的串联校正

当系统的性能指标无法满足设计要求时，需要对系统进行校正。工程上，常用的设计系统的方法为频率法。使用频率法对系统进行校正，即通过校正装置，改变系统对数频率特性曲线形状，使其低、中、高频段特性满足设计要求的性能指标。用频率法对系统进行串联校正时，动态性能指标一般以相角裕度、幅值裕度和开环剪切频率等形式给出。

1. 基于频率法的串联超前校正

频率法中的串联超前校正是利用校正装置的超前相位在穿越频率处对系统进行相位补偿，以提高系统的相位稳定裕量，同时也提高了穿越频率值，从而改善系统的稳定性和快速性。串联超前校正主要适用于稳态精度不需要改变、暂态性能不佳而穿越频率附近相位变化平稳的系统。

应用频率法进行串联超前校正的步骤如下：

(1) 根据所要求的稳态性能指标，确定系统的开环增益 K。

(2) 绘制满足该开环增益下校正前系统的伯德图，并求出系统的穿越频率ω_c及相角裕量 γ。

(3) 设超前校正电路的传递函数为

$$G_c(s)=\frac{aTs+1}{Ts+1} \tag{5-11}$$

其中，校正电路在低频段产生的 $1/a$ 衰减可以通过调节可调增益来补偿。

(4) 根据系统对校正后穿越频率 ω_c' 的要求，选取合适的 $\omega_c'>\omega_c$，在校正前的伯德图中找到 ω_c' 处的对数幅频特性值 $L(\omega_c')<0$。令校正电路相位超前的最大角度φ_m对应的角频率正好等于ω_c'，即 $\omega_m=\omega_c'$，则有 $L(\omega_c')=L'(\omega_m)=-10\ \lg a$，可推出

$$a=10^{-0.1\cdot L(\omega_c')}$$

$$T=\frac{1}{\sqrt{a}\,\omega_m}=\frac{1}{\sqrt{a}\,\omega_c'}$$

(5) 求得校正后系统的相角裕度：

$$\gamma'=180°+\varphi_c(\omega_c')+\varphi(\omega_c')$$

若相角裕度满足设计的要求，则求出串联校正后的开环传递函数$G_c(s)G(s)$，绘制其伯德图，验证低、中、高频段各性能是否满足要求，若满足则校正电路设计完成；若不满足，则需重新选择合适的ω_c'，重复步骤(4)和(5)。

2. 基于频率法的串联滞后校正

频率法中的串联滞后校正用于提高系统的开环增益，改善控制系统的稳态性能，并尽量不影响原有系统的动态性能。串联滞后校正主要适用于未校正系统或经串联超前校正的系统的动态性能不能满足给定性能指标的需要，只需增大开环增益用以提高控制系统精度的一类系统中。

基于频率法的串联滞后校正步骤如下：

(1) 根据稳态误差的要求，确定系统开环放大系数 K。

(2) 再绘制满足该开环增益下校正前系统的伯德图，并求出系统的穿越频率ω_c及相角裕量 γ。

(3) 设超前校正电路的传递函数为

$$G_c(s)=\frac{bTs+1}{Ts+1} \tag{5-12}$$

(4) 根据系统对校正后穿越频率ω_c'的要求，选取合适的$\omega_c'<\omega_c$，在校正前的伯德图中找到 ω_c'处的对数幅频特性值 $L(\omega_c')>0$。考虑滞后校正电路相位的影响，一般相角裕度应有 $5°\sim10°$ 的余量。令校正电路相位超前的最大角度φ_m对应的角频率正好等于ω_c'，即$\omega_m=\omega_c'$，则有 $L(\omega_c')=L'(\omega_m)=-20\ \lg b$，可推出

$$b=10^{-0.05\cdot L(\omega_c')}$$

(5) 为避免滞后校正电路相位的滞后性对系统稳定性的影响，一般令滞后校正电路的第二个转折频率为

$$\frac{1}{bT}=\frac{\omega_c'}{10}$$

(6) 根据求出的 b 和 T 值，确定滞后校正电路，并求得其相角裕度，若满足性能要求，则绘制出校正后开环系统的伯德图，验证低、中、高频段的性能；若不满足要求，则需重新选择ω_c'，重复步骤(4)～(6)。

3. 基于频率法的串联滞后-超前校正

串联滞后-超前校正兼有滞后校正和超前校正的优点，通过滞后校正提高系统的稳态精度，超前校正增大系统的稳定裕度。基于频率法的串联滞后-超前校正步骤如下：

(1) 根据稳态误差的要求，确定系统开环放大系数 K。

(2) 绘制满足该开环增益下校正前系统的伯德图，并求出系统的穿越频率ω_c及相角裕量 γ。

(3) 选择校正前系统对数幅频特性图中斜率从 −20 dB/dec 变为 −40 dB/dec 处的转折频率作为校正电路中超前部分的转折频率 $1/T_0$，得到参数 T_0。这样选取的目的是降低校正后系统阶次，并且保持校正后系统中频段对数幅频特性较宽的频带，并且斜率为 −20 dB/dec。

(4) 根据系统对校正后穿越频率ω_c'的要求，选取合适的ω_c'，在校正前的伯德图中找到ω_c'处的对数幅频特性值 $L(\omega_c')$，经过该点在原来对数幅频特性曲线的基础上斜率加 20 dB/dec，并与零分贝线相交，交点频率为 $1/(bT_0)$，得到参数 b。

(5)根据设计中对相位裕度的要求，估算出校正电路另一个参数 T_1。

(6)得到校正电路的传递函数，绘制伯德图，验证校正后的性能参数是否满足设计要求。

◇ 任务实施

在任务实施部分，学生需要根据任务准备中对控制系统校正方式、校正装置及频率法串联校正步骤的介绍，完成关于直流伺服电动机控制系统的串联超前及滞后校正的实验，进一步掌握使用频率法对系统进行校正的步骤，并分析不同校正方法对系统各项性能指标的影响。

5.2.3 实验模块一 直流伺服电动机控制系统的串联超前校正

1. 实验目的

(1) 了解超前校正电路及其频率特性；

(2) 了解使用频率法对系统进行串联超前校正的步骤。

2. 实验准备

根据直流伺服电动机参数值，计算直流伺服电动机开环传递函数为

$$G(s)=\frac{0.03}{0.0001s^3+0.0021\,s^3+0.002s}$$

根据要求设计串联超前校正电路，使得校正后的相角裕度 $\gamma \geqslant 45°$，幅值裕度 $K_g \geqslant 10$ dB，幅值穿越频率 $\omega_c \geqslant 5$ rad/s。

串联超前校正 MATLAB 仿真程序

3. 实验方法及步骤

1）绘制校正前系统伯德图

根据直流伺服电动机开环传递函数，编写 MATLAB 程序代码，绘制伯德图，并得到该开环系统的穿越频率 $\omega_c = 3.77$ rad/s，相位裕度 $\gamma = 4.15°$，如图 5-16 所示。

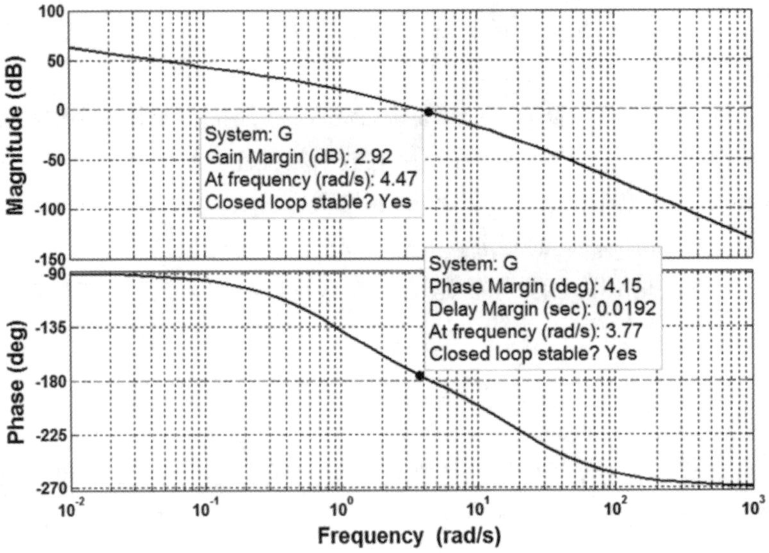

图 5-16 超前校正前直流伺服电动机开环系统伯德图

2）求串联校正电路传递函数

根据设计要求，选择校正后系统的穿越频率 $\omega_c' = 10$ rad/s，在校正前的伯德图中找到 $L(\omega_c') = -17.7$，如图 5-17 所示。

由 $a = 10^{-0.1 \cdot L(\omega_c')}$；$T = \dfrac{1}{\sqrt{a}\omega_m} = \dfrac{1}{\sqrt{a}\omega_c'}$，得到参数 $a = 58.88$，$T = 0.013$，则串联超前校正电路的传递函数为

$$G_c(s) = \frac{aTs + 1}{Ts + 1} = \frac{0.77s + 1}{0.013s + 1}$$

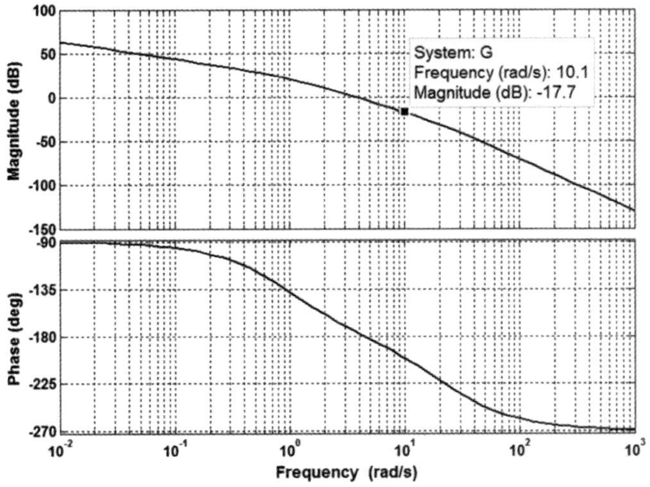

图 5－17　超前校正前穿越频率ω_c'=10 rad/s 处对数幅频特性值

3）绘制校正后的伯德图

将求得的校正电路串联到直流伺服电动机开环系统中，得到校正后的开环传递函数为

$$G'(s)=G_c(s)\cdot G(s)=\frac{0.77s+1}{0.013s+1}\cdot\frac{0.03}{0.0001s^3+0.0021s^3+0.002s}$$

绘制校正后系统的伯德图，如图 5－18 所示。

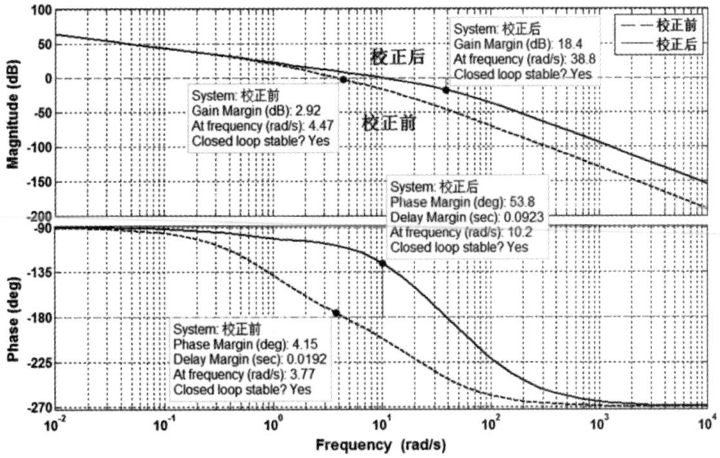

图 5－18　超前校正前、后直流伺服电动机开环系统伯德图对比

得到校正后系统的相位裕度 γ'=53.8°，幅值裕度K_g=18.4 dB，符合设计要求。对比校正前后直流伺服电动机单位阶跃响应，如图 5－19 所示。

可知，串联超前校正电路后，不仅提高了系统的相对稳定性(稳定裕度增加)，也提高了系统的动态特性，即超调量变小，上升时间和调节时间减小，系统的快速性和平稳性都有所增强。

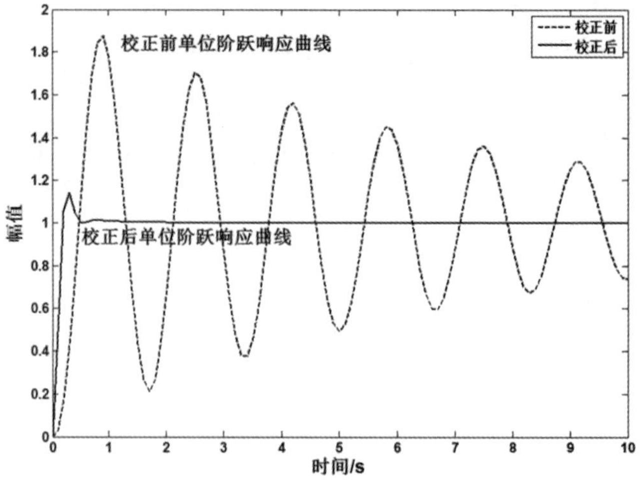

图 5-19 超前校正前、后直流伺服电动机闭环控制系统单位阶跃响应对比

4. 实验记录及分析

(1) 记录校正前系统的穿越频率、相角裕度及伯德图，对校正前系统的对数频率特性进行分析。

(2) 记录求得的超前校正电路参数 a 和 T，得到校正电路传递函数。

(3) 分析校正后系统的对数频率特性。

(4) 对比分析校正前后系统的时域性能变化。

5.2.4 实验模块二 直流伺服电动机控制系统的串联滞后校正

1. 实验目的

(1) 了解滞后校正电路及其频率特性；

(2) 了解使用频率法对系统进行串联滞后校正的步骤。

串联滞后校正
MATLAB 仿真程序

2. 实验准备

根据要求设计串联超前校正电路，使得校正后的相角裕度 $\gamma \geqslant 30°$，幅值裕度$K_g \geqslant 20$ dB，幅值穿越频率$\omega_c \geqslant 0.5$ rad/s。

3. 实验方法及步骤

1) 绘制校正前系统伯德图

根据直流伺服电动机开环传递函数，编写 MATLAB 程序代码，绘制伯德图，并得到该开环系统的穿越频率$\omega_c = 3.77$ rad/s，相位裕度 $\gamma = 4.15°$。

2) 求串联校正电路传递函数

根据设计要求，选择校正后系统的穿越频率$\omega_c' = 2$ rad/s，在校正前的伯德图中找到 $L(\omega_c') = 10.4$，如图 5-20 所示。

由 $b = 10^{-0.05 \cdot L(\omega_c')}$；$\dfrac{1}{bT} = \dfrac{\omega_c'}{10}$，得到参数 $b = 0.3$；$T = 16.7$。则串联滞后校正电路的传递函数为

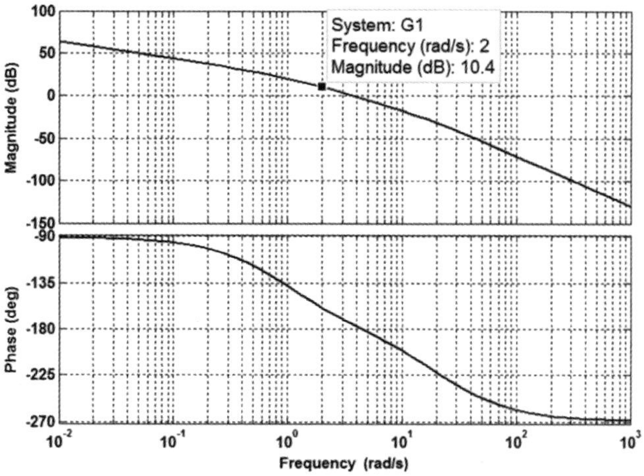

图 5－20　滞后校正前穿越频率$\omega_c'=2$ rad/s 处对数幅频特性值

$$G_c(s)=\frac{bTs+1}{Ts+1}=\frac{5s+1}{16.7s+1}$$

3）绘制校正后伯德图

将求得的校正电路串联到直流伺服电动机开环系统中，得到校正后的开环传递函数为

$$G'(s)=G_c(s)\cdot G(s)=\frac{5s+1}{16.7s+1}\cdot\frac{0.03}{0.0001s^3+0.0021\,s^3+0.002s}$$

绘制校正后系统的伯德图，如图 5－21 所示。

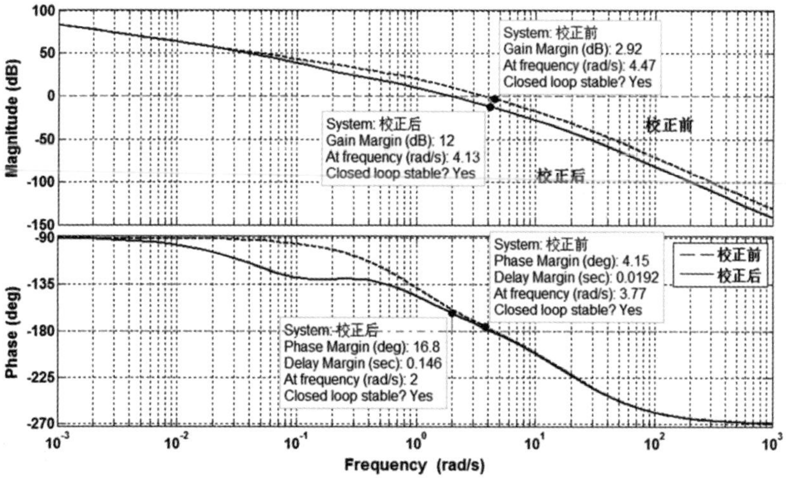

图 5－21　滞后校正前、后直流伺服电动机开环系统伯德图对比（$\omega_c'=2$ rad/s）

得到校正后系统的相位裕度$\gamma'=16.8°$，幅值裕度$K_g=12$ dB，相位裕度不符合设计要求。重新选择穿越频率$\omega_c'=1$ rad/s，求得参数 $b=0.1$，$T=100$，则滞后校正电路的传递函数为

$$G_c(s)=\frac{bTs+1}{Ts+1}=\frac{10s+1}{100s+1}$$

校正后的开环传递函数为

$$G'(s)=G_c(s)\cdot G(s)=\frac{10s+1}{100s+1}\cdot\frac{0.03}{0.0001s^3+0.0021\,s^3+0.002s}$$

绘制校正后系统的伯德图，如图 5 - 22 所示。得到校正后系统的相位裕度$\gamma'=35.9°$，幅值裕度$K_g=22.1$ dB，符合设计要求。

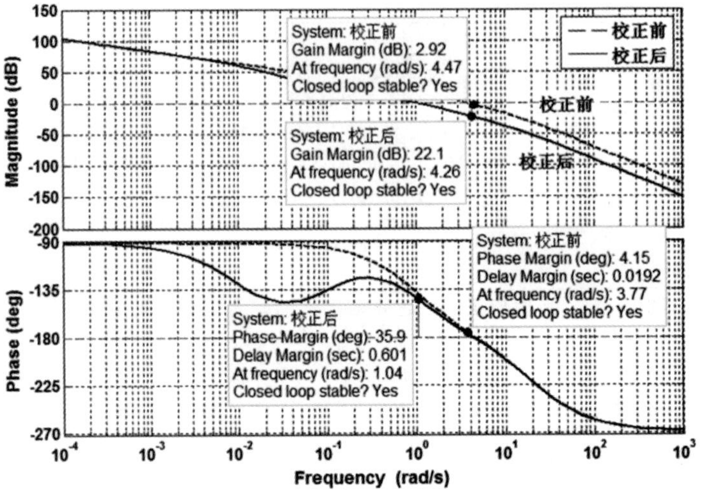

图 5 - 22　滞后校正前、后直流伺服电动机开环系统伯德图对比（$\omega_c'=1$ rad/s）

对比校正前后直流伺服电动机单位阶跃响应，如图 5 - 23 所示。

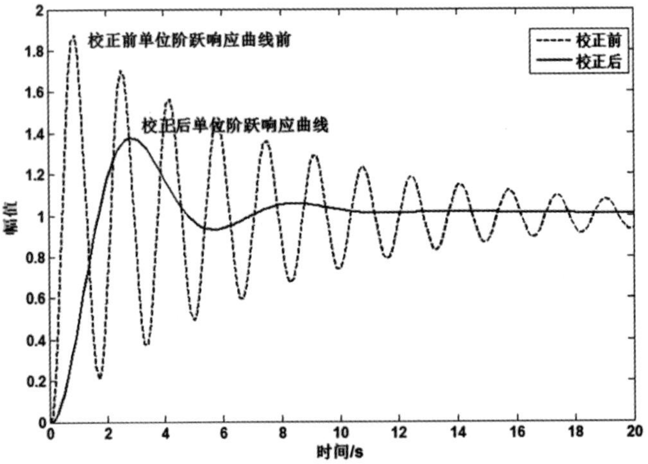

图 5 - 23　滞后校正前、后直流伺服电动机闭环控制系统单位阶跃响应对比

可知，串联滞后校正电路后，系统的相对稳定性（稳定裕度增加）得到了提高，同时超调量变小、调节时间减小，但是系统的上升时间减小了。如果系统对快速性要求不高，则可选用滞后校正，例如温度控制系统等；否则，需要选用超前校正或滞后-超前校正。

4. 实验记录及分析

(1) 记录校正前系统的穿越频率、相角裕度及伯德图，对校正前系统的对数频率特性进行分析。

(2) 记录求得的滞后校正电路参数 b 和 T，得到校正电路传递函数。

(3) 分析校正后系统的对数频率特性。

(4) 对比分析校正前后系统的时域性能变化。

◇ 问题与思考

(1) 串联超前校正适用于哪些系统？

(2) 串联滞后校正适用于哪些系统？

(3) 串联滞后-超前校正适用于哪些系统？

◇ 评价与考核

完成任务内容后，教师根据表 5－4 所示的评价与考核标准，根据学生表现进行评分，总分为 100 分。具体评价标准可参考表 5－5 所示的评价量表。

表 5－4　评价与考核标准

课程名称：自动控制原理		学习单元 5：直流伺服电动机控制系统性能分析及校正		
任务 2：直流伺服电动机控制系统基于频域法的校正		授课教师：	授课学时：	
课程性质：理实一体课程		综合评分：		
知识掌握情况评分(60 分)				
序号	知识考核点	教师评价	配分	实际得分
1	控制系统校正方式及常用校正装置		10 分	
2	基于频率法的串联超前校正电路参数设计		15 分	
3	基于频率法的串联滞后校正电路参数设计		15 分	
4	基于频率法的串联滞后－超前校正电路参数设计		20 分	
工作任务完成情况评分(40 分)				
序号	能力考核点	教师评价	配分	实际得分
1	能够独立完成对直流伺服电动机控制系统的串联超前校正		20 分	
2	能够独立完成对直流伺服电动机控制系统的串联滞后校正		20 分	

表5-5 评价量表

评价内容	评价要点	核心素养水平评价指标	自评	组评	师评
准备：理解基本概念	理解校正的概念，说出控制系统校正方式及常用校正装置	水平1：能较为完整地描述校正的概念；能较为完整地列举出控制系统校正方式及常用校正装置			
		水平2：能完整、准确地描述校正的概念；能完整、准确地列举出控制系统校正方式及常用校正装置			
		水平3：能完整、准确地描述校正的概念，理解校正的必要性；能完整、准确地列举出控制系统校正方式及常用校正装置，并说出其不同的适应范围			
实施：形成工程思维	能使用Matlab为直流伺服电动机控制系统设计串联超前、滞后校正装置	水平1：在老师的指导下，能使用Matlab为直流伺服电动机控制系统设计串联超前、滞后校正装置			
		水平2：根据所学理论，通过查阅资料，独立使用Matlab为直流伺服电动机控制系统设计串联超前、滞后校正装置			
		水平3：根据所学理论，通过查阅资料，独立使用Matlab为直流伺服电动机控制系统设计串联超前、滞后校正装置，并能分析不同的校正装置对系统性能的影响，总结出选择校正装置的方法			
	提出问题：能提出系统中关键参数之间的联系等有关问题	水平1：具有问题意识，能提出问题			
		水平2：能分析相关原理，提出可探究的问题			
		水平3：能针对具体系统，从不同角度提出并准确地表述可探究的问题			
自查：交流与反思	与其他同学交流合作并反思，虚心听取老师及其他同学的发言，积极交流讨论	水平1：具有与他人交流、讨论问题的意识			
		水平2：能聆听其他同学的问题，并较为完整地表述自己的观点及问题			
		水平3：能用专业术语准确描述问题，提出解决问题的思路，并能虚心听取老师、同学的发言，与老师同学进行交流与反思			
评价：科学态度	体会学习、交流过程中的科学严谨性以及实事求是的态度，客观地对自我及他人进行评价，培养合作精神、团队意识	水平1：知道学习需要有实事求是的态度，知道需要客观地认识自我及他人，有与他人合作的意愿			
		水平2：有学习和研究工程问题的兴趣，有实事求是的科学态度，能与他人合作，并能较为客观地对自己和他人进行评价			
		水平3：有较强的学习和研究工程问题的内在动机，既能客观评价自己及他人，又能通过别人的评价反思并不断提高自己，坚持实事求是的态度，合作中能坚持观点又能修正错误			

续表

评价内容	评价要点	核心素养水平评价指标	自评	组评	师评
学生总结	在本次任务中，我做得最出色的是 在本次任务中，我所做的努力是 在本次任务中，我所遇到的困难是				
教师评语					

小　结

(1) 高于二阶的系统称为高阶系统。工程实践中，几乎所有的控制系统都是高阶系统。

(2) 对高阶系统进行动态性能分析非常复杂，工程中往往可以采用合理降阶的方式，将高阶系统简化为二阶系统甚至一阶系统来进行性能分析。

(3) 工程上，常用主导极点来估算系统的动态性能，一般认为当其他极点距离虚轴的距离较主导极点距离虚轴的距离大 5 倍以上时，则该极点的影响可以忽略不计。

(4) 偶极子在工程中还被应用于系统的校正，当某些极点对系统性能影响不利时，我们可以适当地加入与该极点十分接近的零点，从而抵消该极点的不利影响，改善系统的性能。

(5) 在 S 平面的左半平面增加零点时，减小系统的调节时间从而加快反应速度，提高了系统对输入作用的灵敏度；在 S 平面的右半平面增加零点时，影响系统的稳定性和响应的快速性。

(6) 在 S 左半平面增加极点时，使得系统超调量减小，调整时间变长；而在 S 右半平面增加极点会导致系统不稳定。

(7) 为改善控制系统的性能，常常采用附加校正装置的方式对系统进行校正。常用的校正方式有串联校正、顺馈校正、反馈校正和复合校正。常用的校正装置有无源校正装置和有源校正装置。其中无源校正装置分为无源超前校正、无源滞后校正和无源滞后-超前校正；有源校正分为比例(P)控制、积分(I)控制、比例积分(PI)控制、比例微分(PD)控制和比例积分微分(PID)控制。

(8) 串联校正装置因其设计简单，易于实现，在工程中的应用最为广泛。

(9) 设计校正装置的过程是反复试探的过程，计算机辅助设计软件虽然为我们提供了有效的仿真手段，节省了设计周期，但是仍然需要依赖于一定的工程实践经验。

复习思考题

(1) 什么是高阶系统？

(2) 改变高阶系统开环增益，会出现系统不稳定现象吗？

(3) 什么是主导极点？主导极点在系统性能分析中起到什么作用？

(4) 什么是偶极子？偶极子在什么情况下可以忽略其对系统性能的影响？

(5) 对系统性能进行降阶处理后，如何对分析结果进行修正？

(6) 若系统设计时给出的是时域性能指标的要求，则如何利用频率法对系统进行串联校正？

复习思考题答案

附录 A　拉普拉斯变换及基本性质

拉普拉斯变换法是求解线性微分方程的一种简便运算方法，它能将许多普通函数，如正弦函数、指数函数等变换成复变数的代数函数，将微积分运算转换成复平面的代数运算。于是，对线性微分方程的求解就可转化成对含有复变数的代数方程的求解，对控制系统的性能分析可利用数学方法进行定量分析。

一、定义

设函数 $f(t)$，当其满足初始条件

（1）当 $t \geqslant 0$ 时，函数 $f(t)$ 为连续函数或分段连续函数；

（2）当 $t<0$ 时，$f(t)=0$；

（3）当 $t \to \infty$ 时，$|f(t)| \leqslant K\mathrm{e}^{at}$，其中 K、a 为常数。即函数 $f(t)$ 的变化慢于指数函数 $K\mathrm{e}^{at}$。

若积分 $\int_0^{+\infty} f(t)\mathrm{e}^{-st}\mathrm{d}t$ 存在，则称

$$F(s)=\int_0^{+\infty} f(t)\mathrm{e}^{-st}\mathrm{d}t$$

为函数 $f(t)$ 的拉普拉斯变换，简称拉氏变换。式中，s 为复参量，$s=\sigma+\mathrm{j}\omega$。

记作

$$F(s)=\mathscr{L}[f(t)]$$

则称 $F(s)$ 为 $f(t)$ 的象函数，$f(t)$ 为 $F(s)$ 的原函数。拉氏变换是一种单值变换，$F(s)$ 和 $f(t)$ 之间存在一一对应关系，相互之间可互相转换。

二、几种典型函数的拉普拉斯变换

在对控制系统进行性能分析时，需要根据系统的具体应用，选择合适的函数作为系统的输入量。常用的输入信号类型有单位阶跃信号、单位斜坡信号、单位加速度信号等。下面讨论几种典型函数的拉氏变换形式。

1. 单位阶跃函数

单位阶跃函数的表达式为

$$f(t)=1(t)=\begin{cases}1, & t\geqslant 0\\ 0, & t\leqslant 0\end{cases}$$

由拉氏变换的定义，求得

$$F(s)=\mathscr{L}[1(t)]=\int_0^{+\infty}1\cdot e^{-st}dt=-\frac{1}{s}\cdot e^{-st}\Big|_0^{+\infty}=\frac{1}{s}$$

2. 单位斜坡函数

单位斜坡函数的表达式为

$$f(t)=t=\begin{cases}t, & t\geqslant 0\\ 0, & t\leqslant 0\end{cases}$$

由拉氏变换的定义，求得

$$F(s)=\mathscr{L}[t]=\int_0^{+\infty}t\cdot e^{-st}dt=-\frac{t}{s}\cdot e^{-st}\Big|_0^{+\infty}+\int_0^{+\infty}\frac{1}{s}\cdot e^{-st}dt=\frac{1}{s^2}$$

3. 单位加速度函数

单位加速度函数的表达式为

$$f(t)=\frac{1}{2}t^2=\begin{cases}\frac{1}{2}t^2, & t\geqslant 0\\ 0, & t\leqslant 0\end{cases}$$

由拉氏变换的定义，求得

$$F(s)=\mathscr{L}\left[\frac{1}{2}t^2\right]=\int_0^{+\infty}\frac{1}{2}t^2\cdot e^{-st}dt=\frac{1}{s^3}$$

4. 单位指数函数

单位指数函数的表达式为

$$f(t)=e^{-at}=\begin{cases}e^{-at}, & t\geqslant 0\\ 0, & t\leqslant 0\end{cases}$$

式中，a 为常数。由拉氏变换的定义，求得

$$F(s)=\mathscr{L}[e^{-at}]=\int_0^{+\infty}e^{-at}\cdot e^{-st}dt=\frac{1}{s+a}$$

5. 单位正弦函数

单位正弦函数的表达式为

$$f(t)=\sin\omega t=\begin{cases}\sin\omega t, & t\geqslant 0\\ 0, & t\leqslant 0\end{cases}$$

由拉氏变换的定义，求得

$$F(s)=\mathscr{L}[\sin\omega t]=\int_0^{+\infty}\sin\omega t\cdot e^{-st}dt=\int_0^{+\infty}\frac{1}{2j}(e^{j\omega t}-e^{-j\omega t})\,e^{-st}dt=\frac{\omega}{s^2+\omega^2}$$

对于余弦函数 $\cos\omega t$，有

$$\cos\omega t=\frac{1}{2}(e^{j\omega t}-e^{-j\omega t})$$

其拉氏变换为

$$F(s)=\mathscr{L}[\cos\omega t]=\frac{s}{s^2+\omega^2}$$

6. 单位脉冲函数

单位脉冲函数的表达式为

$$f(t)=\delta(t)=\begin{cases}0, & t\neq 0\\ \infty, & t=0\end{cases}$$

由拉氏变换的定义，求得

$$F(s)=\mathscr{L}[\delta(t)]=\int_{0_-}^{0_+}\delta(t)\cdot \mathrm{e}^{-st}\,\mathrm{d}t=1$$

如表 A－1 所示为常见函数的拉氏变换对照表。

表 A－1　常见函数的拉氏变换对照表

序号	$f(t)$	$F(s)$
1	$\delta(t)$	1
2	$1(t)$	$1/s$
3	t	$\frac{1}{s^2}$
4	e^{-at}	$\frac{1}{s+a}$
5	$t\mathrm{e}^{-at}$	$\frac{1}{(s+a)^2}$
6	$\sin\omega t$	$\frac{\omega}{s^2+\omega^2}$
7	$\cos\omega t$	$\frac{s}{s^2+\omega^2}$
8	$t^n(n=1,2,3,\cdots)$	$\frac{n!}{s^{n+1}}$
9	$t^n\mathrm{e}^{-at}(n=1,2,3,\cdots)$	$\frac{n!}{(s+a)^{n+1}}$
10	$\frac{1}{b-a}(\mathrm{e}^{-at}-\mathrm{e}^{-bt})$	$\frac{1}{(s+a)(s+b)}$
11	$\frac{1}{b-a}(b\mathrm{e}^{-at}-a\mathrm{e}^{-bt})$	$\frac{s}{(s+a)(s+b)}$
12	$\frac{1}{ab}\left[1+\frac{1}{a-b}(\mathrm{e}^{-at}-\mathrm{e}^{-bt})\right]$	$\frac{1}{s(s+a)(s+b)}$
13	$\mathrm{e}^{-at}\sin\omega t$	$\frac{\omega}{(s+a)^2+\omega^2}$
14	$\mathrm{e}^{-at}\cos\omega t$	$\frac{s+a}{(s+a)^2+\omega^2}$
15	$\frac{1}{a^2}(at-1+\mathrm{e}^{-at})$	$\frac{1}{s^2(s+a)}$

续表

序号	$f(t)$	$F(s)$
16	$\frac{\omega_n}{\sqrt{1-\zeta^2}}e^{-\zeta\omega_n t}\sin\left[\omega_n\sqrt{1-\zeta^2}t\right]$	$\frac{\omega_n^2}{s^2+2\zeta\omega_n+\omega_n^2}$，$0<\zeta<1$
17	$\frac{\omega_n}{\sqrt{1-\zeta^2}}e^{-\zeta\omega_n t}\sin\left[\omega_n\sqrt{1-\zeta^2}t-\varphi\right]$ $\varphi=\arctan\left(\frac{\sqrt{1-\zeta^2}}{\zeta}\right)$	$\frac{s}{s^2+2\zeta\omega_n+\omega_n^2}$，$0<\zeta<1$
18	$1-\frac{\omega_n}{\sqrt{1-\zeta^2}}e^{-\zeta\omega_n t}\sin\left[\omega_n\sqrt{1-\zeta^2}t+\varphi\right]$ $\varphi=\arctan\left(\frac{\sqrt{1-\zeta^2}}{\zeta}\right)$	$\frac{\omega_n^2}{s(s^2+2\zeta\omega_n+\omega_n^2)}$，$0<\zeta<1$

三、拉普拉斯变换的基本性质

拉氏变换的基本性质是拉氏变换在实际应用中的重要理论依据，下面讨论几个常用的基本性质。

1. 线性性质

设$F_1(s)=\mathscr{L}[f_1(t)]$，$F_2(s)=\mathscr{L}[f_2(t)]$，$a$、$b$ 均为常数，则有

$$\mathscr{L}[af_1(t)+bf_2(t)]=a\mathscr{L}[f_1(t)]+b\mathscr{L}[f_2(t)]=aF_1(s)+bF_2(s)$$

2. 微分性质

若 $\mathscr{L}[f(t)]=F(s)$，则有

$$\mathscr{L}[f'(t)]=sF(s)-f(0)$$

这个性质表明，一个函数求导后取拉普拉斯变换，等于这个函数的拉普拉斯变换乘以参数 s，再减去该函数的初值。

推导：若 $\mathscr{L}[f(t)]=F(s)$，则有

$$\mathscr{L}[f^{(n)}(t)]=s^nF(s)-s^{n-1}f(0)-s^{n-2}f'(0)-\cdots-f^{(n-1)}(0)$$

根据此性质，在分析系统时会很方便。

当初始条件为 0 时，即 $f(0)=f'(0)=\cdots=f^{(n-1)}(0)=0$，则

$$\mathscr{L}[f^{(n)}(t)]=s^nF(s)$$

例 1 求t^m的拉普拉斯变换。

解 由 $f(0)=f'(0)=\cdots=f^{(m-1)}(0)$，$f^{(m)}(0)=m!$，得

$$\mathscr{L}[f^{(m)}(t)]=\mathscr{L}[m!]=s^m\mathscr{L}[f(t)]-s^{m-1}f(0)-s^{m-2}f'(0)-\cdots-f^{(m-1)}(0)$$

即

$$\mathscr{L}[m!]=s^m\mathscr{L}[t^m]$$

所以

$$\mathscr{L}[f(t^m)]=\frac{m!}{s^{m+1}}$$

3. 积分性质

若 $F(s)=\mathscr{L}[f(t)]$，则

$$\mathscr{L}\left[\int f(t)\mathrm{d}t\right]=\frac{1}{s}F(s)+\frac{1}{s}f^{-1}(0)$$

由此可得

$$\mathscr{L}\left[\int\cdots\int f(t)\mathrm{d}\,t^{n}\right]=\frac{1}{s^{n}}F(s)+\frac{1}{s^{n}}f^{-1}(0)+\cdots+\frac{1}{s}f^{-n}(0)$$

当初始条件为 0 时，即 $f(0)=f^{-1}(0)=\cdots=f^{-n}(0)=0$，则

$$\mathscr{L}\left[\int\cdots\int f(t)\mathrm{d}\,t^{n}\right]=\frac{1}{s^{n}}F(s)$$

4. 终值定理与初值定理

终值定理：若 $F(s)=\mathscr{L}[f(t)]$，且 $\lim\limits_{t\to\infty}f(t)$ 存在，则

$$\lim_{t\to\infty}f(t)=\lim_{s\to 0}F(s)$$

或

$$f(\infty)=\lim_{s\to 0}sF(s)$$

终值定理存在条件：$sF(s)$ 的所有极点有负实部。

初值定理：若 $\lim\limits_{s\to 0}sF(s)$ 存在，则有

$$\lim_{t\to 0_{+}}f(t)=f(0_{+})=\lim_{s\to\infty}sF(s)$$

其中 $F(s)$ 为真分式。

初值存在条件：当 $t<0$ 时，$f(t)=0$，且 $f(t)$ 不包含冲激信号及其各阶导数项。

5. 位移定理

若 $F(s)=\mathscr{L}[f(t)]$，则

$$\mathscr{L}[\mathrm{e}^{at}f(t)]=F(s-a)$$

位移性质表明了一个象原函数乘以指数 e^{at}，等于其象函数作位移。

例 2　求 $\mathscr{L}[\mathrm{e}^{at}t^{m}]$。

解　已知 $\mathscr{L}[f(t^{m})]=\frac{m!}{s^{m+1}}$，利用上述定理有

$$\mathscr{L}[\mathrm{e}^{at}\,t^{m}]=\frac{m!}{(s+a)^{m+1}}$$

例 3　求 $\mathscr{L}[\mathrm{e}^{at}\sin\omega t]$。

解　已知 $\mathscr{L}[\sin\omega t]=\frac{\omega}{s^{2}+\omega^{2}}$，则

$$\mathscr{L}[\mathrm{e}^{at}\sin\omega t]=\frac{\omega}{(s+a)^{2}+\omega^{2}}$$

6. 延迟定理

若 $\mathscr{L}[f(t)]=F(s)$，且 $t<0$ 时 $f(t)=0$，则对于任意常数 τ，有

$$\mathscr{L}[f(t-\tau)]=\mathrm{e}^{-s\tau}F(s)$$

或

$$\mathscr{L}^{-1}[\mathrm{e}^{-s\tau}F(s)]=f(t-\tau)$$

如表 A-2 所示为拉氏变换的几个重要性质。

表 A-2 拉氏变换的几个重要性质

序号	名称	公　式
1	线性定理	$\mathscr{L}[af_1(t)+bf_2(t)]=aF_1(s)+bF_2(s)$
2	延迟定理	$\mathscr{L}[f(t-\tau)]=e^{-s\tau}F(s)$ $\mathscr{L}[e^{at}f(t)]=F(s-a)$
3	相似性	$\mathscr{L}\left[f\left(\frac{t}{a}\right)\right]=aF(as)$
4	微分定理	$\mathscr{L}[f'(t)]=sF(s)-f(0)$ $\mathscr{L}[f^{(n)}(t)]=s^nF(s)-s^{n-1}f(0)-s^{n-2}f'(0)-\cdots-f^{(n-1)}(0)$
5	积分定理	$\mathscr{L}\left[\int f(t)\mathrm{d}t\right]=\frac{1}{s}F(s)+\frac{1}{s}f^{(-1)}(0)$ $\mathscr{L}\left[\int\cdots\int f(t)\mathrm{d}t^n\right]=\frac{1}{s^n}F(s)+\frac{1}{s^n}f^{-1}(0)+\cdots+\frac{1}{s}f^{-n}(0)$
6	初值定理	$\lim\limits_{t\to 0_+}f(t)=f(0_+)=\lim\limits_{s\to\infty}sF(s)$
7	终值定理	$\lim\limits_{t\to\infty}f(t)=f(\infty)=\lim\limits_{s\to 0}F(s)$
8	卷积定理	$\mathscr{L}[f_1(t)*f_2(t)]=F_1(s)F_2(s)$

四、拉普拉斯反变换

由复变数表达式 $F(s)$ 推导成为时间表达式 $f(t)$ 的数学运算称为拉普拉斯反变换，简称拉氏反变换。拉氏变换的逆运算为

$$f(t)=\frac{1}{\mathrm{j}2\pi}\int_{\beta-\mathrm{j}\infty}^{\beta+\mathrm{j}\infty}F(s)\,e^{st}\,\mathrm{d}s$$

记作

$$f(t)=\mathscr{L}^{-1}[F(s)]$$

式中，β 是一个实常数且大于 $F(s)$ 的所有奇异点的实部。

$F(s)$ 的形式通常为 s 的有理分式函数，即

$$F(s)=\frac{B(s)}{A(s)}=\frac{b_0s^m+b_1s^{m-1}+\cdots+b_{m-1}s+b_m}{a_0s^n+a_1s^{n-1}+\cdots+a_{n-1}s+a_m}$$

其中，$n\geqslant m$。一般在对 $F(s)$ 进行拉普拉斯反变换时，首先将 $F(s)$ 的分母 $A(s)$ 进行因式分解得到以下形式

$$A(s)=(s-s_1)(s-s_2)\cdots(s-s_n)$$

$A(s)=0$ 无重根，即

$$F(s)=\frac{C_1}{s-s_1}+\cdots+\frac{C_n}{s-s_n}$$

或

$$F(s)=\sum_{i=1}^{n}\frac{c_i}{s-s_i}$$

则 $F(s)$拉氏反变换为

$$\mathscr{L}^{-1}[F(s)]=f(t)=\mathscr{L}^{-1}\left[\sum_{i=1}^{n}\frac{c_i}{s-s_i}\right]=\sum_{i=1}^{n}c_i\,\mathrm{e}^{st}$$

式中的参数c_i可按下式得到

$$c_i=\lim_{s\to s_i}(s-s_i)F(s)$$

例 5 求下列函数的拉氏反变换 $f(t)$。

$$F(s)=\frac{s+2}{s^2+4s+3}$$

解

$$F(s)=\frac{C_1}{s+1}+\frac{C_2}{s+3}$$

则

$$C_1=\lim_{a\to 3}(s+1)\frac{s+2}{s^2+4s+3}=\frac{1}{2}$$

$$C_2=\lim_{a\to 3}(s+3)\frac{s+2}{s^2+4s+3}=\frac{1}{2}$$

因此

$$F(s)=\frac{1}{2}\left[\frac{1}{s+1}+\frac{1}{s+3}\right]$$

$$f(t)=\frac{1}{2}(\mathrm{e}^{-1}+\mathrm{e}^{-3}),\ t\geqslant 0$$

总结

应用拉普拉斯变换法求解微分方程的步骤如下：

(1) 对线性微分方程的每项进行拉普拉斯变换，将微分方程变成关于 s 的代数方程。

(2) 整理代数方程，求得待求函数的拉普拉斯变换表达式。

(3) 对拉普拉斯变换式进行反变换得到待求函数的时域表达式，即微分方程的解。

由此可见，应用拉普拉斯变换求解线性微分方程的思路明确、方法简单，而且从解的表达式中还可清楚看到微分方程解的组成。拉普拉斯变换法不仅可以用于求解线性系统的微分方程，更重要的是利用它可以导出传递函数的概念。

附录B　系统框图等效变换

为了由系统的框图方便地写出其闭环传递函数，通常需要对框图进行等效变换。框图的等效变换必须遵守一个基本原则，即变换前后各变量间的传递函数保持不变。

一、环节间的连接

在控制过程中，任何复杂系统的框图主要由相应环节的方框经串联、并联和反馈3种基本形式连接而成。掌握这3种基本连接形式的等效变换法则，对简化系统的框图和求取闭环传递函数都是十分有益的。

1. 串联连接

在控制系统中，常见若干个环节按照信号的流向相互串联连接。图B-1所示为3个环节相串联的连接图。

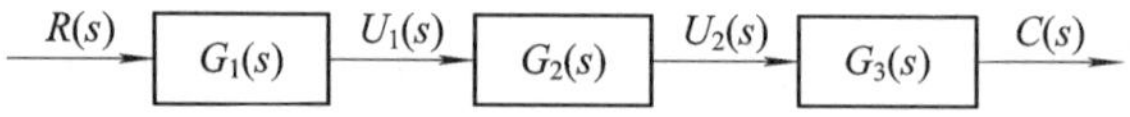

图B-1　环节的串联连接

串联连接的特点是，前一环节的输出量就是后一环节的输入量。由图B-1得

$$U_1(s)=G_1(s)R(s)$$
$$U_2(s)=G_2(s)U_1(s)$$
$$C(s)=G_3(s)U_2(s)$$

消去上述等式中的中间变量$U_1(s)$和$U_2(s)$，求得

$$\frac{C(s)}{R(s)}=G_1(s)G_2(s)G_3(s)=G(s)$$

即把3个相串联的环节合并，用一个传递函数为$G(s)$的等效环节来代替，其系统框图如图B-2所示。

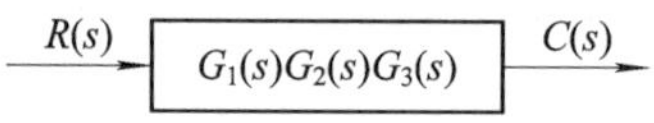

图B-2　环节的串联连接等效框图

由此可得，串联环节的等效传递函数等于所有相串联环节传递函数的乘积，即

$$G(s)=\prod_{i=1}^{n}C(s)$$

式中，n 为相串联的环节数。

2. 并联连接

图 B-3 为环节的并联连接的一般形式。

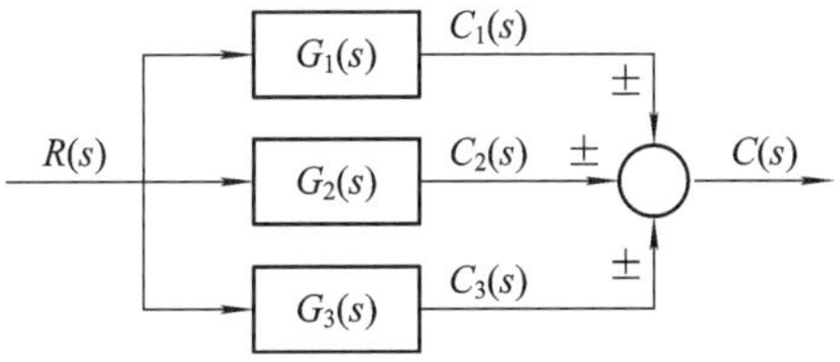

图 B-3　环节的并联连接

由图 B-3 可知，环节并联连接的特点是各环节的输入信号为同一个 $R(s)$，输出 $C(s)$ 为各环节的输出之和，即

$$\begin{aligned}C(s)&=\pm C_1(s)\pm C_2(s)\pm C_3(s)\\&=\pm G_1(s)R(s)\pm G_2(s)R(s)\pm G_3(s)R(s)\\&=[\pm G_1(s)\pm G_2(s)\pm G_3(s)]R(s)\end{aligned}$$

$$\frac{C(s)}{R(s)}=\pm G_1(s)\pm G_2(s)\pm G_3(s)=G(s)$$

据此，作出环节并联连接的等效框图，如图 B-4 所示。

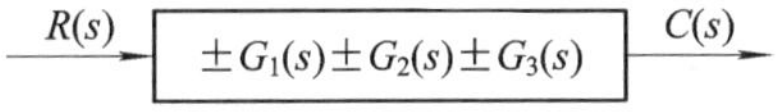

图 B-4　环节的并联连接等效框图

由此可知，并联环节的等效传递函数等于所有并联环节传递函数的和，即

$$G(s)=\sum_{i=1}^{n}\pm G_i(s)$$

式中，n 为并联的环节数。

3. 反馈连接

图 B-5 为反馈连接的一般形式。

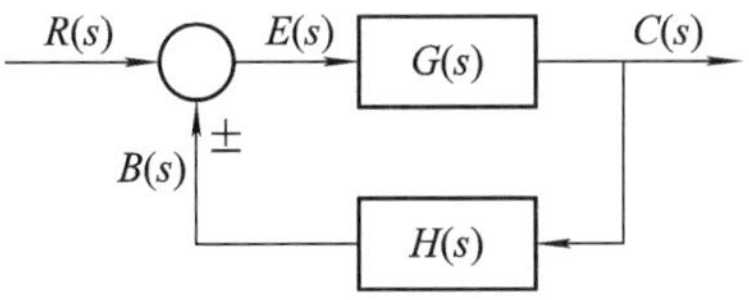

图 B-5　环节的反馈连接

图 B-5 中，反馈端的为“－”号表示系统为负反馈连接，为“＋”号则表示正反馈连接。由图 B-5 得

$$C(s)=G(s)E(s)$$

$$E(s)=R(s)\pm B(s)$$
$$B(s)=H(s)C(s)$$

消去上述等式中的中间变量 $E(s)$、$B(s)$后，求得

$$\frac{C(s)}{R(s)}=\frac{G(s)}{1\mp G(s)H(s)}$$

据此，作出环节反馈连接的等效框图，如图 B－6 所示。

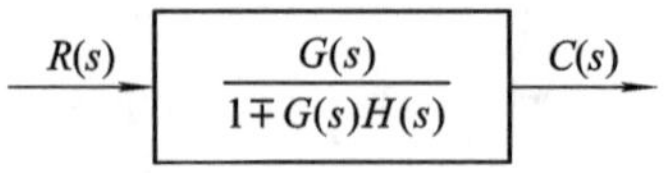

图 B－6 环节的反馈连接等效框图

对于简单系统的框图，利用上述 3 种等效变换法则，就能较方便地求得系统的闭环传递函数。

二、变换法则

由于实际系统一般较为复杂，在系统的框图中常出现传输信号的相互交叉，这样就不能直接应用上述 3 种等效法则对系统化简。解决的办法是，先把比较点或引出点作合理的等效移动，其目的是去掉图中的信号交叉，然后，再应用上述的等效法则对系统框图进行化简。在对比较点或引出点作等效移动时，同样需要遵守各变量间传递函数保持不变的原则。下面介绍几种常用的等效变换法则。

1. 比较点前移

比较点前移的等效变换如图 B－7 所示，变换后 $R(s)$、$C(s)$和 $F(s)$之间的关系不变。

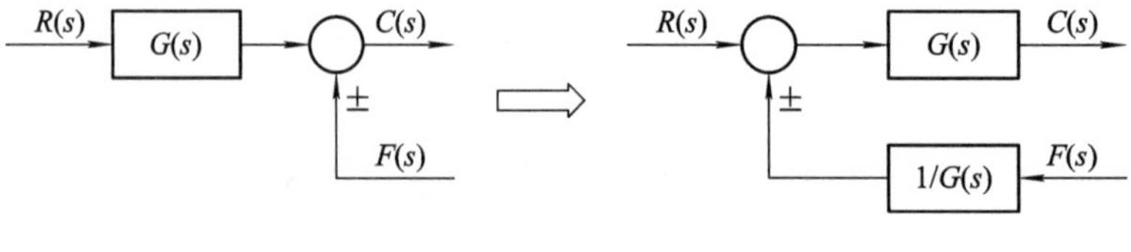

图 B－7 比较点前移的等效变换

2. 比较点后移

比较点后移的等效变换如图 B－8 所示，变换后 $R(s)$、$C(s)$和 $F(s)$之间的关系不变。

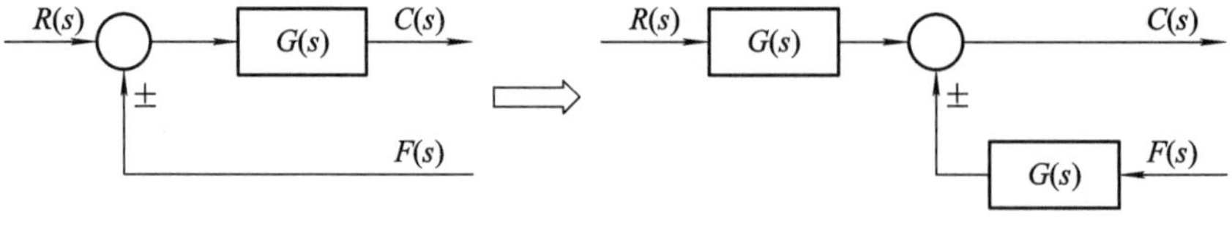

图 B－8 比较点后移的等效变换

3. 比较点互换

比较点互换的等效变换如图 B－9 所示，变换后 $R(s)$、$C(s)$、$A(s)$和 $B(s)$之间的关系不变。

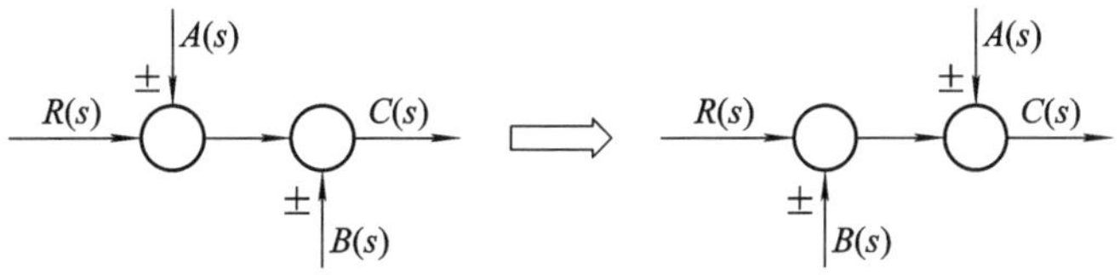

图 B-9　比较点互换的等效变换

4. 引出点前移

引出点前移的等效变换如图 B-10 所示，变换后 $R(s)$、$C(s)$和 $F(s)$之间的关系不变。

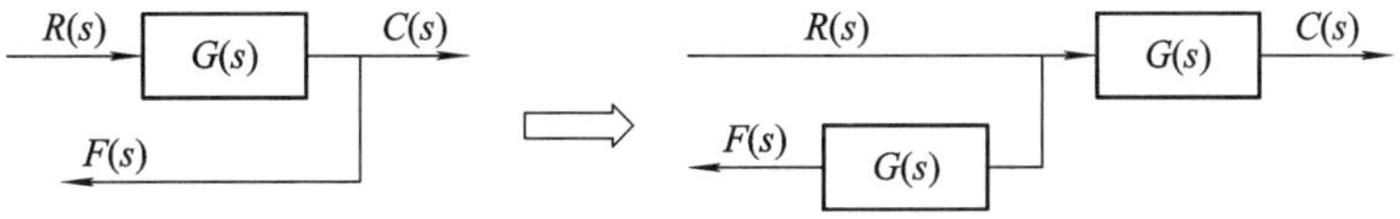

图 B-10　引出点前移的等效变换

5. 引出点后移

引出点后移的等效变换如图 B-11 所示，变换后 $R(s)$、$C(s)$和 $F(s)$之间的关系不变。

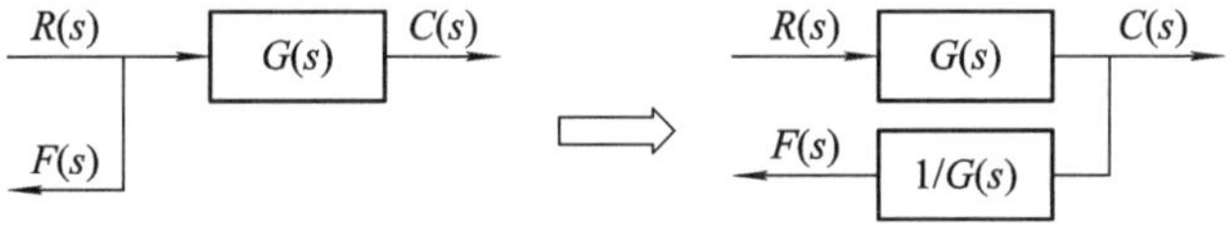

图 B-11　引出点后移的等效变换

6. 引出点互换

如图 B-12 所示，相邻的引出点之间可以随意互换，且 $R(s)=A(s)=B(s)=C(s)$。

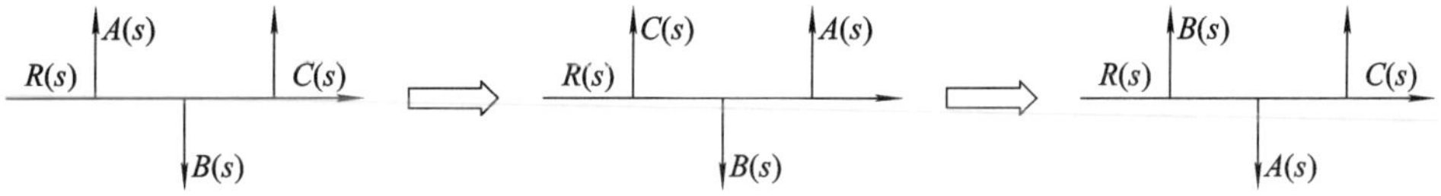

图 B-12　比较点互换的等效变换

参 考 文 献

[1] 邹伯敏. 自动控制理论[M]. 北京：机械工业出版社，2018.

[2] 胡寿松. 自动控制原理[M]. 5 版. 北京：科学出版社，2013.

[3] 刘文定. 自动控制原理[M]. 4 版. 北京：电子工业出版社，2018.

[4] 梅晓蓉. 自动控制原理[M]. 3 版. 北京：科学出版社，2013.

[5] 王建辉. 自动控制原理[M]. 2 版. 北京：清华大学出版社，2014.

[6] 王正林. MATLAB/Simulink 与控制系统仿真[M]. 北京：电子工业出版社，2012.

[7] 辛海燕. 自动控制理论[M]. 南京：东南大学出版社，2018.

[8] 夏超英. 自动控制原理[M]. 北京：科学出版社，2018.

[9] 白淑贤. 自动控制系统原理与仿真[M]. 上海：上海交通大学出版社，2012.

[10] 孔凡才. 自动控制原理与系统[M]. 北京：机械工业出版社，2015.

[11] 李彬. 自整定 PID 控制器的研究[D]. 陕西科技大学. 硕士学位论文，2010.

[12] 张军. 基于模糊 PID 的锌锅温度控制系统研究[D]. 东北大学. 硕士学位论文，2013.

[13] Dorf R C . Modern control systems / Richard C. Dorf[J]. Systems Man & Cybernetics IEEE Transactions on，1995，11(8)：580.

[14] GeneF. Franklin，J. David Powell，Abbas Emani-Naeini. Feedback Control of Dynamic Systems. 3rd ed. Addison-Wesley，Reading，Massachusetts，1994.

[15] Kuo B C. Automatic Control Systems. Englewood Cliffs，NJ，Prentice Hall：7th ed，1995.

[16] Norman S. Nise，Control Systems Engineering. 2nd Ed. Redwood City，California，Benjamin-Cummings：1995.